U0223308

全栈接口自动化测试实践

胡胜强　单镜石　李　睿 ◎ 编著

清华大学出版社
北京

内 容 简 介

本书以接口自动化测试技术为主线，测试方向涉及实用技术知识体系，主要包括 HTTP、WebService、WebSocket、gRPC 协议接口自动化测试实现，实用数据驱动自动化测试框架的实现过程，以及持续集成的实现等。

全书共分为 3 篇，基础篇（第 1～5 章）围绕接口自动化测试中所涉及的协议、抓包等基础知识，以实例方式引导读者快速熟悉 HTTP 基础知识，结合 Python＋Requests 主流接口测试模式实例讲解接口测试知识。工具篇（第 6～8 章）以工作中主流接口测试工具 Postman、Apifox、JMeter 为依托，通过实例讲解接口自动化测试中常见的测试场景，结合常见协议进行实例演示。框架篇（第 9～14 章）涵盖接口自动化测试实施过程中主流的数据驱动模式、实用接口自动化测试框架的实现、CI 实施等内核技术。本书内容充实、逻辑严密，是一部接口自动化测试必备的案头工具书。

本书适合从事软件测试开发和接口自动化测试工作的人员，适合对软件接口测试技术感兴趣的初学者，也适合自动化测试从业者阅读。对于高等院校和培训班的学生，本书更是学习时必备的一本教材。

图书在版编目（CIP）数据

全栈接口自动化测试实践 / 胡胜强，单镜石，李睿编著. -- 北京 ：清华大学出版社，2024. 12. --（计算机技术开发与应用丛书）. -- ISBN 978-7-302-67840-3

Ⅰ. TP311.561

中国国家版本馆 CIP 数据核字第 2024M728D3 号

责任编辑：赵佳霓
封面设计：吴　刚
责任校对：时翠兰
责任印制：刘　菲

出版发行：清华大学出版社
　　网　　址：https://www.tup.com.cn，https://www.wqxuetang.com
　　地　　址：北京清华大学学研大厦 A 座　　**邮　　编**：100084
　　社 总 机：010-83470000　　**邮　　购**：010-62786544
　　投稿与读者服务：010-62776969，c-service@tup.tsinghua.edu.cn
　　质量反馈：010-62772015，zhiliang@tup.tsinghua.edu.cn
　　课件下载：https://www.tup.com.cn,010-83470236
印 装 者：小森印刷霸州有限公司
经　　销：全国新华书店
开　　本：186mm×240mm　　**印　张**：19　　**字　　数**：426 千字
版　　次：2024 年 12 月第 1 版　　**印　　次**：2024 年 12 月第 1 次印刷
印　　数：1～1500
定　　价：79.00 元

产品编号：093542-01

序一

FOREWORD

《全栈接口自动化测试实践》是一本关于接口自动化测试的实用指南，笔者以丰富的经验和深入的实践，为读者介绍了全栈接口自动化测试的理论和实际应用。本书不仅适合接口测试工程师，也适用软件开发人员和测试团队的其他成员阅读。

首先，本书系统地介绍了接口自动化测试的基础知识，包括接口测试的概念、原理和流程等。笔者通过生动的案例和清晰的解释，帮助读者建立起对接口自动化测试的整体认识和理解。

其次，本书详细介绍了接口自动化测试的技术和工具。笔者深入浅出地介绍了常用的接口测试框架和工具，读者可以通过这些工具和技术，快速上手并实践接口自动化测试。

更重要的是，本书强调了全栈接口自动化测试的思想和方法。笔者提倡将接口自动化测试融入整个软件开发生命周期，从需求分析、设计、开发到发布和维护，全方位地保障软件质量。读者可以学习到如何与开发团队协作，如何编写可维护和可扩展的测试代码，如何进行持续集成和持续交付等。

此外，本书还涵盖了接口测试的高级话题，如数据驱动测试等。这些内容丰富了读者的知识储备，使他们能够更全面地应对复杂的接口测试场景和问题。

总体来讲，《全栈接口自动化测试实践》是一本深入浅出、实用性强的书籍，适合接口测试从业者和测试团队的其他成员阅读。通过学习本书，读者能够全面地了解接口自动化测试的理论和实践，掌握相关的工具和技术，提升测试效率和质量，为软件开发和测试工作提供有力支持。无论是初学者还是有经验的专业人士，本书都会为他们在接口自动化测试领域提供宝贵的指导和帮助。

（周　涛）
中国民主建国会会员
中国电子学会物联网专家委员会副秘书长
北京绿色制造产业联盟秘书长
中关村光电产业协会副秘书长

序 二

FOREWORD

在当今快节奏的软件开发环境下，确保软件质量和稳定性成为至关重要的任务，而接口自动化测试作为软件测试中不可或缺的一环，正日益受到重视和广泛应用。《全栈接口自动化测试实践》一书应运而生，为广大软件测试从业者提供了一本全面、系统的指南，从基础概念到工具应用，从框架设计到持续集成，为读者打造了一条通往接口自动化测试成功的路径。

本书首先从接口自动化测试的概述开始，深入探讨了接口自动化测试的现状、优势及主流工具，为读者提供了对整个领域的宏观认识。随后，对 HTTP 的基础知识介绍，使读者能够更好地理解接口请求与响应的原理，为后续的实践打下坚实的基础，而后，通过 Fiddler 等工具的介绍与实战，读者将学会如何抓包与调试接口请求，为接下来的测试工作做好准备。

在基础篇的基础上本书进一步介绍了各种主流接口测试工具的安装、配置与使用，如 Postman、Apifox、JMeter 等，读者将通过这些工具的实际操作，更加深入地理解接口自动化测试的实践流程。同时，笔者还特别介绍了在 Python 环境下使用 Requests 库进行接口测试的方法，使读者能够灵活地运用 Python 语言进行接口自动化测试。

而在工具篇的基础上，本书进一步介绍了如何结合 unittest 和 pytest 等测试框架，进行更加高效和可维护的接口自动化测试。通过对数据驱动测试的介绍，读者将学会如何利用不同的数据源驱动接口测试，提高测试的覆盖范围和效率。最后，本书还介绍了如何利用 Jenkins 等持续集成工具，实现接口自动化测试的自动化执行与报告生成，使测试工作更加智能和高效。

综合来看，《全栈接口自动化测试实践》不仅全面系统地介绍了接口自动化测试的理论与实践，而且通过丰富的案例和实战经验，能够帮助软件测试同行快速上手，快速实现接口自动化测试。作为一名从事软件测试超过 20 年的老兵，看到同行的杰作，欣然接受写了这篇推荐序言。希望这部书籍的上市能够进一步推动软件测试的发展，尤其是推动接口测试自动化的发展。

（曹向志）

测试专家

《代码审计 C/C++实践》

《软件测试项目实战》

《精通移动 App 测试实战》

《软件性能测试与 LoadRunner 实战》作者

序 三

FOREWORD

我是这本书的第1位读者，对于工具类测试书籍，个人感觉最大的问题就是工具的更新换代较快，导致书籍会很快因为工具的改变而影响书中内容不符合新版本或替代工具软件的使用，但是当我通读了本书之后，发现这本书很好地解决了这个问题，本书的三位作者在编写本书时，不仅把接口自动化测试技术的基础技能点进行了详细讲解，还有意地强调了对工具软件的学习能力，作者将“学习技术和工具的方法”融入了具体技术的讲解中，这是很多出版工具类图书的作者所没有达到的高度。

数字化进程发展到现在，作为载体的软件已经渗透到我们日常生活的方方面面。从手机App到电商平台，再到智能家居设备，软件所展现出来的作用已毋庸置疑，而在软件开发过程中所产生的错误和缺陷带来的用户使用异常则更显重要。软件测试作为高可用软件质量保证的一个重要环节，在软件开发各阶段都可以协助开发人员尽量减少这种缺陷的产生。作为软件与用户交互的核心功能，接口的质量显得尤为重要。接口测试需要熟悉编程、协议、工具等方面的知识，对测试从业者有一定的准入门槛。

无论是单元测试中所涉及的函数间的调用，集成测试中模块间的接口数据传递，还是系统测试阶段前端与服务器端之间的接口调用，在整个软件测试生命周期中，接口测试介入得越早，可以越早地发现并解决缺陷问题，从而使留到后期功能测试阶段的缺陷数量越少，最终缩短整个项目的上线时间。

本书作者具有多年的行业从业经验，积累了大量企业级项目的经验及案例。书中内容主要涉及HTTP、WebService、WebSocket、gRPC协议的接口自动化测试，涵盖了Postman、Apifox、JMeter等主流接口自动化测试工具，框架篇使用了很多企业较为流行的Requests＋unittest＋Python实现接口测试框架，实用性较强，是一部接口自动化测试必不可少的工具书。

想要掌握接口自动化测试的前沿技术与优势？寻找一本全面涵盖从基础到进阶的接口测试书籍？本书是您不容错过的选择，当您阅读这本书时，一定会真真切切地体会到本书带给您的力量。

总之，本书的出发点、立足点、讨论点，是独一无二的，在工具类图书中，是真正的“授之以渔”的突破。

最后，愿本书在软件测试的百花园中，绽放出艳丽的光彩。让我们一起跟随本书深入学习，解锁接口自动化测试的更多可能！

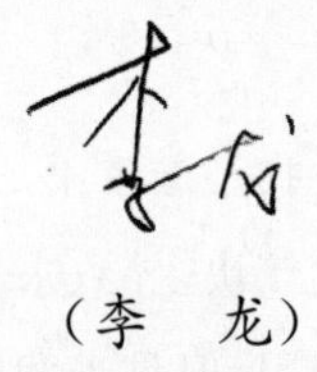

（李　龙）

山东信创产品测评专委会副主任

山东省装备制造业协会职业认证专委会主任

安畅检测（齐鲁物联网测试中心）总经理

《信创产品测试技术、实施与案例》作者

序 四

FOREWORD

当前企业数字化转型是必然趋势，在这个过程中，传统企业与新型互联网企业都会利用数字化技术完成企业数字化转型，让所有的数据都存储在云端进行统一管理和可视化地展示，通过数据增强企业经营管理与完善公司治理。数字化的背后不仅是技术生产力的革命与认知，同时也是研发质量在商业价值方面最直接的体现。质量是核心，是现代企业生存最有力的保障，质量也是赢得客户的信赖与赢得市场的最重要的因素之一。产品质量是一家企业最核心的战略，它代表着企业在市场的品牌影响力和在市场的生存能力，产品质量也是一家公司产品商业价值最直接的体现。对企业而言，质量不仅是质量交付团队工作的内容，也是需要团队里面每个人都需要投入的事情。构建持续稳定性的产品能力需要团队里面的每个人都从“人人都是质量工程师”的维度付出具体的实际行动。

对研发团队而言，提升研发交付效率与提升研发质量至关重要，使用服务器端测试技术的思想，打造可持续、高效、敏捷的研发质量体系和研发效能的提升。在质量保障体系的角度而言，使用服务器端技术栈知识体系，能够在技术思维与产品思维的角度上构建可持续落地的质量体系，从研发质量体系到研发规范化，从功能测试到自动化测试体系，从产品完整性到构建产品稳定性质量体系，需要测试工程师具备服务器端测试技术的原理、思想、框架与主流的服务器端测试工具，也需要具备服务器端性能测试、DevOps、分布式追踪等技术，以此构建微服务架构下质量体系的建设和底层服务稳定性体系的建设。

构建可持续的质量体系，需要在技术层面与测试思维层面同时齐头并进，结合企业的实际情况，构建适用于企业自己可落地与规范化的研发质量体系。在这个过程中，不仅通过标准化进行推进，也需要服务器端测试技术作为辅助进行推进和落地。

《全栈接口自动化测试实践》系统、全面地介绍了服务器端测试工程师需要掌握的技术栈知识体系，包含了底层原理、主流接口测试企业级最佳实战应用、代码层面接口测试实战和框架设计。掌握这些知识能够有效地提升测试交付的效率，同时能够有效地提升测试效率，从而进一步提升研发整体的交付效率，构建适用于企业自身的研发质量体系。

这是一本以实践为主的书，书中的技术可以直接在企业进行落地和应用。小到一个原理和一行代码，大到接口测试框架设计与实践都可以让读者在真实的工作环境中达到应用落地，有效地提升工作效率。书中涵盖了接口测试主流的技术，这些实践都是难得的第一手资料。本书适用于每位从事软件测试岗位的测试工程师学习，结合接口测试原理与企业级案例实践，相信每位读者都能够获益匪浅。

（无　涯）

《Python 服务器端测试开发实战》作者

前言

PREFACE

最近总在思考一个问题：在这些年所从事的软件技术相关的工作中，沉淀了些什么可以作为经验讲述给后来者？荀子在《劝学》中给出的答案是传道、授业、解惑。团队中每年都会有新人进来，在对新入职员工培训时，通常会告诉他们快速融入团队需要掌握哪些知识和解答他们在工作中遇到的问题。现在看来，这算是授业和解惑了。

胜任一份接口自动化测试工作，首先需要熟悉的就是协议。这就相当于接口测试的心法，再配合被测软件使用场景具体的业务知识，基本就可以做接口测试了。本书重点介绍了HTTP相关的基础知识，对WebService、WebSocket、gRPC也有所涉及。接口测试工具在这个过程中所充当的就是工具的本义。就像框架的存在是为了提升工作效率。从这个角度理解，本书中所涉及的几款接口测试工具，其实就是工具化的接口测试框架。

作为一名IT从业者，笔者的职业生涯里接触了很多编程语言、工具、框架，其中的一个或者几个在一段特定的时间里会成为工作中的主要内容。随着时间的推移，有些技术会更迭，有些工具会升级(或者被新的工具所取代)，有时甚至因为工作的缘故某些特定的技术和工具被束之高阁。面对新的技术和工具，需要具有快速学习和上手的能力。这也是技术岗在招聘时很在意学习能力的原因吧，因此在本书的写作过程中，笔者有意识地将自己学习技术和工具的方法融入具体技术的讲解中，希望这种学习方法能够帮助更多后来者。

笔者现在主要是带团队做CNAS、CMA软件相关的第三方评测工作，同时乐于将自己工作中所沉淀下来的技术分享出来。本书是笔者的第2本技术类作品，不足之处请多包涵。如果在学习接口自动化测试技术时，从本书中得到了一些帮助，则是笔者的荣幸。

本书目标读者

本书未涉及Python基础的讲解，因此在学习本书前需要有一些Python基础知识。书中内容适合大多数有意学习或提升接口自动化测试技能的读者。目标读者可以概括为以下几类。

(1) 对软件接口自动化测试技术感兴趣的初学者，跟着书中的顺序学习即可。

(2) 接口测试工程师，通过本书系统化自己所掌握的自动化测试技术。

(3) 性能测试工程师，通过本书的学习可以手工编写和优化性能测试脚本。

(4) 高等院校测试专业或测试培训班的学生，提升自己的岗位竞争力。

(5) 有意愿提升自己接口测试技术的从业者或准从业者，学习永远不晚。

本书的特色

本书是一本适合自学的接口自动化测试技术参考书，主要有以下几个特色。

(1) 涵盖 Postman、JMeter、Apifox 等主流接口测试工具。

(2) 以实例代码驱动接口测试知识点的讲解。

(3) 基于 Requests＋unittest＋Python 架构的接口测试框架讲解。

本书主要内容

基础篇(第 1～5 章)：本篇主要介绍接口自动化测试行业现状，基础环境的搭建与配置，主流接口测试工具的介绍及下载并安装；HTTP 基础知识；Fiddler 抓包工具的使用，常用命令，基于手机端 App 抓包及实用技巧；第三方接口工具包 Requests 的初级使用。

工具篇(第 6～8 章)：本篇主要介绍 Postman 的基本使用方法及 Newman 的使用；Apifox 接口测试及接口文档的管理，HTTP、WebSocket、WebService 和 gRPC 接口实例；JMeter 接口测试流程、断言、输出和案例。

框架篇(第 9～14 章)：本篇主要介绍数据驱动在测试框架中的应用；基于数据驱动模式的自动化框架实现及框架实战案例；持续集成的部署与运行。

扫描封底的文泉云盘防盗码，再扫描目录上方的二维码可下载本书源代码。

致谢

首先要感谢清华大学出版社赵佳霓编辑，你的宽容和责任心让本书得以顺利出版。还要感谢我的恩师赵慎龙老师和邓祖华老师对我的帮助。最后要感谢我的妻子在本书写作期间给予我的支持。感谢一路走来所有关心和帮助过我的人。

胡胜强

2024 年 10 月

目录
CONTENTS

本书源码

基础篇

工 具 篇

框 架 篇

基 础 篇

接口是功能实现较底层的内容，手工测试本质上就是在验证接口请求的有效性。接口测试验证能触及传统功能测试验证不了的测试点，例如绕开前端页面容错机制，将非法请求数据传给服务器，以期获得服务器相应的处理。这看起来有一点像是安全测试的内容，事实上安全测试的基础就是接口。

本篇作为一本讲接口自动化测试图书的基础篇，重要程度无须过多强调。如果你初次接触接口测试，则务必将本篇学透。无论是接口测试工具还是相关测试框架都是建立在接口基础知识之上的。

第1章

CHAPTER 1

接口自动化测试概述

接口自动化测试的出现让软件自动化测试工作内容的深度从UI层进入逻辑层。作为更深层次的软件功能验证手段，接口自动化测试成为功能、性能、安全等软件测试领域的基础。围绕着接口所需要接触到的相关协议、数据类型、传输加密、调试工具、测试框架等知识都需要在接口测试学习和实操过程中掌握。

本章作为全书开篇，主要从不同维度对接口自动化测试技术进行阐述，与同一层面的相关测试技术进行比较，以便读者在正式学习接口自动化测试技术之前对相关内容有一个必要的了解。

1.1 接口自动化测试的现状

什么是软件接口，简单定义就是各种软件开发中的应用程序接口(Application Programming Interface，API)。在程序中，函数间调用可以称为接口，软件模块与模块之间的数据传递可以称为接口，软件与软件之间协同工作时所预留的外部调用也可以称为接口(第三方接口)。明确了软件接口的概念后，接口测试就可以理解为针对接口功能实现所进行的正向与反向数据传输验证。

接口测试作为一个独立的工作岗位普遍出现，要晚于功能测试和性能测试。与白盒测试类似，软件研发团队中最早的接口测试工作也多数是由开发者代劳的。近几年，随着对软件测试重视程度的提升，接口测试的重要性和优势开始被研发团队认可，并在项目研发周期中加入功能层面的接口测试或接口自动化测试实施。

1.1.1 接口测试与手工测试

应用软件从整体架构上通常被分为3层：UI层、应用逻辑层、数据层。各种功能由手工进行测试本质上是通过UI层模拟用户操作调用应用逻辑层实现，以验证软件功能实现的过程。软件接口主要存在于软件3层架构之间，主要分3类：UI层向应用逻辑层的接口调用(应用接口)，应用逻辑层内部模块间的接口调用(内部接口)，以及应用逻辑层向数据层的接口调用(底层接口)，如图1-1所示。

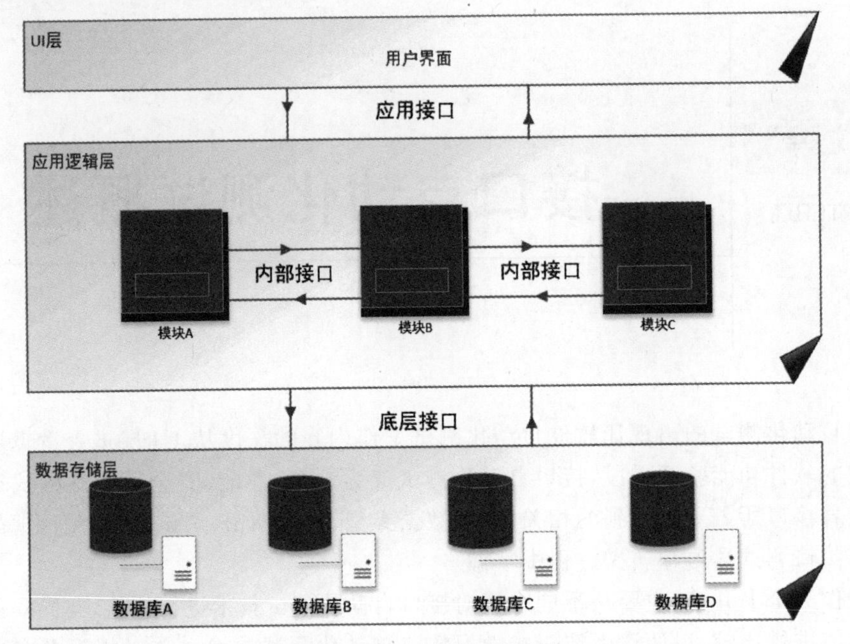

图 1-1　软件 3 层架构图示

软件接口测试就是验证这些接口调用的功能实现情况。以 UI 层用户注册页面中密码设置功能验证为例，密码的长度要求为 4～8 位，必须以字母开头，同时包含字母、数字和特殊符号。手工测试和接口测试验证项如下。

（1）手工测试：符合校验规则验证；不符合校验规则验证；两次密码输入不一致验证。

（2）接口测试：符合校验规则验证；不符合校验规则验证；两次密码输入不一致验证；密码设置留空验证；密码长度异常验证。

在以上所列举的验证项中，相同验证项在手工测试和接口测试中的目的并不相同。以不符合校验规则中密码长度验证为例，手工测试站在用户角度操作，当输入密码长度不符合要求时，前端页面代码中相关函数会直接完成验证并返回提示信息，在这个过程中用户并未与后端服务器产生交互。此时测试验证的重点在于用户注册过程中是否对填写信息有容错校验，以及是否会返回 UI 层正确提示信息。当接口测试通过用户注册 API 发出密码长度不符请求时，请求与后端服务器产生交互。此时测试验证的重点在于 API 请求数据异常时服务器是否有合适的处理方式。

接口测试按验证目的可分为 3 个维度：功能层验证、协议层验证、业务层验证。在前面用户注册的例子中，接口层所验证的与手工测试在维度上是一致的，即功能层正反向验证。接口测试验证的第 2 个维度是协议层的验证。网页打开过程中显示的 404 错误，如图 1-2 所示。

这里主要通过接口验证协议返回错误信息的情况。通常情况下，协议返回的原始错误信息较为专业，对用户不够友好。手工测试在进行易用性测试或用户友好度测试时就需要借助接口工具来完成验证。最后一种情况是业务层验证。当用户输入超出实际业务流程或范围时，服务器会返回业务层错误信息。虽然请求返回的是 200 状态，在业务层出现操作异

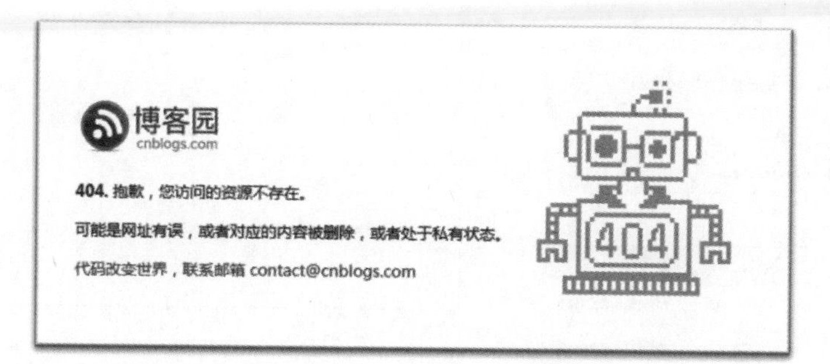

图 1-2 访问页面报 404 错误

常，errno、errmsg 等字段用于返回用户异常业务操作错误代码及提示信息。

通过比较可以看出，接口测试无法取代传统手工测试，二者之间是一种互补关系。手工测试的重点在于从用户视角验证软件功能的正确性与易用性，接口测试则是在手工测试的基础上验证服务器端对请求中各种异常情况的处理方式。例如请求头缺失、请求数据非法、请求资源不存在等异常情况。

在安全层面，接口测试可以验证敏感数据在传输过程中的加密情况，数据篡改后服务器对异常数据的处理能力，例如 SQL 注入、垂直越权等。

1.1.2 接口测试的流程

接口测试的实施流程与 UI 自动化测试类似，主要分为 5 个关键步骤。

1. 接口需求分析

基于接口测试的需求分析的主要目的是在用例设计前明确接口实现的内在逻辑关系。在实际工作环境中常见两种情况。第 1 种情况是研发团队有明确的 API 文档，可以根据文档中与接口相关的参数快速地熟悉请求方式、参数及响应结果。一条 API 数据通常由接口说明、请求 URL、请求类型、请求参数、返回值构成等，如图 1-3(a)所示。第 2 种情况是研发团队没有成形的 API 文档，这时需要通过在操作过程中抓包、与开发者沟通等方式熟悉接口逻辑。分析过程中很重要的一点是需要汇集所有可能的响应异常情况，如图 1-3(b)所示。

2. 测试用例设计

对接口需求进行了解和分析之后，就可以进行接口测试用例的设计了。接口测试用例设计的主要内容是从功能校验、参数异常校验、业务流程校验 3 方面展开的。用例设计方法与手工功能测试类似，等价类、边界值、场景法等常见用例设计方法都可以用在这里。

功能校验主要是为了验证接口正常功能的实现情况，对标手工测试中的正向测试用例。

参数异常校验主要是为了验证接口请求所带参数出现边界值越界、非法参数内容、空值、参数缺失等情况时系统的返回值。在 UI 层进行功能验证时，由于前端页面对这些情况做了预处理，所以无法验证到大部分请求参数异常的情况。

业务流程校验与 UI 层业务流程测试基本一致。不同之处在于 UI 层业务流程验证以

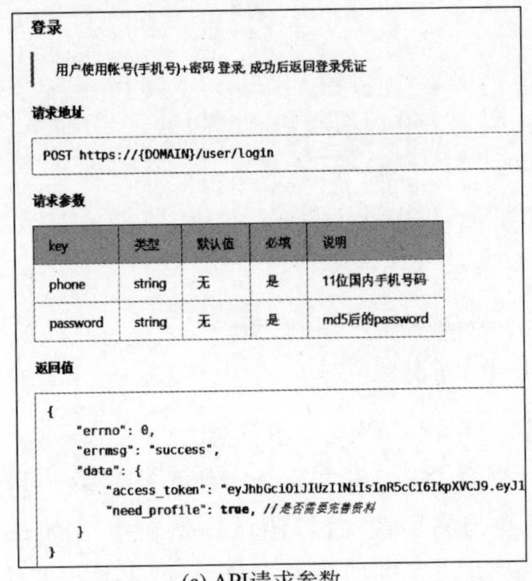

登录

> 用户使用帐号(手机号)+密码 登录. 成功后返回登录凭证

请求地址

```
POST https://{DOMAIN}/user/login
```

请求参数

key	类型	默认值	必填	说明
phone	string	无	是	11位国内手机号码
password	string	无	是	md5后的password

返回值

```
{
    "errno": 0,
    "errmsg": "success",
    "data": {
        "access_token": "eyJhbGciOiJIUzI1NiIsInR5cCI6IkpXVCJ9.eyJ1
        "need_profile": true, //是否需要完善资料
    }
}
```

(a) API请求参数

```
const ERROR = {
    Common: {
        Inner: {code: 500, errno: 100000, errmsg: '编程错误: 未知的错误类型'},
        NotSupport: {code: 200, errno: 100001, errmsg: 'not support'},
        EmptyParam: {code: 200, errno: 100002, errmsg: '参数为空'},
        InnerEmptyParam: {code: 500, errno: 100003, errmsg: '调用servcies参数为空或错误'}
    },
    User: {
        Unauthorized: {code: 200, errno: 200001, errmsg: '无操作权限'},
        SendSMScodeFail: {code: 200, errno: 200002, errmsg: '发送验证码失败, 请稍候重试'},
        SMScodeWrong: {code: 200, errno: 200003, errmsg: '验证码错误'},
        RegisterFail: {code: 200, errno: 200004, errmsg: '注册失败, 请稍候重试'},
        LoginFail: {code: 200, errno: 200005, errmsg: '登录失败, 请稍候重试'},
        None: {code: 200, errno: 200006, errmsg: '无此用户'},
        Duplicate: {code: 200, errno: 200007, errmsg: '手机已注册'},
        UnkonwDeivce: {code: 200, errno: 200008, errmsg: '未知设备'},
    },
```

(b) API响应参数

图 1-3　API 参数

用户操作为驱动进行相关步骤的验证，侧重用户操作的流畅性及与实际业务流程的贴合性。接口层面的业务流程校验是以相关 API 请求的组合为基础进行校验的，更加偏重请求间操作的连贯性。

接口测试用例在设计时可以使用思维导图软件整理测试要点，然后在 Excel 文档中逐条写出待执行测试用例，如图 1-4 所示。

用例名称	请求地址	请求header	请求参数	响应检查点
成功发送短信验证码到手机	POST https://{DOMAIN}/user/smscode	content-"type"=application/json uuid:55BFBD00200dfc28e48bEF452735B8A50776E9D2 sign:	phone="1338109663	status"code":200 errno:0 errmsg:"success" data:{token}
发送失败，phone参数长度不足11位	POST https://{DOMAIN}/user/smscode	content-"type"=apr	phone="133810966"	status"code":200 errno:200002 errmsg:"发送验证码失败，请稍后重试"
发送失败，phone参数不符合国内手机号码规则	POST https://{DOMAIN}/user/smscode	content-"type"=apr	phone="1234567892	status"code":200 errno:200002 errmsg:"发送验证码失败，请稍后重试"

图 1-4　接口测试用例 Excel 模板

3. 测试脚本开发

接口测试脚本开发是接口自动化测试时所需的步骤，手工接口功能测试在测试用例设计完成后可直接跳转至第 4 步进行测试用例的执行。

基于 Python 语言的接口测试脚本开发最常用的组合是 Python＋Requests，也可引入 unittest、pytest 框架和数据驱动。有关测试脚本开发的内容在本书第 5 章、第 12 章中有详

细讲解。

4. 测试用例执行

接口手工测试用例的执行依赖于测试工具。使用 Fiddler 抓包工具中的 Composer 选项卡功能可以完成大多数接口测试用例的验证。也可以使用 Postman、Apifox 等工具完成接口手工测试用例的执行工作。本书“工具篇”会重点讲解相关工具的使用方法。

接口自动化测试用例的执行主要依赖于测试脚本或测试工具对用例进行批量执行及对执行过程进行管理。以 Python＋Requests 测试脚本为例，脚本所维护的接口测试用例需要在 unittest、pytest 框架的管理规则下批量运行，有时也会与 Jenkins 集成 CI 环境定时执行测试用例。

5. 结果输出分析

接口自动化测试用例执行完成后，需要将测试结果导出成可视文档以方便查看。以 JMeter 为例，接口测试用例在执行过程中与 Ant 插件配合，可生成 HTML 格式的接口执行结果，如图 1-5 所示。

Test and Report information

Source file	"mt27.jtl"
Start Time	"12/23/24 5:05 PM"
End Time	"12/23/24 5:10 PM"
Filter for display	""

APDEX (Application Performance Index)

Apdex	T (Toleration threshold)	F (Frustration threshold)	Label
0.999	**500 ms**	**1 sec 500 ms**	**Total**
0.999	500 ms	1 sec 500 ms	首页-数据统计-年统计业务

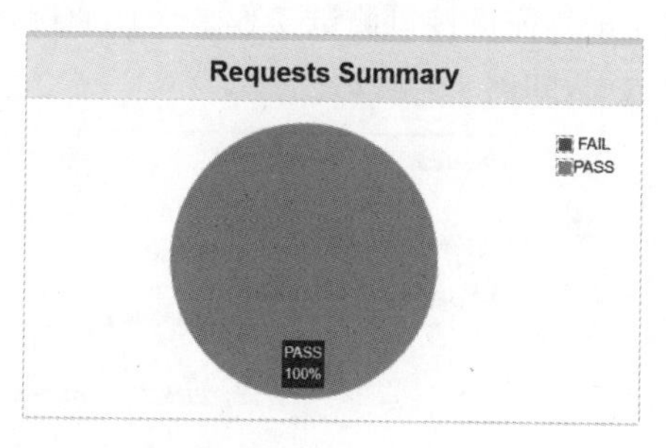

图 1-5　JMeter＋Ant 生成测试结果报告

1.1.3　接口自动化测试与 UI 自动化测试

软件测试领域存在着一个金字塔模型，依次对 UI 测试（用户层面）、服务测试（接口）、单元测试（白盒）的量级进行划分，如图 1-6 所示。

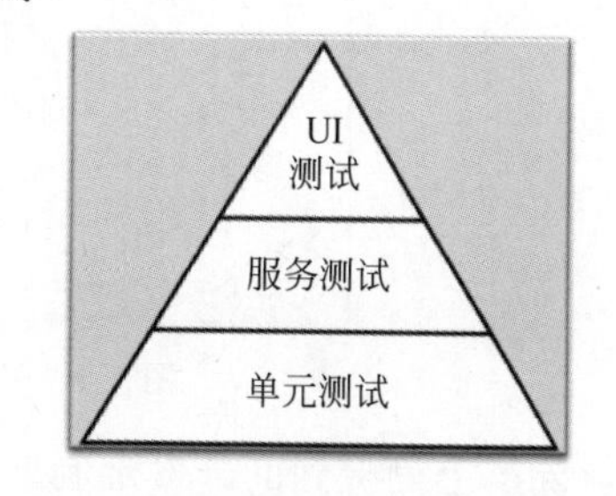

图 1-6　软件测试中的金字塔模型

从测试时效维度看，接口自动化测试比 UI 自动化测试速度要快很多。二者所在层级不同，关注点也不同，如果将它们放在同一维度指标项上进行对比，意义也就不存在了。UI 自动化测试可以快速地回归用户层面的功能实现，接口自动化测试可以快速地回归服务层面的功能实现。

1.2 接口自动化测试的优势

接口自动化测试在适用场景下，主要优势有以下几点。

(1) 稳定，维护成本低：程序 UI 层面会更容易发生变更，接口对应程序的功能实现，偶尔会出现增减，很少需要原位替换。

(2) 执行速度快：接口执行速度通常是以毫秒进行计算的。常规 B/S 架构的软件功能在 200 个左右，以 1000 个验证点的用例量为例，执行完成仅需几分钟，能够满足软件快速迭代的需求。

(3) 手工测试的有益补充：对于手工测试检测不到或检测实现困难的功能层、协议层与业务层返回数据进行验证，可以使用接口测试工具进行辅助完成。

(4) 回归测试效率和结果的一致性有保障。

1.2.1 接口测试与测试开发

接口测试的本质仍然是测试，偏重功能测试的范畴。测试工程师根据 API 说明文档和接口测试工具完成软件接口的验证工作。测试开发工作更偏向于开发本身。以接口测试工作为例，测试的工作重点是写出适用项目接口测试所需的定制型接口测试工具，而测试人员则使用此工具完成接口测试工作。对比通用接口测试工具，针对具体项目量身定制的工具会更加适用，如图 1-7 所示。

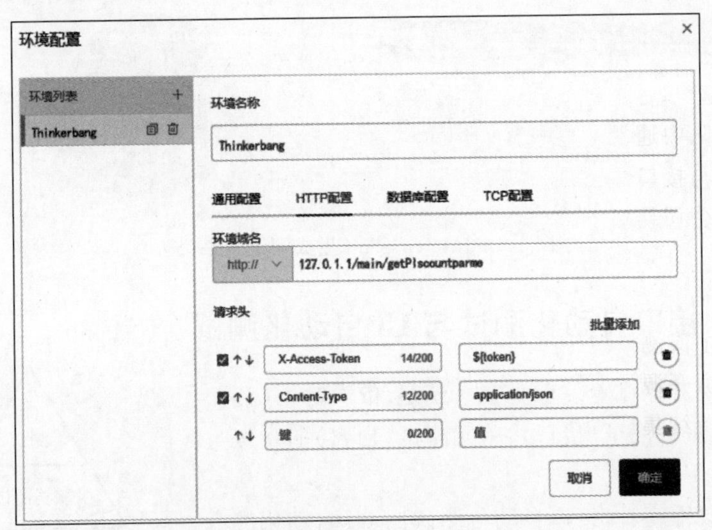

图 1-7 开源工具 MeterSphere 接口用例输入界面

除了上面提到的开发定制型接口测试工具，测试开发工程师还会根据项目的实际测试需求，开发出一些适用的小工具来辅助测试工作。与传统软件开发工程师不同的是，测试开发工程师通常会拥有软件测试相关经验，对软件测试流程的理解也更为深刻，因此也可以把测试开发岗位看作软件测试工作进阶的一个方向。

1.2.2 适合做接口自动化测试的项目

接口自动化测试引入项目的主要目的是快速回归或验证已有接口功能执行的正确性。多数基于协议的项目适合开展接口自动化测试。与UI自动化测试不同的是，并不是所有的软件接口都适合进行自动化测试。下面列举几种项目开展接口自动化测试的适应情况。

1. 适用接口自动化测试

(1) 体量大且开发周期长的项目。

(2) 需要对接口并发验证的项目。

(3) 软件版本迭代频繁的项目。

(4) 功能周期性变更升级的项目。

2. 不适用接口测试的功能

(1) 返回结果为资源类数据(例如页面、图片、视频、音频等)。

(2) 传输数据动态加密。

(3) 人机交互(必须做时，可以用挡板完成交互)。

1.2.3 适合做接口自动化测试的团队

这里重点讨论的是接口测试工程师所必需的技能。和功能测试一样，涉及接口传输的项目都适合做接口测试，项目对应的测试团队也都适合做接口测试。提到测试团队的适应性，主要是为了和笔者的《全栈UI自动化测试实战》(清华大学出版社，2021)一书中的章节对照。测试团队中通常由特定接口测试工程师构建可持续接口自动化测试平台，其他功能测试工程师参与接口测试用例的维护。作为一名合格的接口测试工程师，需要涉及几项必备技能。根据公司接口测试岗位招聘的要求，整理出以下几点。

(1) 掌握一门脚本语言。

(2) 熟练使用一个以上主流接口测试工具。

(3) 对于主流测试框架有深入的研究。

(4) 有依据开源测试框架落地自动化的能力。

(5) 熟悉持续集成测试环境构建。

1.3 主流接口自动化测试工具

根据软件架构和所使用的协议不同，验证时的侧重点也会有所差异。以基于超文本传输协议(HyperText Transfer Protocol，HTTP)的B/S架构软件为例，接口测试过程中需要考虑的几个要素：发送请求、接收响应、数据处理、结果输出。接口测试工作中在这一层面用得较多的几款软件：Postman、Robot Framework、Apifox、Apache JMeter。可以把这些工具看作测试框架的固化，可视化界面操作让接口测试更容易上手。本节按软件归属简单地罗列几种较为常见的主流接口自动化软件，其中的几种会重点介绍。

（1）商业类：Postman、Robot Framework、SoapUI。

（2）开源类：Apache JMeter、Httprunner、Requests。

（3）综合类：LoadRunner、Apifox。

（4）抓包类：Fiddler、Charles。

1.3.1 Postman

Postman 是一款功能强大的网页调试与发送网页 HTTP 请求的接口测试工具。Postman 早期以 Chrome 插件形式存在，目前以独立的安装程序存在。以 Windows 平台为例，Postman 分为 32 位和 64 位两个软件版本，分别对应 Windows 的 32 位系统和 64 位系统。Postman 主界面如图 1-8 所示。

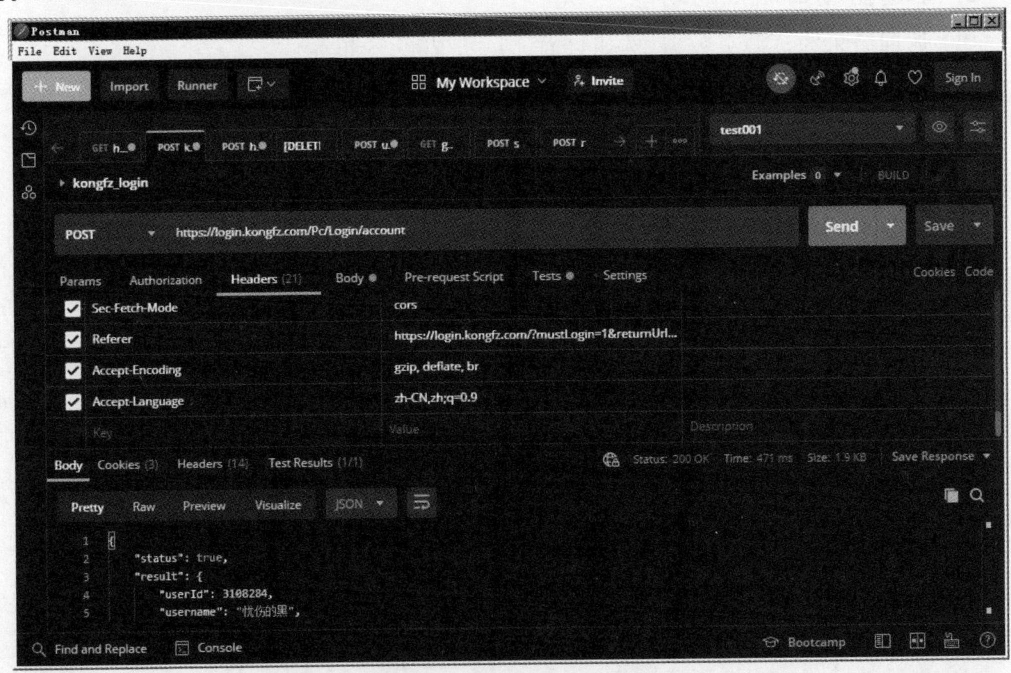

图 1-8 Postman 主界面

Postman 的优点主要有以下几方面。

（1）简单易用的图形用户界面，可以保存接口请求的历史记录。

（2）使用测试集 Collections，可以更有效地管理及组织接口，可以在团队之间同步接口数据。

(3) 有命令行版本 newman 工具,方便放在服务器上运行,可以在 Jenkins 环境中做持续集成。

(4) 支持读取 JSON、CSV 等数据文件,支持 JSON 校验,自带各种基于 JavaScript 的代码校验模块。

1.3.2 Robot Framework

Robot Framework 是用于验收测试和验收测试驱动开发的通用测试自动化框架,具有易于使用的表格测试数据语法,是一种使用关键字驱动的测试方法。Robot Framework 的测试功能可以通过 Python 实现的测试库进行扩展,用户可以使用与创建测试用例相同的语法,以及从现有的关键字创建新的更高级别的关键字。使用 Robot Framework+Python 组合,可以实现接口层的自动化测试用例的编写、执行、管理与结果输出。Robot Framework RIDE 的主界面如图 1-9 所示。

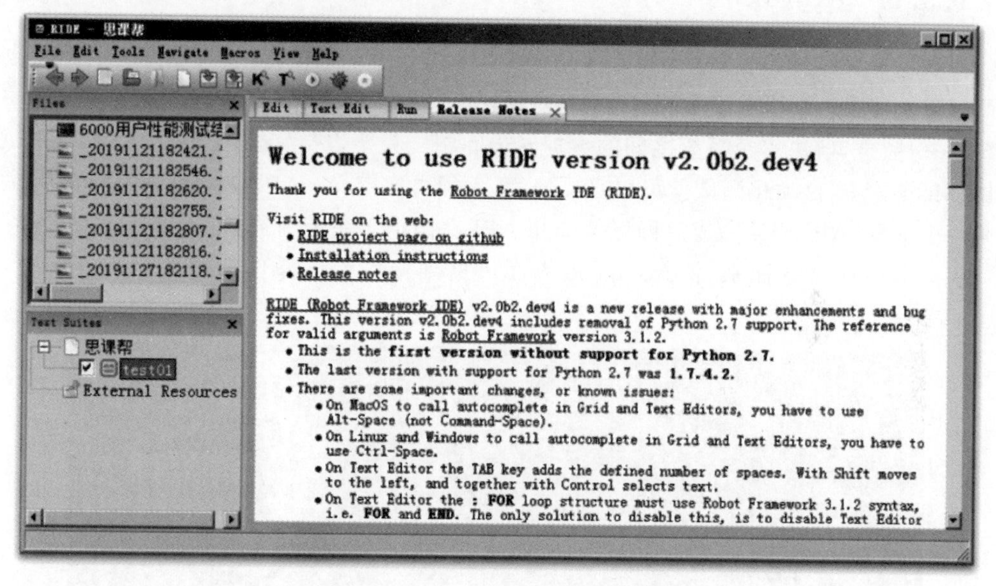

图 1-9 Robot Framework-RIDE 主界面

Robot Framework 的优点主要有以下几方面。

(1) 采用关键字+表格化用例的形式,上手容易。

(2) 关键字可以重组复用。

(3) 支持自定义测试库的使用。

(4) 提供多种接口执行方式。

(5) 提供多种测试方式,如 WebUI 测试、API 测试。

(6) 可以生成美观的测试报告和执行日志 HTML 页面文件,如图 1-10 所示。

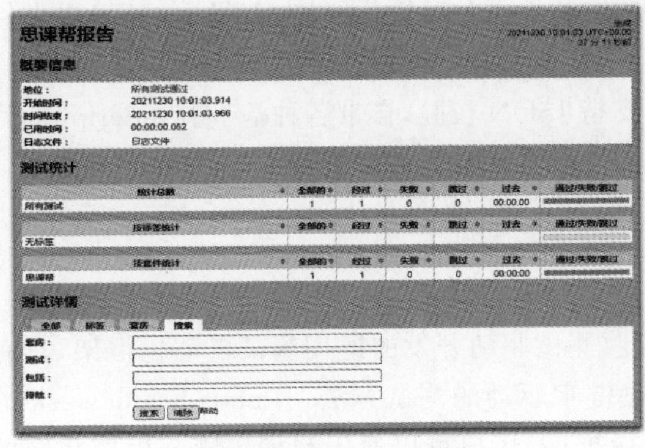

(a) Framework-RIDE报告

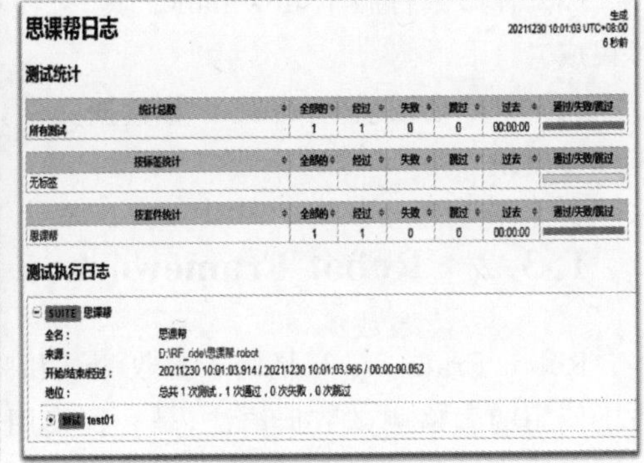

(b) Framework-RIDE日志

图 1-10　测试报告和执行日志

1.3.3　Apifox

按照 Apifox 官网对自己介绍，Apifox 是集 API 文档、API 调试、API Mock、API 自动化测试于一体的一体化协作平台，定位于 Postman＋Swagger＋Mock＋JMeter。通过一套系统、一份数据，解决多个系统之间的数据同步问题。只要定义好 API 文档，API 调试、API 数据、Mock、API 自动化测试就可以直接使用，无须再次定义；API 文档和 API 开发调试使用同一个工具，API 调试完成后即可保证和 API 文档定义完全一致。

仅从接口测试层面来看，Apifox 从界面风格到接口测试操作都和 Postman 相似，如图 1-11 所示。

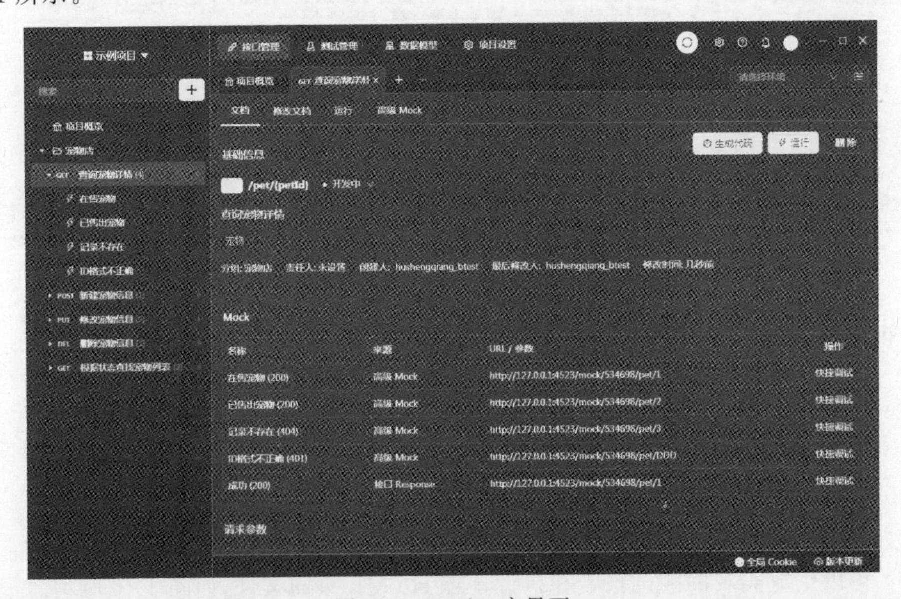

图 1-11　Apifox 主界面

Apifox 的优点主要有以下几方面。

(1) 利于团队协作，接口在云端可以实时同步更新，减少沟通成本。

(2) 可复用的数据结构，当定义了接口返回数据结构及请求参数数据结构时可直接引用。

(3) 兼容 Postman 语法，并且支持运行 JavaScript、Java、Python、PHP、BeanShell、Go、Shell、Ruby、Lua 等各种语言代码。

(4) 无须提前定义接口即可快速调试。

(5) 支持读取数据库数据，作为接口请求参数使用，也可以用来校验接口请求。

1.3.4 Apache JMeter

Apache JMeter 是 Apache 组织开发的基于 Java 的压力测试工具，用于软件压力测试。它最初被设计用于 Web 应用测试，但后来扩展到其他测试领域，主要应用在软件的性能测试和接口测试。Apache JMeter 主界面如图 1-12 所示。

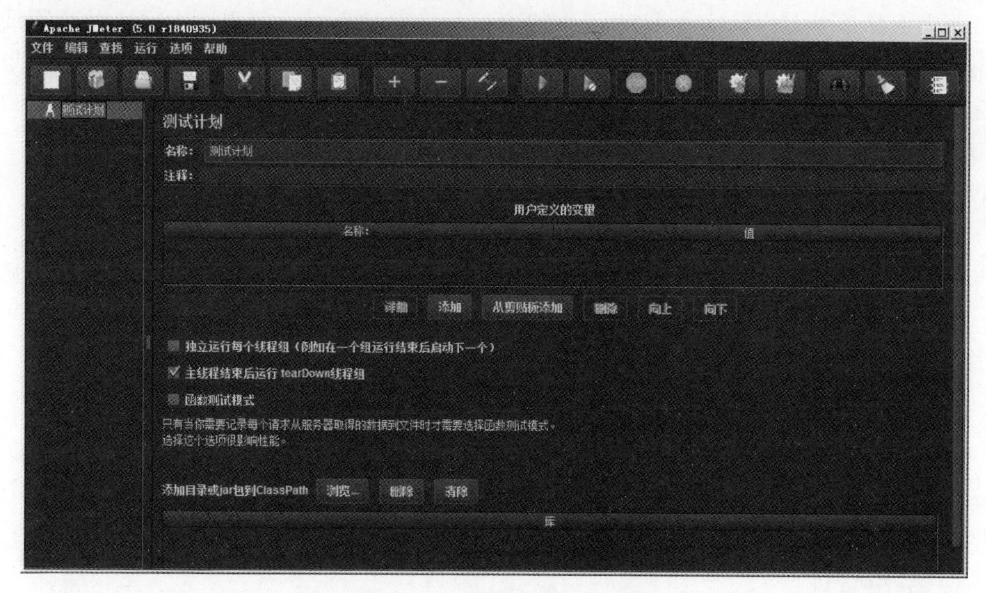

图 1-12 Apache JMeter 主界面

Apache JMeter 的优点主要有以下几方面。

(1) 开源软件，允许开发者使用源代码进行开发。

(2) 使用基数大，丰富的免费第三方插件及相关技术社区。

(3) 支持多种协议：HTTP、HTTPS、TCP、WebSocket、FTP、SOAP。

(4) 支持负载测试、分布式测试、功能测试等多种测试策略。

1.3.5 Requests

Requests 是一个 Python 的 HTTP 客户端库，可以实现基于 Python 脚本的程序接口功能测试。Requests 库是基于 urllib 库的，是采用 Apache License V2.0 开源协议编写的，比 urllib 更加方便。它广泛用在程序接口功能测试、接口并发测试、接口安全测试等方向。

Requests 库与其他开源或是商业软件相比，优势在于灵活。可以依托 Python，实现更贴近工作中具体被测项目的差异化需求。

1.4 接口自动化测试的发展趋势

无论是使用已有的测试工具，还是在第三方库的基础上使用脚本语言实现，在一个成熟的测试团队中，一项测试技术必经的路线：实现、管理、固化、协作。以 Python 实现接口测试为例，工作中首先要实现的就是对接口的验证。接着要考虑批量验证问题，需要设计出合适的脚本实现，涉及参数化、断言及结果的输出等问题。在这一系列细节实现的过程中，更多的是对接口测试用例的管理，批量实现和参数化等技术的细节都是在践行中进行管理的。到目前为止都是个人的单打独斗，对于小的项目可以满足需求。如果在大一点的项目或测试团队中的不同项目中使用，则需要共性的出现，就需要将前面的测试实现抽取出来，形成具有共性的测试框架。对于一个测试团队而言，应该让更多的人(例如基础功能测试人员)参与进来。要解决的第 1 个问题是可视化问题，将接口测试用例输入部分做成一个易于操作的页面，只需填入具体参数，保存后便可以生成可运行用例脚本，这就是平台协作了。

其实上面所述的过程有一点牵强，并不是所有的测试团队都要经历这些步骤。1.3 节主流接口自动化测试工具中所列出的前 4 个接口工具都能直接完成测试团队的接口测试工作。上面所描述的过程，更像是测试开发人员的工作，也是笔者所理解的接口自动化测试的一个发展趋势。可视平台是降低一项测试技术操作难度最佳的解决方案。

1.4.1 接口用例平台化

本节以实现一个接口可视化平台为例，分别从用户管理、用例管理、数据管理、执行管理 4 个模块描述接口可视化平台的基本功能构成和逻辑。

1. 用户管理

(1) 按角色分为 3 类用户：管理员、录入用户、维护用户。

(2) 按角色权限进行管理，不同用户登录后可以操作权限内模块的相应功能。

(3) 管理员用户拥有全部模块操作权限。

(4) 录入用户拥有创建接口用例、调试接口用例、批量执行接口用例权限。

(5) 维护用户拥有查看接口用例，以及用例数据和执行结果导出权限。

2. 用例管理

(1) 创建项目，可视化平台为产品型，可同时维护一个以上项目的创建及管理。

(2) 创建模块，根据被测软件模块划分接口 API 用例归属。

(3) 创建用例，在模块下新建接口用例并保存。

(4) 用例调试,创建页面数据完成后,对当前接口进行调试,返回执行结果。

3. 数据管理

(1) 用例导出,将平台维护接口用例数据导出成 Excel 文档。

(2) 批量导入,将使用 Excel 接口用例模板对用例执行批量导入平台操作。

4. 执行管理

(1) 用例执行,根据选择接口用例执行操作。

(2) 定时任务,设定接口用例的定时执行周期。

(3) 执行结果的查看及导出(必要时可增加自动邮件发送功能)。

以上是基于"HRS 接口自动化管理平台"软件的基本功能模块介绍,具体实现细节将会在《全栈软件测试开发实战》一书中进行剖析。本书以讲解接口测试相关实现方法为主,暂不涉及测试开发内容。

1.4.2　协议及服务的多样性

1. HTTP

HTTP 是客户端浏览器或其他程序与 Web 服务器之间的应用层通信协议,是互联网上应用最为广泛的一种网络协议,也是接 B/S 架构软件接口使用最多的一种协议。

HTTP 是一个客户端和服务器端请求和应答的标准,每次通信都由一个客户端请求和一个服务器应答组成,它本身是一个无状态的协议,因此常常与 Cookie 和 Session 机制同时存在。第 2 章会对 HTTP 相关内容进行介绍。

2. HTTPS 协议

由于 HTTP 本身不具有加密功能,即使对关键字段加密后,报文本身仍可视。HTTPS 协议在 HTTP 原有的基础上使用 SSL(安全套接层) 或 TLS(安全层传输协议)进行加密,这样就使接口通信传输过程多了一层保障,尽可能地防止通信内容被窃听。

3. TCP/IP

TCP/IP 是互联网相关的各类协议簇的总称。分为应用层、传输层、网络层和数据链路层。HTTP 工作在应用层。TCP 和 UDP 工作在传输层。IP 位于网络层,绝大多数使用网络的系统会用到该协议。

4. WebService 协议

WebService 是基于 XML 和 HTTP 实现的,可以在两个不同架构的软件平台实现信息同步,可以使不同语言开发软件实现数据共享,可以使数据格式相异数据实现跨平台传输等。

5. Socket 服务

Socket 是使用 C/S 架构建立连接的,一个套接字接客户端,另一个套接字接服务器端。Socket 本身并不是一种协议,它是介于应用层和传输层之间的一个抽象层,基于 TCP 或者 UDP,可以在服务器端与客户端之间建立长连接。

第2章 HTTP基础

CHAPTER 2

一款软件存在客户端与服务器端的请求与应答，并且访问的媒介是浏览器，那么HTTP将会成为这种B/S架构软件服务的实现基础。本章从HTTP的概述、协议组成、工作原理、返回状态等几方面进行简述，为后面的接口测试的学习做铺垫。

2.1 HTTP介绍

2.1.1 HTTP的发展历程

HTTP起源于20世纪60年代的ARPA网。20世纪70年代，在ARPA网的基础上出现了TCP/IP网络架构。

1989年Tim Berners-Lee提出了在互联网上构建超链接文档系统的构想。构想中包含以下3项关键技术，标志着HTTP的诞生。

(1) URI：统一资源标识符，作为互联网上资源的唯一身份。

(2) HTML：超文本标记语言，描述超文本文档。

(3) HTTP：超文本传输协议，用来传输超文本。

HTTP的版本经历了5个时期，如下所示。

(1) HTTP/0.9：在客户端和服务器端以纯文本形式传输，只支持GET一种方法，并且服务器只能返回HTML格式的字符串。

(2) HTTP/1.0：1996年正式发布。在通信中指定版本号的HTTP版本，支持不同类型的响应格式，新增了HEAD和POST请求方法。

(3) HTTP/1.1：1999年，HTTP/1.1正式发布，该协议引入了持久链接及管道机制，是目前使用最广泛的协议版本。

(4) HTTP/2.0：2015年HTTP/2.0正式发布。HTTP/2.0基于谷歌的SPDY协议，协议引入了二进制、多路复用、服务器推送(Socket)、数据流和头信息压缩优化等技术。

(5) HTTP/3.0：2018年HTTP/3.0正式发布，HTTP/3.0基于谷歌的QUIC协议，协议解决了以前TCP所存在的问题，并且提升了性能与安全性，是未来的发展方向。

2.1.2 HTTP的工作原理

计算机中的协议，可概括地理解为通信过程中所遵守的规则。从最初的OSI-RM七层架构到后来的TCP/IP五层架构都是为计算机终端到终端的通信而设定的。HTTP是存在于应用层的协议，如图2-1所示。

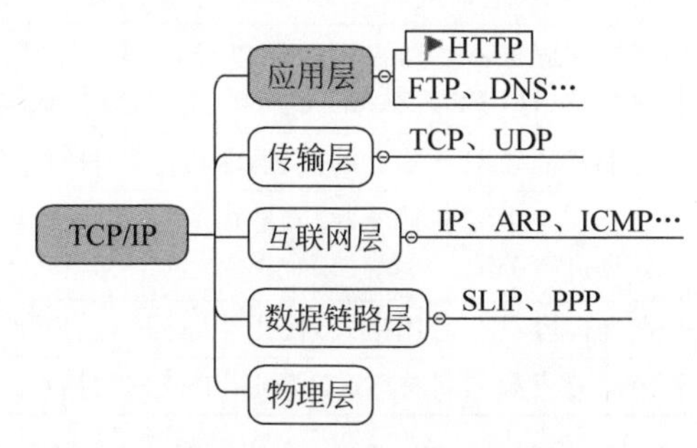

图2-1 TCP/IP分层示意图

HTTP请求是一个标准的客户端服务器模型(B/S架构)。由客户端(浏览器)发起请求，服务器端接收到请求后返回响应内容，如图2-2所示。

图2-2 HTTP请求与响应

2.1.3 URL的组成

HTTP是互联网上应用最为广泛的一种网络协议，所有的WWW文件都必须遵守这个标准。HTTP请求的具体资源由统一资源标示符(Uniform Resource Identifier，URI)来标识，URI表示的是Web上每种可用的资源，如HTML文档、图像、视频片段等。URI下面有两个子集：统一资源定位符(Uniform Resource Locator，URL)、统一资源名称(Uniform Resource Name，URN)。URL标示的是资源的位置，URN标示的是资源的名字，由于URL中可能同时包含资源的位置和名字，因此在实际应用中会被更多地提及。

一条完整URL的组成：< protocol >://< user >:< password >@< host >:< port >/< path >;< params >?< query >#< frag >。URL的参数及作用见表2-1。

表 2-1 URL 的参数及作用

参 数	名 称	描 述
protocol	协议	向服务器发起请求时所使用的协议,常用 HTTP、HTTPS、FTP 等
user	用户	向服务器发起请求时所使用的用户名,若服务器启用匿名访问,则此项在 URL 中为空
password	密码	向服务器发起请求时所使用的用户名对应的密码,中间用冒号分隔,若服务器启用匿名访问,则此项在 URL 中为空
host	主机	服务器 IP 地址或域名
port	端口	请求在服务器端所占用的端口号,当服务器端设置为协议默认端口时此项留空(HTTP 默认端口为 80、HTTPS 默认端口为 443)
path	路径	请求资源在服务器上的位置,多层路径间使用斜线进行分隔
params	参数	部分请求中需要带参数,参数内容由键-值对组成。当有多组参数时使用分号进行分隔
query	查询	查询内容没有通用格式,使用"?"将其与前面路径或参数部分进行分隔
frag	片段	一部分资源的名称(在 HTML 中被称为锚点)

URL 最重要的 3 部分是协议、主机、路径。向服务器发送请求常见的 URL 是由这 3 部分组成的,如下所示。

(1) http://www.thinkerbang.com/。

(2) http://192.168.10.41:8081/index.html。

(3) https://baike.baidu.com/item/http/243074。

2.1.4 资源、事务、报文

1. 资源

客户端在向服务器端发送请求时,根据请求内容可分为资源类请求和非资源类请求。按照惯例把页面请求归入非资源类请求,把图片、文档、音视频等文件的请求归入资源类请求。事实上 Web 服务器是 Web 资源的宿主,所有的请求内容都应该归入资源类,不同的是非资源类请求向服务器端请求的是 HTML 页面或数据。

按照请求资源是否需要进行编译,又可将资源文件分为静态资源和动态资源。http://192.168.10.41/index.html 所请求的是一个静态 HTML 页面 index.html。http://192.168.10.41/index.php 所请求的是一个动态 PHP 页面,Web 服务器需要先将 index.php 文件编译成静态 index.html 页面之后再返回客户端,因此,本质上客户端所请求到的内容都是静态的,动态资源存在于服务器端。

HTTP 会给每种资源类型都打上名为 MIME(Multipurpose Internet Mail Extensions,多用途互联网邮件扩展类型)的数据格式标签。MIME 是一种文本标记,用于设定某种扩展名的文件用一种应用程序来打开的方式类型,当该扩展名文件被访问的时候,浏览器会自动使用指定应用程序来打开。常见的 MIME 类型见表 2-2。

表 2-2 常见 MIME 类型

文 件 类 型	文件后缀示例	MIME 类型标记
超文本标记语言文本	. html、. htm	text/html
普通文本	. txt	text/plain
RTF 文本	. rtf	application/rtf
GIF 图形	. gif	image/gif
JPEG 图形	. jpeg、. jpg	image/jpeg
MIDI 音乐文件	mid、. midi	audio/midi、audio/x-midi
MPEG 文件	. mpg、. mpeg	video/mpeg
AVI 文件	. avi	video/x-msvideo
GZIP 文件	. gz	application/x-gzip
TAR 文件	. tar	application/x-tar

2. 事务

HTTP 事务由一个客户端请求+服务器端响应组成。事务通信方式是使用 HTTP 报文的格式化数据块进行的，如图 2-3 所示。

图 2-3 HTTP 事务

一个完整的事务过程包括以下 11 点。

(1) 在浏览器中输入 URL 网址，启动事务。

(2) 浏览器通过 DNS 解析到对应的服务器 IP 地址。

(3) 浏览器使用 IP 向服务器发送 HTTP 请求。

(4) 服务器永久重定向响应。

(5) 浏览器获取重定向请求地址并发出新的请求。

(6) 服务器响应请求。

(7) 浏览器获得请求 HTTP 资源，进行 HTML 页面加载。

(8) 浏览器向服务器发送请求以获取 HTML 页面中的资源(图片、音视频、CSS 样式、JS 脚本)请求。

(9) 浏览器发送异步请求。

(10) 服务器响应请求。

(11) 浏览器获得 HTML 页面中的资源,进行页面加载,关闭事务。

3. 报文

HTTP 报文是由一行一行的简单的字符串组成的。HTTP 报文都是纯文本,不是二进制代码。

(1) 请求报文: 从 Web 客户端发往 Web 服务器端的 HTTP 报文称为请求报文。

(2) 响应报文: 从 Web 服务器端发往客户端的报文称为响应报文。

一个 HTTP 报文包含 3 部分内容。

(1) 起始行: 请求报文中用来说明要做什么,响应报文中用来说明响应结果。例如 GET /image/000/000/000/1B3ADA03-5948-31CC-3FCF-2AB0993D9C94.png HTTP/1.1。

(2) 首部字段: 由一组以上数据组成,以键-值对的方式表示,以一个空行结束。常见首部字段见表 2-3。

表 2-3 常见首部字段

分 类	字 段	作 用
通用首部字段	Date	创建报文时间
	Connection	连接的管理
	Cache-Control	缓存的控制
	Transfer-Encoding	报文主体的传输编码方式
请求首部字段	Host	请求资源所在服务器
	Accept	可处理的媒体类型
	Accept-Charset	可接收的字符集
	Accept-Encoding	可接收的内容编码
	Accept-Language	可接收的自然语言
响应首部字段	Accept-Ranges	可接收的字节范围
	Location	令客户端重新定向到的 URI
	Server	HTTP 服务器的安装信息
实体首部字段	Allow	资源可支持的 HTTP 方法
	Content-Type	实体主类的类型
	Content-Encoding	实体主体适用的编码方式
	Content-Language	实体主体的自然语言
	Content-Length	实体主体的字节数
	Content-Range	实体主体的位置范围

(3) 主体: 首部字段空行之后的部分是报文主体,当请求报文为 POST 方式时会带主体,主体内容包括要发送给 Web 服务器端的数据。GET 方式的请求主体为空。响应报文在通常情况下有返回主体,主体中包括返给客户端的数据。当请求报文内容是向服务器端单向告知时,返回报文主体为空。

2.1.5 HTTPS 介绍

在互联网中的通信窃听无处不在,例如终端木马、通信数据劫持,HTTPS 可以看作 HTTP 的升级版。由于 HTTP 本身不具有加密功能,即使在传输前对关键数据进行加密处理,传输过程中报文本身仍是可视的。为了防止被窃听,在原有 HTTP 通信的基础上加了 SSL(安全套接层)或 TLS(安全层传输协议),对报文主体进行加密处理,如图 2-4 所示。SSL 是个加密套件,负责对 HTTP 的数据进行加密。TLS 是 SSL 的升级版。现在提到 HTTPS 加密套件基本指的是 TLS。

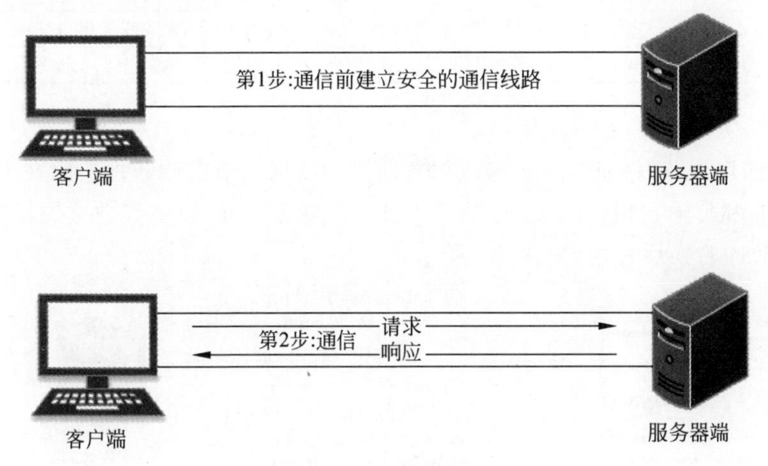

图 2-4 HTTPS 原理

当基于 HTTP 进行通信时,服务器端通常无法验证发送请求的客户端的合法性及接收到报文内容的完整性,报文传输过程中有被篡改的风险。基于 HTTPS 协议的通信除了对报文主体进行加密,还使用了证书手段。证书具有可信和不可修改的特性,用以证明建立传输的服务器和客户端是实际存在的,如图 2-5 所示。

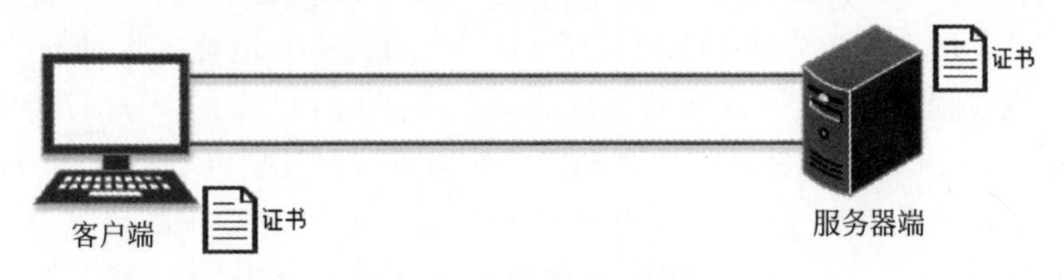

图 2-5 HTTPS 证书验证

2.2 HTTP 请求与响应

2.2.1 HTTP 常用请求方法

HTTP 中常见的 9 种请求方法用来指明请求服务器资源的不同操作方式,见表 2-4。

表 2-4　HTTP 请求方法

序　号	方　　法	方法描述
1	GET	请求指定的页面信息,返回实体主体
2	POST	向指定资源提交数据进行处理请求,数据被包含在请求体中
3	HEAD	请求返回的响应中没有具体的内容,用于获取报头
4	PUT	从客户端向服务器端传送的数据取代指定的文档的内容
5	DELETE	请求服务器删除指定的页面
6	CONNECT	预留给能够将连接改为管道方式的代理服务器
7	OPTIONS	允许客户端查看服务器端的性能
8	TRACE	回显服务器收到的请求,主要用于测试或诊断
9	PATCH	对 PUT 方法的补充,用来对已知资源进行局部更新

1. GET 方法

GET 方法用于获取信息,不会修改服务器上的数据。请求的数据会附在 Path 之后,以"?"分隔 URL 和传输数据,参数之间以"&"相连。英文字母、数字参数会原样发送,中文字符会用 BASE64 转换后发送,如图 2-6 所示。

图 2-6　GET 方法请求示例

2. POST 方法

POST 方法在本质上与 GET 方法是一样的,它们都通过 URL 向服务器发送请求数据。由于浏览器对 URL 长度的限制,当参数较多且不足以通过 URL 发送完成时,使用 POST 方法将重要请求参数放在 BODY 中进行传输,可以有效地解决此问题。

在实际开发过程中,登录等数据量较少的请求也使用 POST 方式进行传输,一方面是基于安全考虑,不会让未经加密的用户名和密码在浏览器网址栏上直接出现(并不是所有网站登录都会考虑敏感信息加密处理),使用 POST 方式至少需要抓取请求报文才能看到。另一方面,浏览器在发送 POST 请求时,通常是以二段式进行发送的,第 1 次发送 Headers 部分,当服务器返回 100 状态码后,第 2 次发送 DATA。这在一定程度上可以确保关键数据传输的完整性,如图 2-7 所示。

3. HEAD 方法

此方法与 GET 方法在工作流程上类似,只是并不需要服务器在响应报文中回传请求主体。HEAD 方法只请求资源的首部和检查超链接的有效性,在有限的速度和带宽下,HEAD 方法比 GET 方法消耗更少的资源。

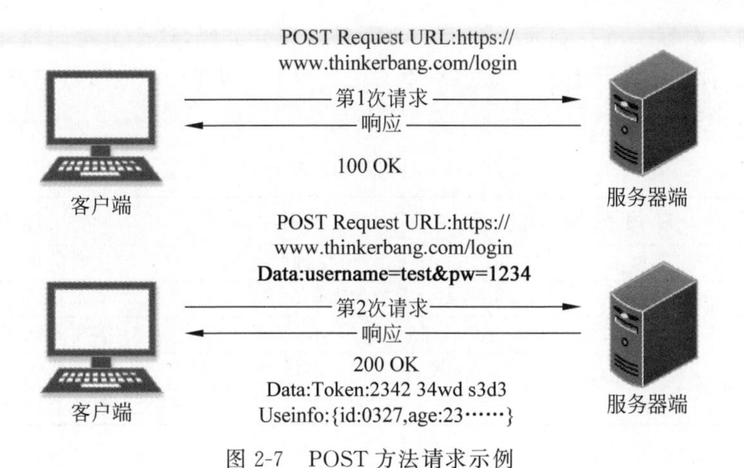

图 2-7　POST 方法请求示例

4. PUT 方法

PUT 方法和 POST 方法非常类似，它们都用作数据的修改，它们的主要区别就是，PUT 方法是等幂的，也就是说，如果对一段资源进行多次 PUT 请求提交，则最后的结果应该都是一样的，可以用来对数据进行更新操作。POST 方法如果进行多次数据提交，则最后的结果是不一样的，可以用来对数据进行新增操作。在实际软件接口开发中，两种方法是可选的，常用 POST 方法来代替 PUT 方法。

2.2.2　响应返回类型

通过响应报文返回 Headers 信息中的 Content-Type，可以进行查看，服务器返回资源根据请求内容的不同，主要有以下几种。

(1) HTML 页面，在 Headers 中以 Content-Type：text/html 进行标记。

(2) JavaScript 文件，在 Headers 中以 Content-Type：application/x-javascript 进行标记。

(3) 图片资源，在 Headers 中以 Content-Type：image/jpeg(PNG、GIF 等格式)进行标记。

(4) CSS 样式文件，在 Headers 中以 Content-Type：text/css 进行标记。

(5) JSON 数据，在 Headers 中以 Content-Type：application/json 进行标记。

非资源类请求所返回的关键参数通常存放于 BODY 中，以 HTML 返回为例，请求关联参数存放于 HTML 标记对属性中。

2.3　常见 HTTP 状态码

Web 服务器接收到浏览器发送的请求后，首先需要判断请求的合理性，再处理请求内容。一部分请求由于种种原因会被直接拒绝，例如 Headers 字段缺失。另一部分请求被处理后会返回响应内容。所有响应会携带一个事务处理分类码，这个分类码就是 HTTP 的响应状态码，也被称为协议状态码。状态码由 3 位数字和原因短语组成，数字首位作为响应分类依据，按照状态码首位数字可分为 5 类，见表 2-5。

表 2-5　HTTP 响应状态码

状态码	常用范围	类别	原因短语
1XX	100～101	Informational：信息性状态码	接收的请求正在处理
2XX	200～206	Success：成功状态码	请求正常处理完毕
3XX	300～305	Redirection：重定向状态码	需要附加操作完成请求
4XX	400～415	Client Error：客户端错误状态码	服务器无法处理请求
5XX	500～505	Server Error：服务器端错误状态码	服务器处理请求出错

2.3.1　状态码的作用

HTTP 响应状态码对服务器的每种事务处理进行分类，主要作用有以下几点。

(1) 将返回状态码作为接口请求断言使用。

(2) 根据返回异常状态码快速地定位接口请求存在的问题。

(3) 根据返回状态码确定下一步事务处理内容。

2.3.2　常见正常返回状态码

此处的正常是指返回结果中未出现 Error 信息的情况。HTTP 中 5 类返回状态码的前面 3 类均为此种情况，即 1XX 信息性状态码、2XX 成功状态码、3XX 重定向状态码。

1. 100 Continue(继续)

在图 2-7 中，POST 请求向服务器发送分两步完成，第 1 次发送内容完成后，服务器会返回一个临时响应，表示请求内容已被接收到，可以开始发送剩下部分的内容。这个响应中所携带的状态码即为 100，响应返回的主体内容为空，只包含状态行和部分响应 Headers 信息。

2. 200 OK(成功)

通常情况下，客户端向服务器端发送的请求返回状态码是 200，表示服务器正常处理了请求。无论这个请求在功能层面上是否正常完成。例如用户登录请求，登录成功和登录失败返回的状态码都是 200，只在返回数据中体现具体请求处理情况。通常情况下，随此状态码一起返回的还有请求资源，如图 2-3 所示。少数情况下返回报文中不携带主体，例如 HEAD 请求，只返回状态行和部分 Headers 内容。

3. 206 Partial Content(部分内容)

服务器端接收到客户端发出的 GET 请求，而请求内容由于过大，需要分块传输给客户端，这时每次部分传输时服务器都会在响应行中返回状态码 206，即返回请求部分内容。通常断点续传工具在完成内容下载时，资源服务器会持续响应 206。在线视频或者在线直播视频流在传输过程中，也是分块进行传输的，同样会返回 206 状态，如图 2-8 所示。

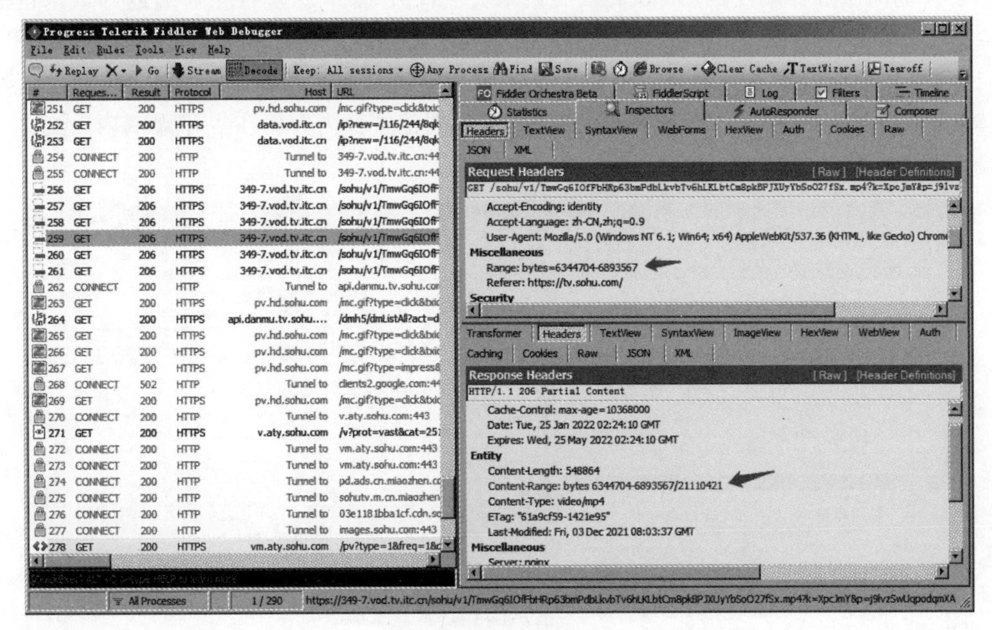

图 2-8　视频分块传输

4. 301 Moved Permanently（永久重定向）

当请求的资源发生了变化时，例如资源在服务器上的位置发生了变化，或是协议有了改变，从用户层面来看，旧的 URL 网址仍能进行访问。客户端与服务器端之间出现了两次请求。首先是客户端使用旧的 URL 向服务器端发出请求，服务器端返回状态码为 301 的响应报文，在报文 Headers 中将新的 URL 在 Location 字段中返回。客户端获得新的 URL 后再次向服务器端发起资源请求，服务器端返回状态码为 200 的响应报文，如图 2-9 所示。

图 2-9　永久重定向示例

5. 304 Not Modified(未修改)

客户端向服务器端发送 GET 资源类请求(图片、JS 脚本等),服务器端返回请求内容,并通过 Headers 标记客户端缓存资源最大生存周期。当客户端再次向服务器端请求同类资源时,当生存周期内服务器端资源未发生变化时会向客户端返回状态码 304,返回报文没有主体部分,如图 2-10 所示。当客户端强制刷新时,即使缓存内容仍在生存周期内,也会向客户端返回状态码为 200 的报文。

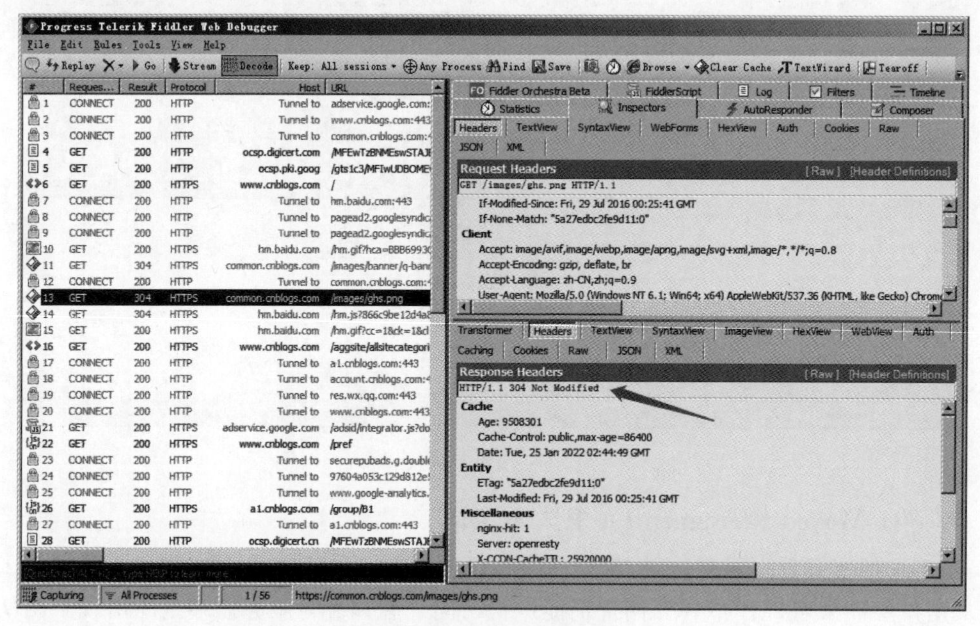

图 2-10 已缓存资源响应

2.3.3 常见异常返回状态码

此处的异常是指返回结果中出现 Error 信息的情况。HTTP 中 5 类返回状态码的后面两类均为此种情况,即 4XX 客户端错误状态码、5XX 服务器端错误状态码。

1. 400 Bad Request(错误请求)

此状态在日常接口测试工作中可以作为脚本检查来使用,通常情况下接口脚本包含语法错误,如果当前请求无法被服务器理解,服务器则会返回协议状态码 400。当遇到这种状态时,首先需要检查请求传递参数是否有非法字符或格式错误。有时接口请求缺少必传参数或关键 Header,也会报 400 错误,如图 2-11 所示。

2. 401 Unauthorized(未授权)

当客户端访问 Web 页面时,服务器端可以设置 3 种身份认证方式:基本身份认证(HTTP Basic Auth)、netrc 认证、摘要式身份认证(Digest Authentication),用来确保访问的安全性或授权用户访问范围。以 HTTP Basic Auth 为例,当请求需要用户验证时,该响

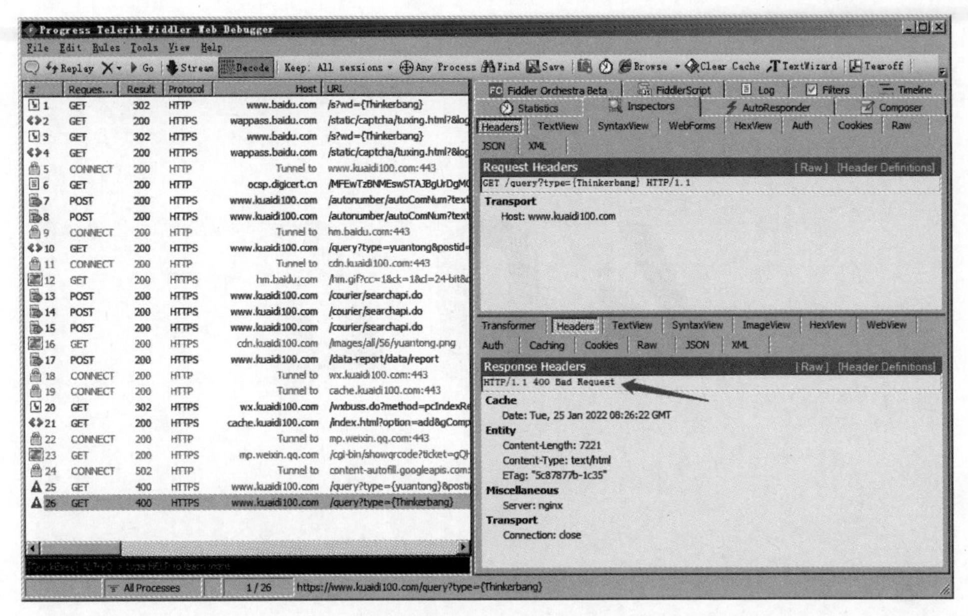

图 2-11　错误请求响应

应必须包含一个适用于被请求资源的 WWW-Authenticate 信息头，用以询问用户信息。通常 Web 中间件中会配置普通页面访问权限的 Internet Guest 账户，这时访问网站页面是不需要授权信息的。当指定的页面资源(常见于 FTP 服务器资源)设置了授权用户时，服务器会给不带正确 Auth 的接口请求返回协议状态码 401。在浏览器匿名用户访问资源时会弹出用户名和密码输入框，需要输入正确授权账号及密码才可以正常访问，如图 2-12 所示。

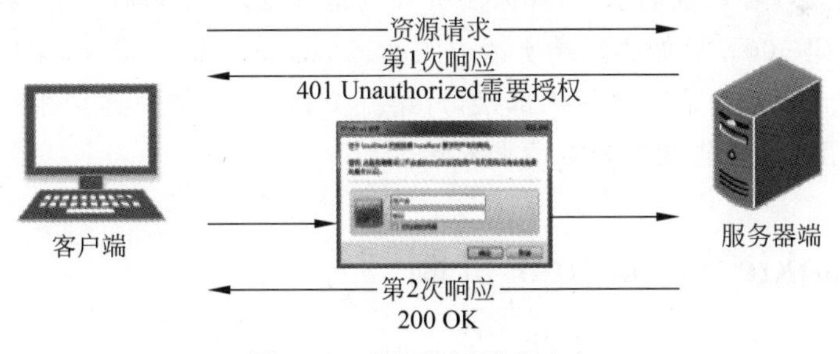

图 2-12　授权认证请求响应

3. 404 Not Found(未找到)

接口请求所希望得到的资源在服务器上未被发现，或者在服务器拒绝请求资源而不想揭示到底为何请求被拒绝或没有其他适合的响应可用时，返回协议状态码 404(正常拒绝请求资源时应返回 403)。浏览器返回 404 协议状态码的情况最为常见，因此网站维护人员会提升返回页面的用户友好度，如图 2-13 所示。

4. 415 Unsupported Media Type(不支持的媒体类型)

服务器返回 415 协议代码，常见于 POST 请求实体与服务器支持的数据格式不一致。

图 2-13 未找到资源请求响应

导致此类错误的原因多是 Headers 中排查头信息缺失，或是 Headers 中 Content-Type 字段数据类型与实体中的数据格式、参数个数不一致。

5. 500 Internal Server Error(服务器内部错误)

当服务器端处理客户端请求时，如果服务器内部在处理接口请求的过程中发生错误，则会返回协议状态码 500。例如客户端所请求的动态页面内有语法错误，无法正常完成编译，或者处理外部接口请求时需要进行内部接口(第三方接口、数据库连接相关操作、插件不支持)调用都会使用 500 来告知客户端请求异常。

2.4 Cookie 和 Session 机制

HTTP 是无状态的协议。一旦数据交换完毕，客户端与服务器端的连接就会被关闭，当再次交换数据时需要建立新的连接。服务器端无法从连接上跟踪会话，客户端每次发出请求对于服务器端来讲都是一个新的会话，如图 2-14 所示。

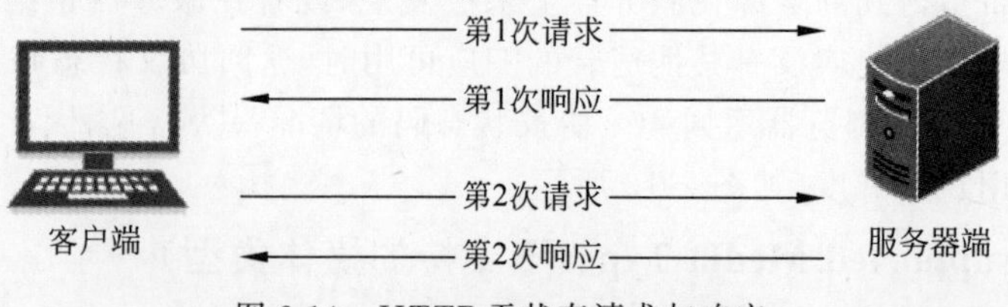

图 2-14 HTTP 无状态请求与响应

2.4.1 Cookie 的原理

由于 HTTP 是一种无状态的协议，所以服务器端单从网络连接上无法确认客户端身份。当服务器端需要识别每个客户端时，就需要建立一个从客户端到服务器端的通行证，这个通行证可以看作 Cookie。Cookie 可以弥补 HTTP 无状态的不足。客户端第 1 次向服务器端发送请求后，服务器端在响应中会自动设置客户端 Cookie 值，这些值以文本文件的方式存放在客户端。之后当同一客户端再次发送接口请求时会自动携带 Cookies 内容以便服务器端进行识别，如图 2-15 所示。

图 2-15 HTTP 带 Cookie 请求与响应

2.4.2 Session 的原理

Session 是另一种记录客户状态的机制，不同的是 Cookie 保存在客户端浏览器中，而 Session 保存在服务器端上。客户端第 1 次发送接口请求时，服务器端会自动生成一个 Session_id，随响应写入客户端的 Cookie 文件中。服务器端自身也会在内存中保存客户端状态信息。以后每次客户端接口请求时 Cookies 中都会带上这组 Session_id 值。服务器端会在 Session 中查找对应客户端的状态信息。

在浏览器的设置选项中可以选择禁用 Cookie，禁用的并不是 Cookie 机制，而是禁止服务器端在 Cookie 文件中写入信息，接口请求中也不带 Cookie 信息。客户端发送请求时会将 Session_id 置入 URL 或隐藏字段中发送。

Session 本身是有生命周期的，通常分为临时会话和持久会话。第 1 种临时会话 Session 在客户端关闭时失效，客户端 Cookie 设置被移除，通常以浏览器关闭为移除节点。第 2 种持久会话 Session 会在初次设置客户端 Cookie 值时，在服务器端给 Session_id 设置一个时钟。如果在有效时间内访问，则之前的状态都有效。如果超过时钟范围，则需要重新获取 Session_id。

第 3 章

CHAPTER 3

抓包利器：Fiddler

在接口测试脚本的设计过程中，前期调试接口参数及相关数据工作很重要。特别是在缺少接口 API 文档的情况下，选择一款适用的抓包工具就显得很重要了。浏览器自带的 F12 开发者工具可以实现简单抓包，此工具可以完成接口请求及响应参数的查看，但缺少后续调试所需的功能。目前接口测试工作中常用 Fiddler 进行接口的抓包及调试。本章将系统地讲解 Fiddler 工具在接口测试工作中常用的功能和技巧。

3.1 Fiddler 的安装与配置

3.1.1 Fiddler 介绍

Fiddler 最早是作为一款开发调试工具出现的，可以完成基于 HTTP 调试代理工作。Fiddler 工作在客户端的应用层，它能记录所有客户端和服务器端的 HTTP 和 HTTPS 请求，可以监视、设置断点，以及修改输入及输出数据。

一个会话在没有 Fiddler 介入的情况下，首先由浏览器发送一个请求，服务器接收到请求后进行处理，然后将响应报文返回浏览器，最后由浏览器对响应结果进行解析并以可视页面的形式进行呈现，如图 3-1 所示。

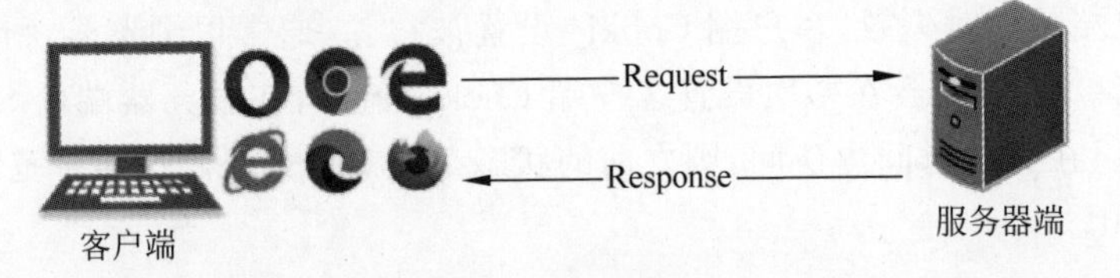

图 3-1 访问流程

Fiddler 介入后，相当于在客户端和服务器端设置了一个临时代理服务器。浏览器发送一个请求，Fiddler 接收到请求内容后再转发给目标服务器。服务器端接收到请求进行处理后返回响应报文，由 Fiddler 接收成功后传递给浏览器。在整个过程中浏览器的通信对象是 Fiddler，所有的请求与响应都是与 Fiddler 来完成的，因此，Fiddler 在整个通信过程中充当着代理服务器的角色，如图 3-2 所示。

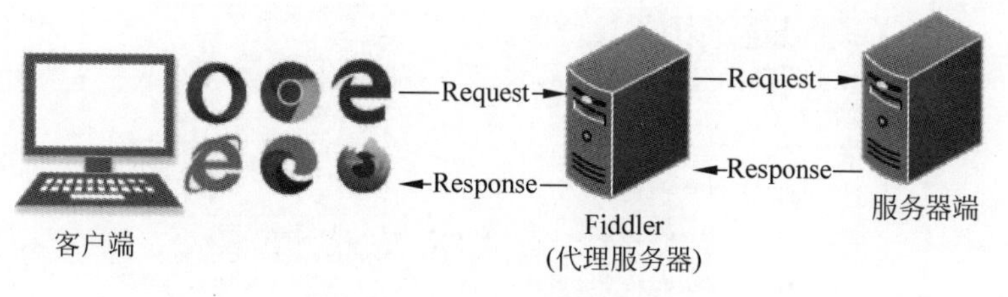

图 3-2　Fiddler 代理访问流程

3.1.2　Fiddler 下载与安装

Fiddler 的安装包可以从 Fiddler 官网下载，网址为 https://www.telerik.com/download/fiddler，进入下载页面，单击 Download for Windows 进行软件下载，如图 3-3 所示。

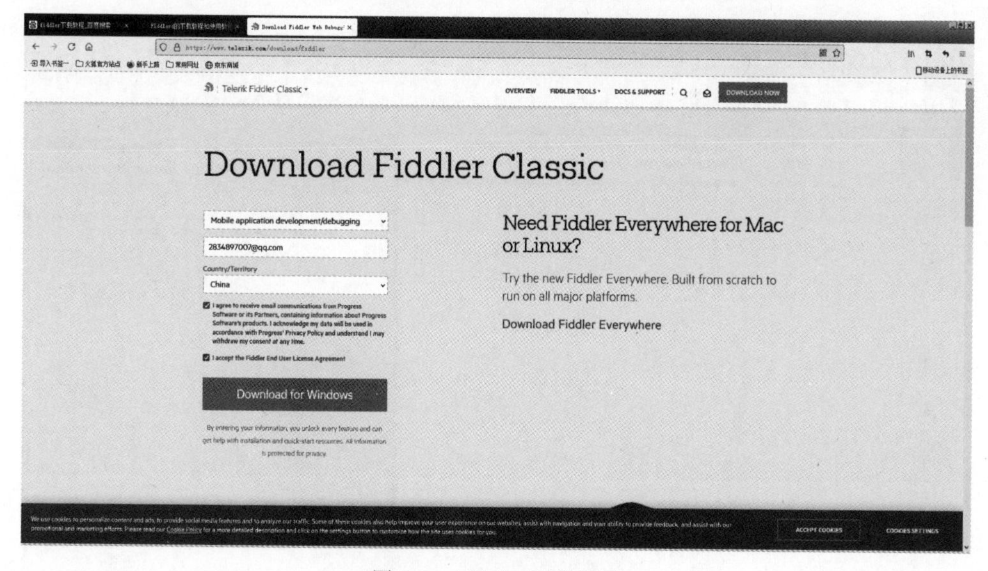

图 3-3　Fiddler 下载页面

Fiddler 是基于.NET Framework 的，安装过程中会根据系统中.NET Framework 的版本来确定安装版本。由于在 Windows 7 64 位下默认安装了.NET Framework 4.0，因此会自动安装 Fiddler 4.0 或更高版本。当低于此配置时，Fiddler 安装包在安装过程中会自动适配成 2.0 版本。运行安装程序，此时会弹出软件安装界面，单击 I Agree 按钮进行安装，如图 3-4 所示。

安装完成后启动 Fiddler 软件，进入 Fiddler 软件主界面，如图 3-5 所示。

3.1.3　Fiddler 配置

默认配置下，Fiddler 启动后即处于请求抓取状态，可以抓取基于 HTTP 的请求。需要进行配置以确保软件可以抓取常见的 HTTPS 协议请求。设置分为两步完成。

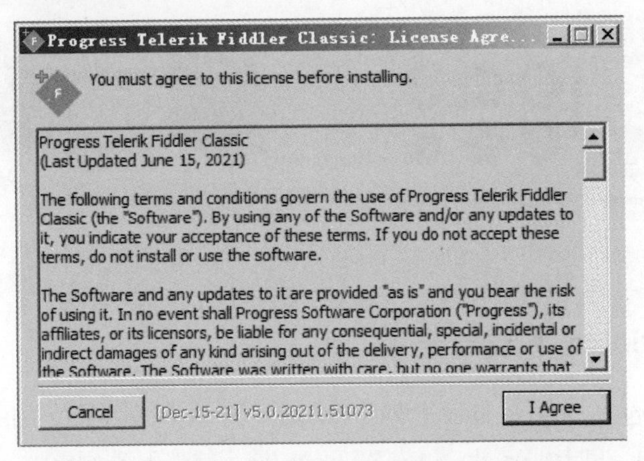

图 3-4　Fiddler 安装界面

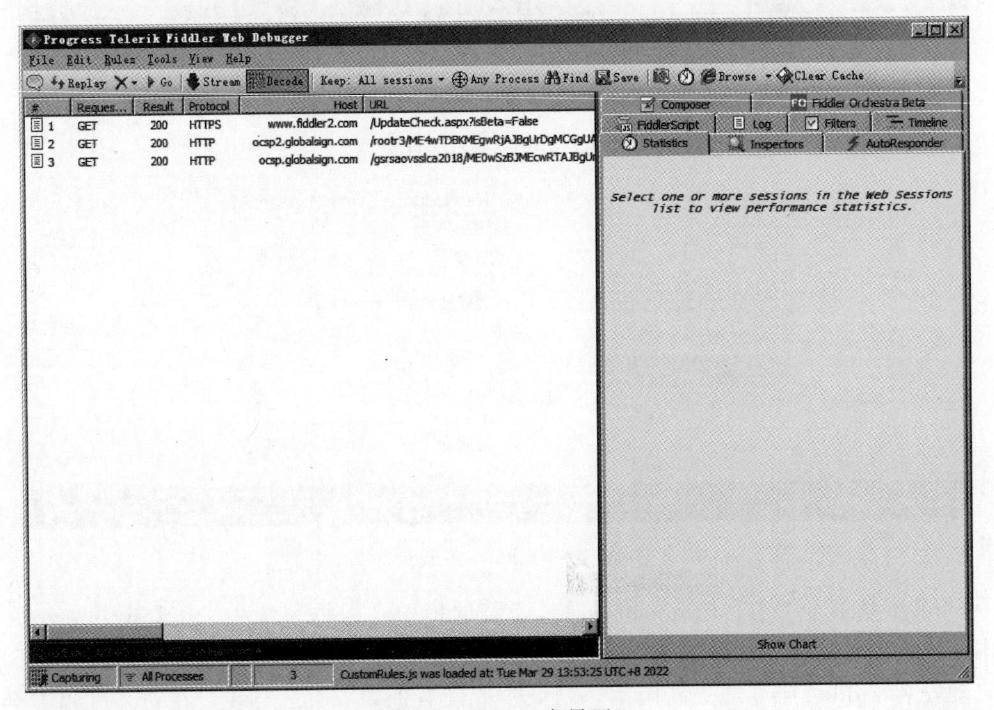

图 3-5　Fiddler 主界面

1. Fiddler 选项设置及关联证书导出

启动 Fiddler 程序，单击 Tools→Options→HTTPS 选项卡，依次勾选 Capture HTTPS CONNECTs、Decrypt HTTPS traffic、Ignore server certificate errors(unsafe)、Check for certificate revocation 选项，启动软件抓取 HTTPS 功能，如图 3-6 所示。

Fiddler 证书的导出也在 HTTPS 选项卡中完成。单击 Actions 按钮，在弹出的选项中选择 Export Root Certificate to Desktop 选项，将证书保存至系统桌面，如图 3-7 所示。

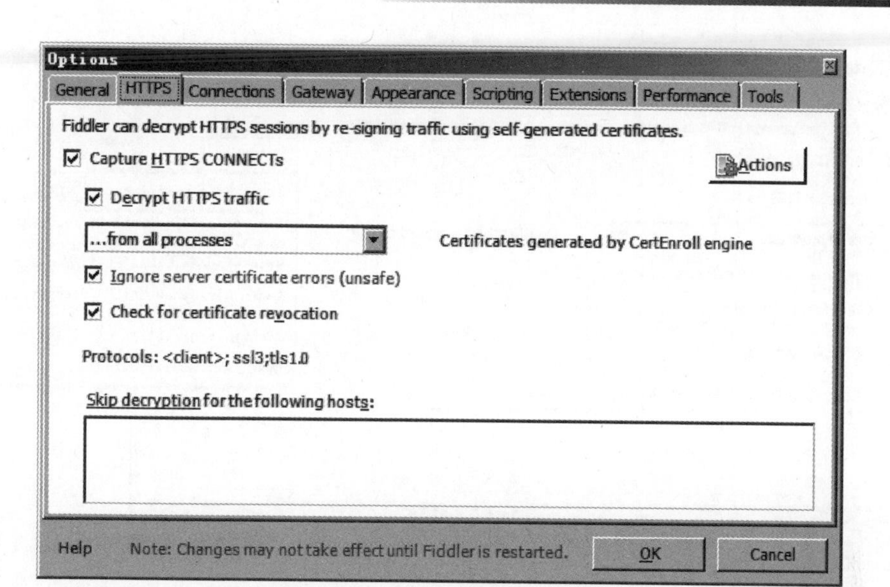

图 3-6　HTTPS 抓包设置

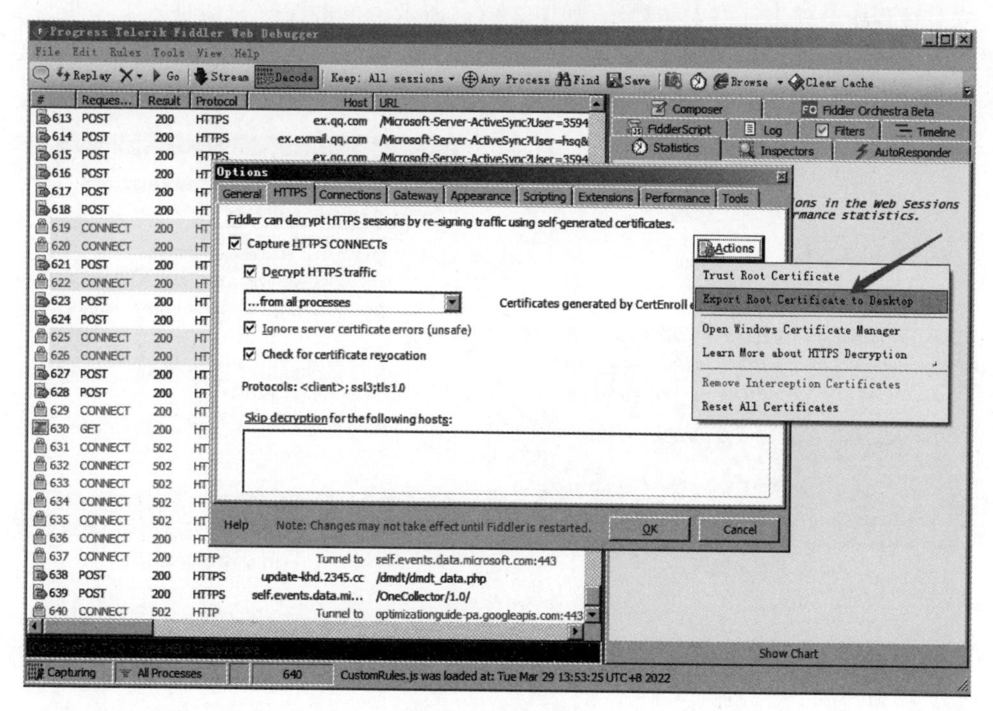

图 3-7　证书导出

2. Fiddler 关联证书的安装

Fiddler 在对浏览器进行报文收发监控前，需要安装导出的关联证书。选择 Actions 按钮下的 Trust Root Certificate 选项进行证书安装，如图 3-8 所示。

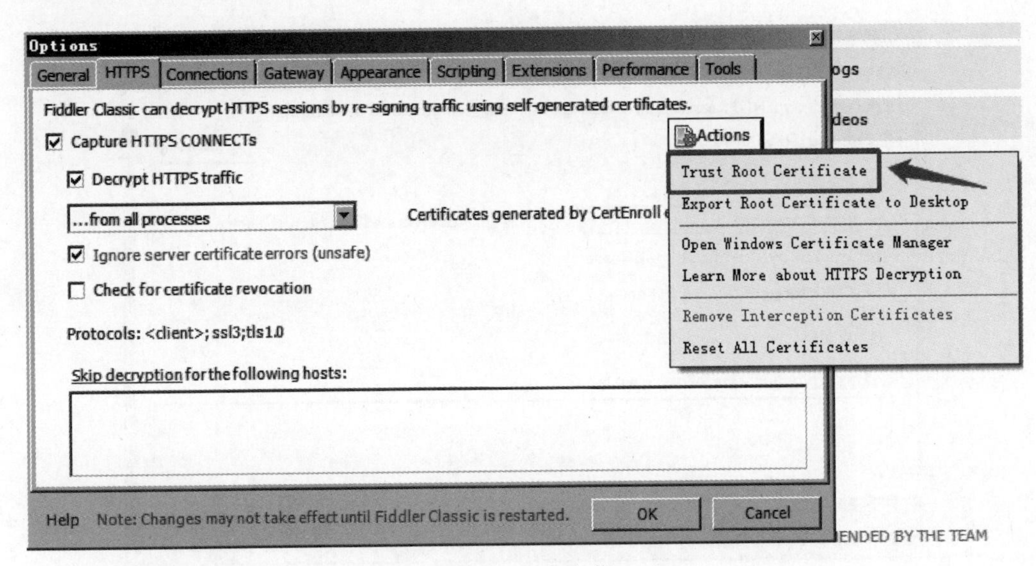

图 3-8 证书安装

安装过程中会弹出证书安装提示，如图 3-9(a)所示。单击 Yes 按钮进入下一步。当再次弹出安全性警告提示时，图 3-9(b)框里面的内容 DO_NOT_TRUST_FiddlerRoot 就是证书的名称。

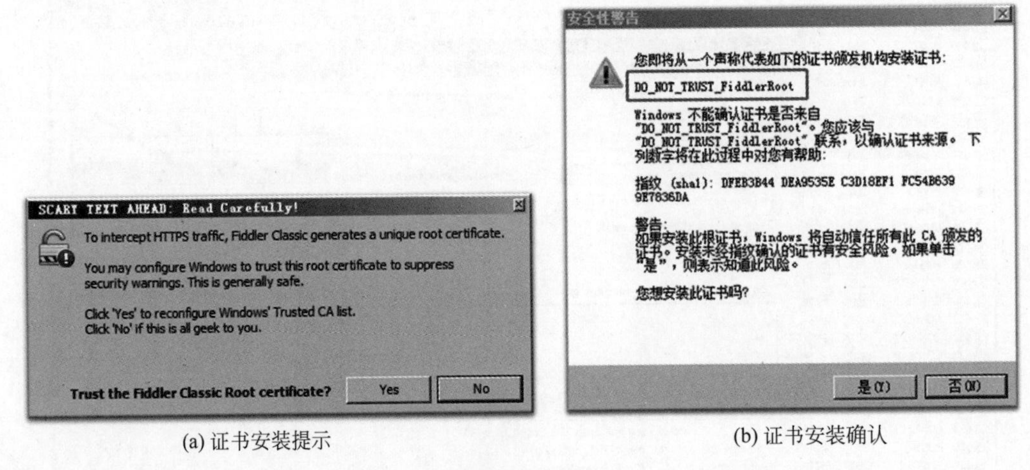

(a) 证书安装提示

(b) 证书安装确认

图 3-9 提示

安装完成后可以在 Actions 下的 Open Windows Certificate Manager 选项下查看系统证书导入情况，如图 3-10 所示。

还有一种特例，即浏览器需要单独的证书导入操作。以 Chrome 浏览器为例，在浏览器"设置"→"安全和隐私设置"→"安全"→"管理证书"选项中进行证书的导入操作，如图 3-11 所示。

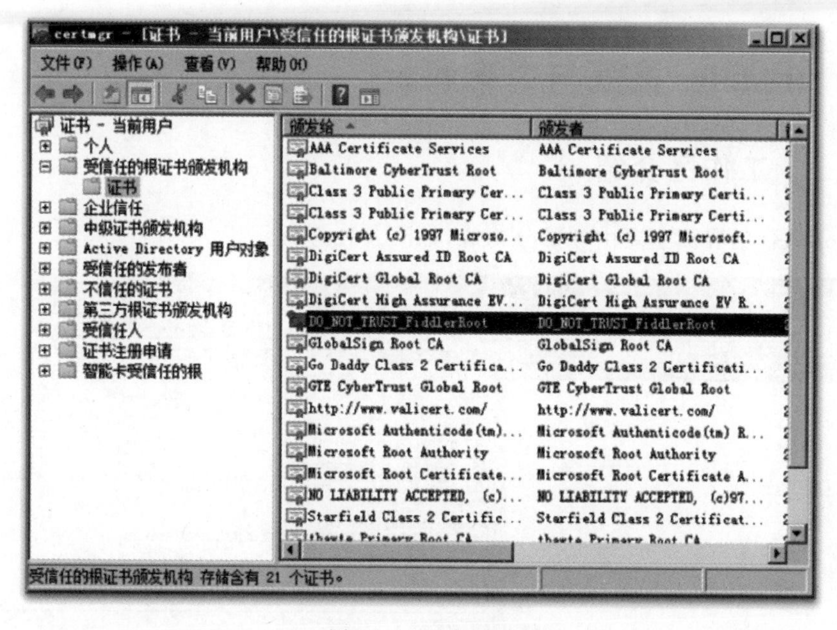

图 3-10 证书查看

图 3-11 Chrome 浏览器证书导入

3.2 Fiddler 捕获与内容解析

3.2.1 工作区介绍

Fiddler 软件的界面主要由 6 部分构成,如图 3-12 所示。

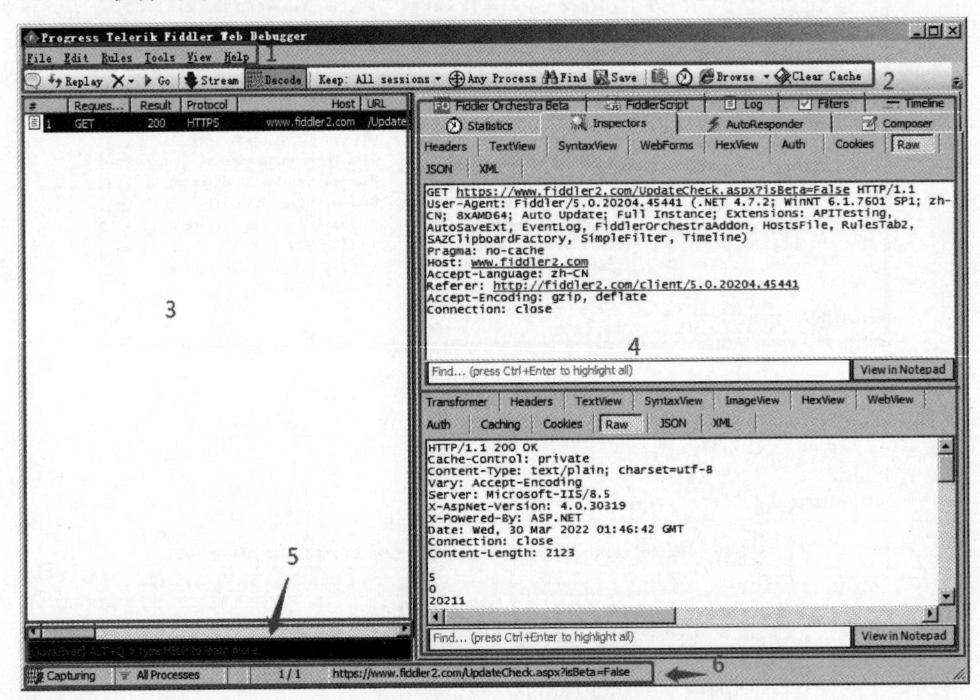

图 3-12 Fiddler 界面构成

根据图 3-12 中所标注的顺序,Fiddler 界面的组成部分依次是菜单栏、快捷工具栏、会话列表、功能面板、命令行、状态栏。

(1) 菜单栏:在 3.1.3 节 Options 选项卡为常用选项。当接口在发送过程中需要设置断点对报文进行拦截及修改时,也会用到 Rules 菜单下的相关选项。

(2) 快捷工具栏:放置了常用的功能和命令的快捷使用图标,功能项多数可以在菜单中找到。

(3) 会话列表:通过 Fiddler 捕获到的接口会话以列表方式在此视图中展示。

(4) 功能面板:Fiddler 的核心功能实现区域,常见的报文解析及接口调试功能均可以此实现。本章重点介绍众多选项卡中的两项常用功能,即报文数据解析与接口验证。

(5) 命令行:配合会话列表使用的一个命令入口,在 3.5.2 节会对常用命令进行介绍。

(6) 状态栏:抓包启动开关、断点开关和过滤选项所在位置,显示配置信息和当前选中 URL 信息。

3.2.2 Fiddler 捕获数据

首先演示 Fiddler 抓包的流程，以百度搜索为例。

第 1 步，打开浏览器，输入百度搜索 URL 网址。

第 2 步，启动 Fiddler，默认处于报文捕获启动状态。将软件启动放在浏览器启动之后，是为了避免在捕获目标接口报文之前接收到太多干扰信息，也可以使用 3.5.1 节中讲解的筛选功能进行辅助完成。

第 3 步，在百度搜索框中输入搜索关键字“思课帮”，单击“百度一下”按钮，完成搜索，如图 3-13 所示。

图 3-13　百度搜索内容

第 4 步，单击 Fiddler 左下角状态栏中的报文捕获按钮，关闭当前报文捕获状态，查看 Fiddler 会话列表中捕获到的内容，如图 3-14 所示。

会话列表又称为 Web Session，捕获到的会话会以列表的方式在会话区展示。每列有不同的属性，常用的列属性有 Result、Protocol、Host 等。具体作用见表 3-1。

表 3-1　会话视图常用列属性

序　号	属性名称	描　　述
1	#	捕获会话顺序，从 1 开始，按照页面加载请求的顺序递增
2	Result	HTTP 响应的状态，捕获接口请求是否成功的初始判断依据

续表

序 号	属性名称	描 述
3	Protocol	请求使用的协议,常见为 HTTP、HTTPS
4	Host	捕获接口域名部分,可通过 Host 快速定位会话
5	URL	捕获接口请求路径与参数部分,作为判断接口功能的依据之一
6	Body	捕获接口请求的大小,以 byte 为单位
7	Caching	请求的缓存过期时间或缓存控制 Header 等值信息
8	Content-Type	响应类型,来自响应报文 Headers 中的 Content-Type 值信息
9	Process	发出当前请求的 Windows 进程及进程 ID
10	Comments	用户通过脚本或右击菜单给当前 Session 增加的备注信息
11	Custom	用户可以通过脚本设置的自定义值

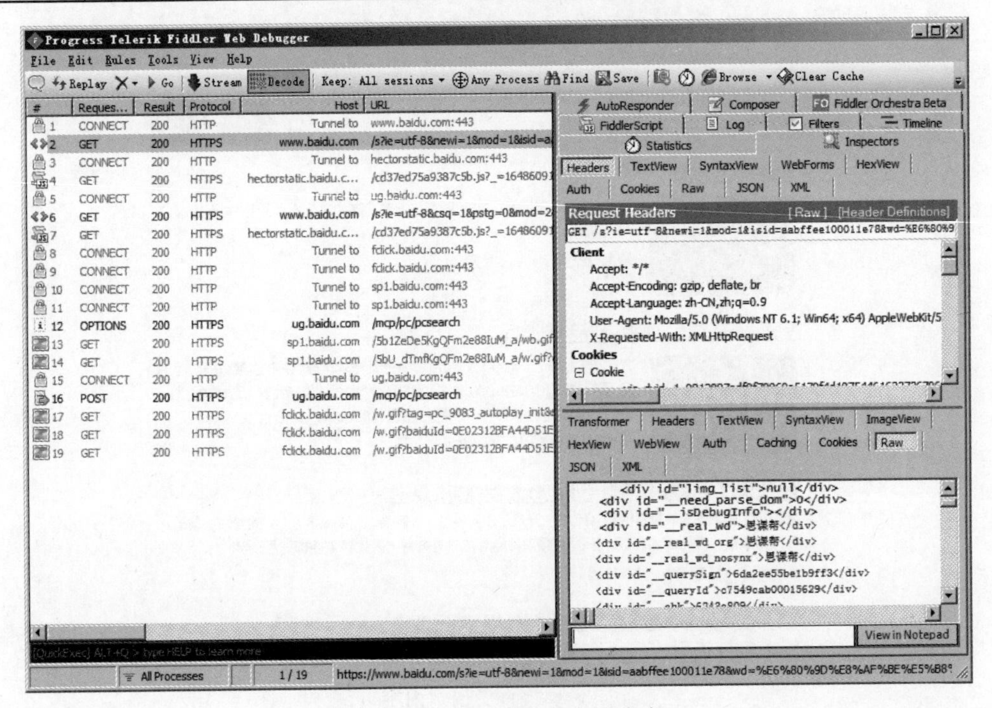

图 3-14 Fiddler 捕获的会话内容

若当前列表信息无法满足需求,则可以自定义添加列信息。在会话列表的列头位置右击,在弹出的菜单中选择 Customize Columns 项,然后在 Collection 下拉列表中选择 Miscellaneous 项,接下来就可以在 Field Name 下拉列表中选择需要添加的属性列信息,单击 Add 按钮完成添加操作。Field Name 中会显示所有未在会话列表中显示的属性列信息,如图 3-15 所示。

3.2.3 Fiddler 抓包数据解析

当捕获到所需的会话报文内容后,就需要分析报文内容的正确性了。为了方便演示,将

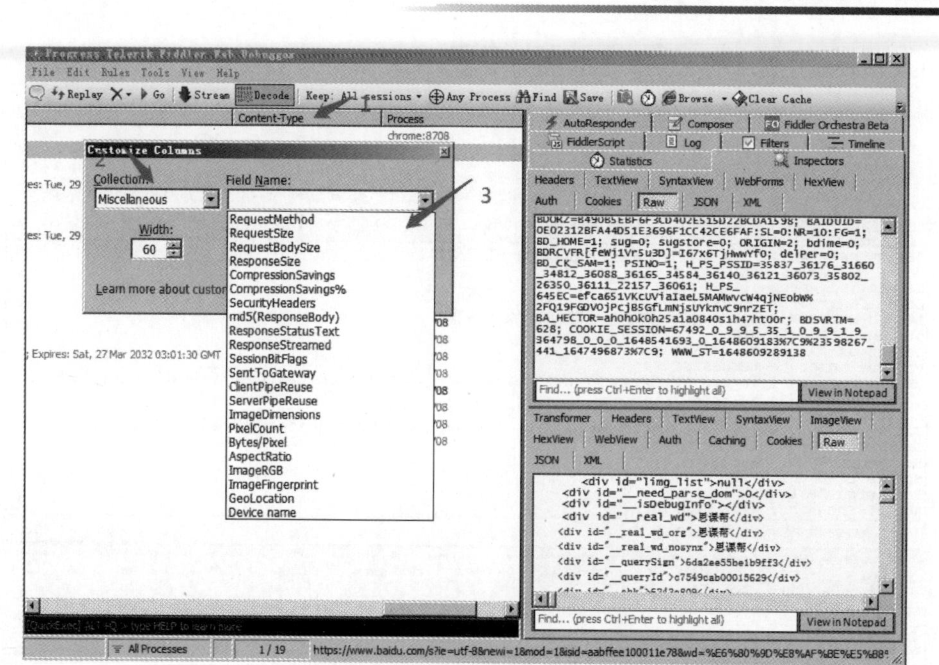

图 3-15　Fiddler 添加属性列信息

百度搜索的接口参数精简成 https://www.baidu.com/s?wd=Thinkerbang，复制并粘贴到浏览器网址栏，按 Enter 键完成百度关键字搜索操作。Fiddler 同步捕获接口报文成功，如图 3-16 所示。

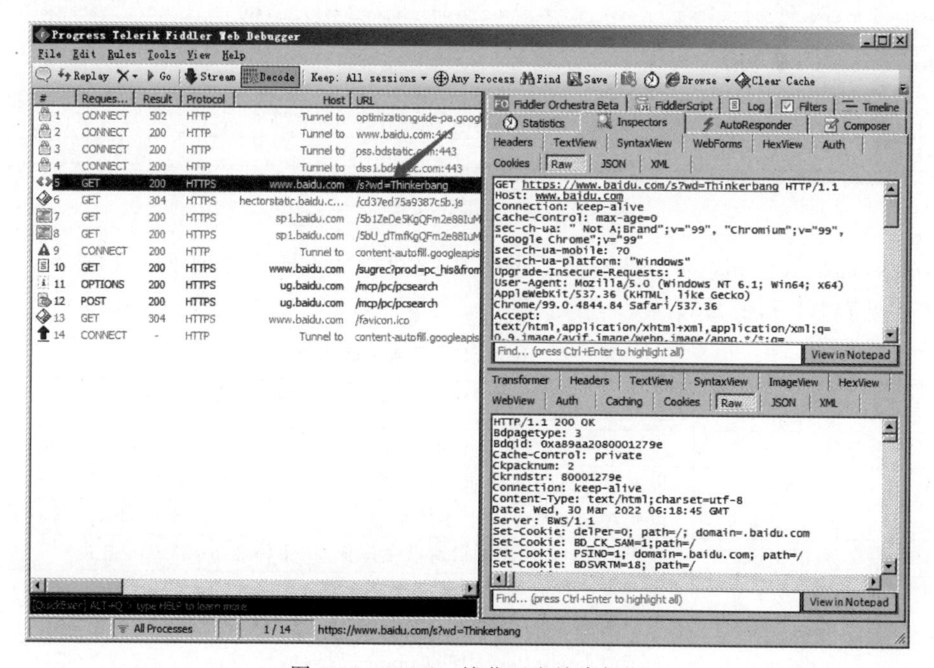

图 3-16　Fiddler 捕获百度搜索报文

在会话列表中选中捕获到的百度搜索会话，在右侧功能面板的 Inspectors 选项卡中会展示报文内容。Inspectors 选项卡分为 Request 和 Response 上下两部分，如图 3-17 所示。

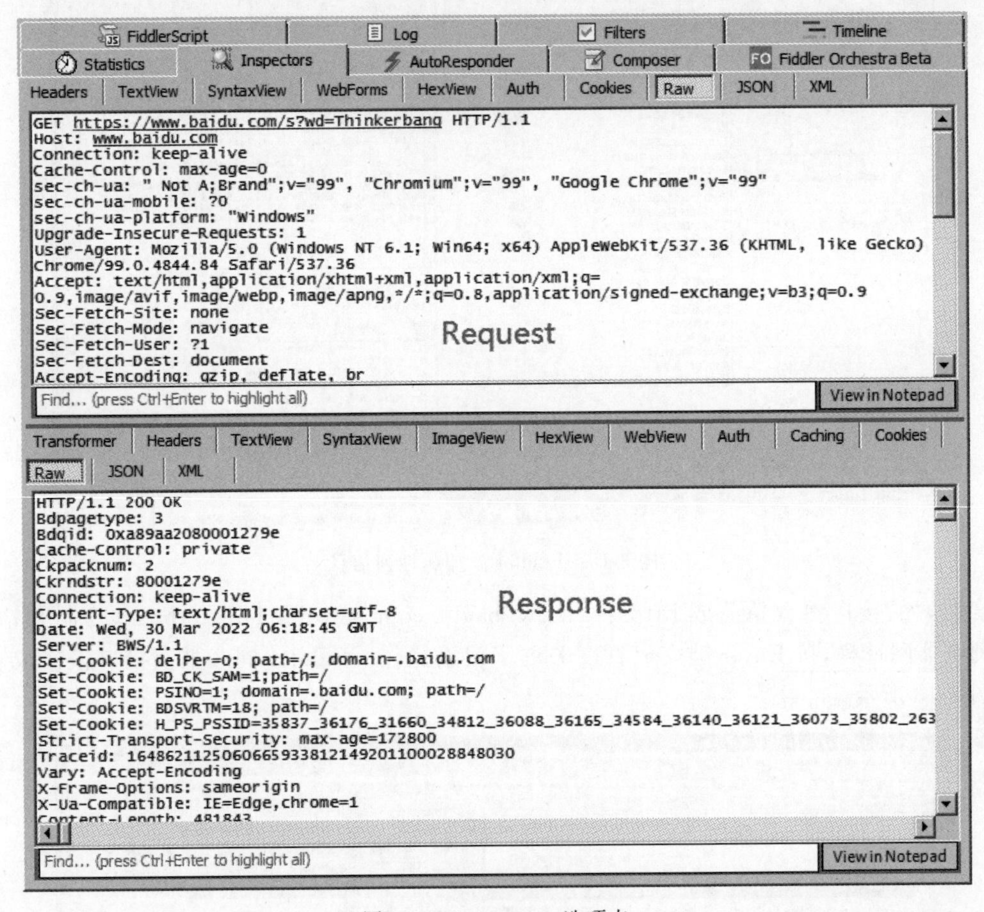

图 3-17 Inspectors 选项卡

Request 和 Response 分别带有若干子选项卡，可以从不同维度展示报文内容。子选项卡的描述见表 3-2 和表 3-3。

表 3-2 Request 子选项卡描述

序 号	选项卡名称	描 述
1	Headers	显示 Request 中的 Header 信息项
2	TextView	以文本方式显示请求主体信息(主体为 HTML、JSON、XML 等格式)
3	SyntaxView	以句法规则显示请求主体信息(主体为 HTML、JSON、XML 等格式)
4	WebForms	以 Web 表单方式显示请求主体信息(主体为 form-data 格式)
5	HexView	以十六进制方式显示请求报文信息
6	Auth	当请求 Header 中带有认证信息时，显示认证信息
7	Cookies	显示请求 Headers 中的 Cookies 详细信息

续表

序　号	选项卡名称	描　　述
8	Raw	以原始文本方式显示请求报文信息
9	JSON	当请求主体为 JSON 数据时，以 JSON 格式显示请求主体信息
10	XML	当请求主体为 XML 数据时，以 XML 格式显示请求主体信息

表 3-3　Response 子选项卡描述

序　号	选项卡名称	描　　述
1	Transformer	当响应主体可以被压缩或分块传输时，可在此选择相应处理方式
2	Headers	显示 Response 中的 Header 信息项，包括相关设置信息
3	TextView	以文本方式显示响应主体信息（主体为 HTML、JSON、XML 等格式）
4	SyntaxView	以句法规则显示响应主体信息（主体为 HTML、JSON、XML 等格式）
5	ImageView	当响应主体为图片格式时，此选项卡可预览图片信息
6	HexView	以十六进制方式显示响应报文信息
7	WebView	当响应主体为 HTML 页面时，此选项卡可以以浏览器方式预览页面
8	Auth	当响应 Header 中带有认证信息时，显示认证信息
9	Caching	显示响应缓存信息
10	Cookies	显示响应 Headers 中的 Cookies 设置详细信息
11	Raw	以原始文本方式显示响应报文信息
12	JSON	当响应主体为 JSON 数据时，以 JSON 格式显示响应主体信息
13	XML	当响应主体为 XML 数据时，以 XML 格式显示响应主体信息

另外，在 Request 和 Response 模块下方分别带有一个内容查找输入框。当报文内容较多时，可使用查找功能，以便更快地定位到需要查找的内容。

3.3　使用 Fiddler 做接口验证

在接口测试初期，需要对接口相关参数进行调试。通常会使用 Postman、JMeter 等接口工具完成调试工作。Fiddler 也提供了类似功能，功能面板的 Composer 选项卡可以实现接口调试，如图 3-18 所示。

Composer 选项卡由 4 部分组成，第 1 部分为首行参数，可以选择协议请求方法、协议版本、输入 URL 内容。第 2 部分为请求 Headers 部分。第 3 部分为请求主体部分，当协议请求方法为 POST、PUT 等需携带主体的方法时，此模块被激活，可以输入请求主体。第 4 部分为历史记录部分，记录了之前调试过的接口信息，单击条目可快速查看具体的接口数据。

调试接口参数填入完毕后，单击 Execute 按钮发送接口请求。Fiddler 会话列表会自动捕获所发送的调试接口信息，与 Fiddler 是否开启捕获状态无关。

3.3.1　验证 GET 接口请求

在 Composer 选项卡中发送 GET 请求，以百度搜索为例，输入的接口请求内容如下所示。

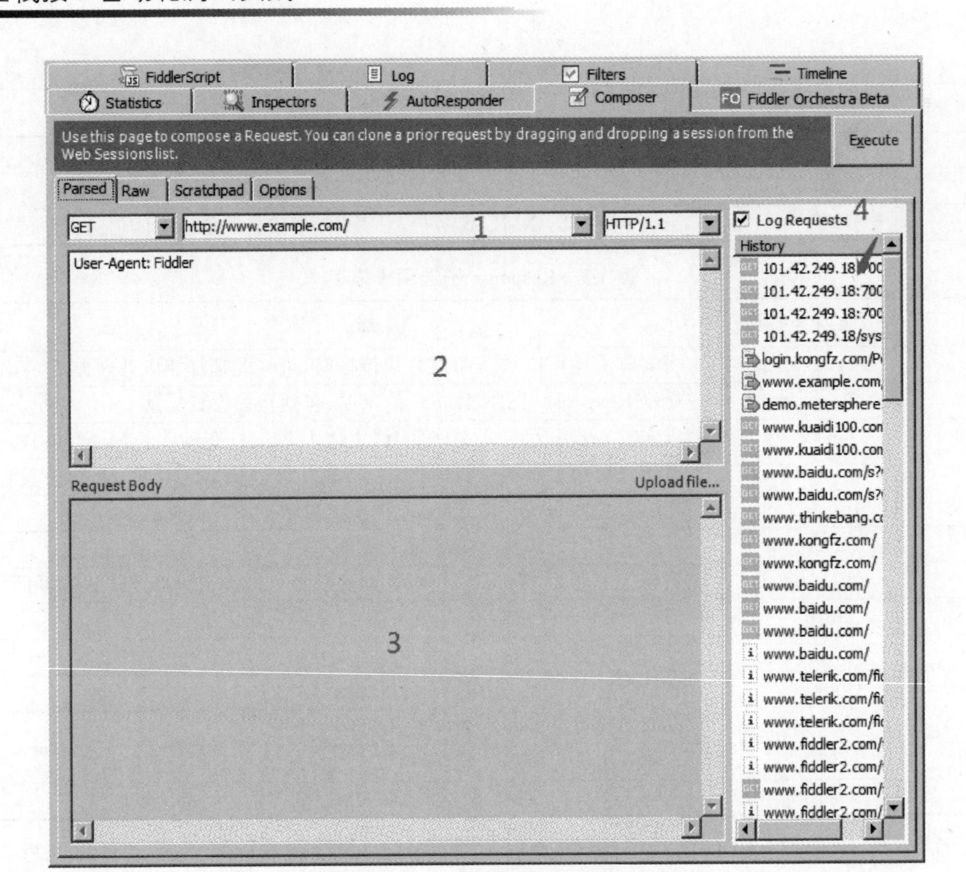

图 3-18 Composer 选项卡

方法：GET。

URL：https://www.baidu.com/s?wd=Thinkerbang。

协议：HTTP/1.1。

头部：User-Agent：Mozilla/5.0（Windows NT 6.1；Win64；x64）AppleWebKit/537.36（KHTML，like Gecko）Chrome/99.0.4844.84 Safari/537.36。

单击 Execute 按钮发送请求，会话列表会自动记录百度搜索服务器返回的内容，在 Inspectors 选项卡中查看报文内容，如图 3-19 所示。

需要注意，一个完整的接口请求 Headers 部分，并不是所有的 HEADER 信息都是必需的。本示例中只有 User-Agent 信息为必填项，即告诉服务器访问客户端的基本信息情况。当 User-Agent 信息缺失或异常时，服务器会返回百度安全验证响应报文，如图 3-20 所示。

3.3.2 验证 POST 接口请求

在 Composer 中发送 POST 请求，常见用户登录操作或者一次请求携带数据量较大的情况。以孔夫子旧书网登录为例，输入的接口请求参数如下：

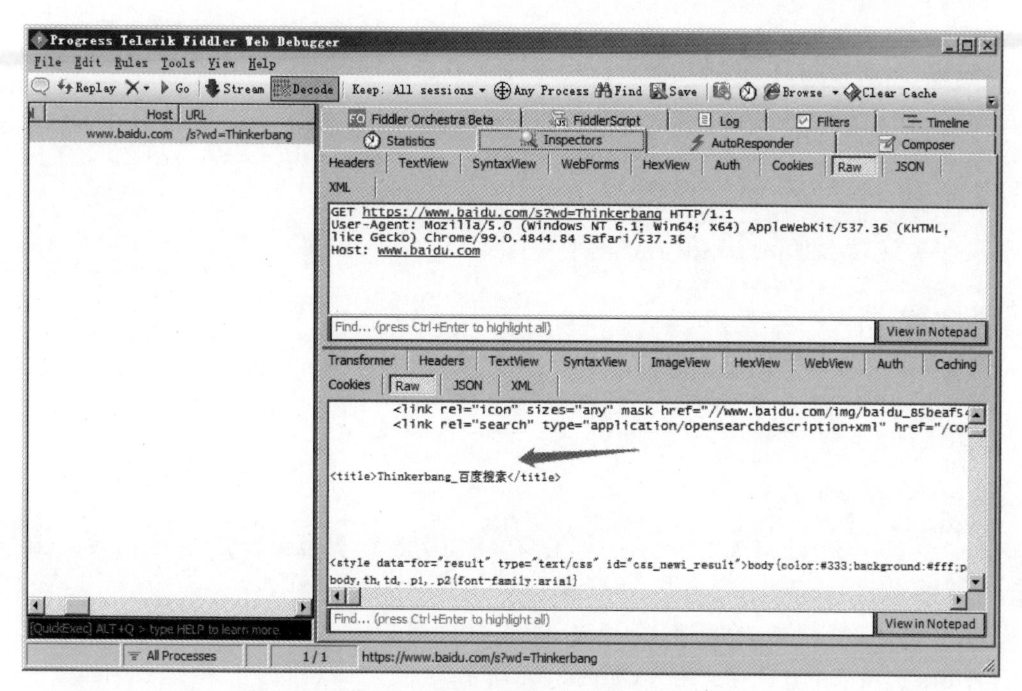

图 3-19　Composer 发送 GET 请求示例

```
<!DOCTYPE html>
<html lang="zh-CN">
<head>
    <meta charset="utf-8">
    <title>百度安全验证</title>
  <meta http-equiv="Content-Type" content="text/html; charset=utf-8">
  <meta name="apple-mobile-web-app-capable" content="yes">
  <meta name="apple-mobile-web-app-status-bar-style" content="black">
  <meta name="viewport" content="width=device-width, user-scalable=no, initial-scale=1.0,
  <meta name="format-detection" content="telephone=no, email=no">
  <link rel="shortcut icon" href="https://www.baidu.com/favicon.ico" type="image/x-icon">
  <link rel="icon" sizes="any" mask href="https://www.baidu.com/img/baidu.svg">
  <meta http-equiv="X-UA-Compatible" content="IE=Edge">
  <meta http-equiv="Content-Security-Policy" content="upgrade-insecure-requests">
  <link rel="stylesheet" href="https://ppui-static-wap.cdn.bcebos.com/static/touch/css/api
</head>
<body>
  <div class="timeout hide">
    <div class="timeout-img"></div>
    <div class="timeout-title">网络不给力，请稍后重试</div>
    <button type="button" class="timeout-button">返回首页</button>
```

图 3-20　请求异常响应报文

```
方法:POST
URL:https://login.kongfz.com/Pc/Login/account
协议:HTTP/1.1
头部:
sec-ch-ua: " Not A;Brand";v="99", "Chromium";v="99", "Google Chrome";v="99"
sec-ch-ua-mobile: ?0
```

```
User-Agent: Mozilla/5.0 (Windows NT 6.1; Win64; x64) AppleWebKit/537.36 (KHTML, like Gecko)
Chrome/99.0.4844.84 Safari/537.36
X-Tingyun-Id: OHEPtRD8z8s;r=708313924
Content-Type: application/x-www-form-urlencoded; charset=UTF-8
Accept: application/json, text/javascript, */*; q=0.01
X-Requested-With: XMLHttpRequest
sec-ch-ua-platform: "Windows"
Origin: https://login.kongfz.com
Sec-Fetch-Site: same-origin
Sec-Fetch-Mode: cors
Sec-Fetch-Dest: empty
Referer: https://login.kongfz.com/
Accept-Encoding: gzip, deflate, br
Accept-Language: zh-CN,zh;q=0.9
Host: login.kongfz.com
Content-Length: 100
主体:
loginName = 13112341234&loginPass = 123456&captchaCode = &autoLogin = 0&newUsername =
&returnUrl = &captchaId = (*注:用户名和密码为示例,需自行注册账号)
```

单击 Execute 按钮发送请求,会话列表会自动记录孔夫子网站返回的内容,在 Inspectors 选项卡中查看报文内容,如图 3-21 所示。

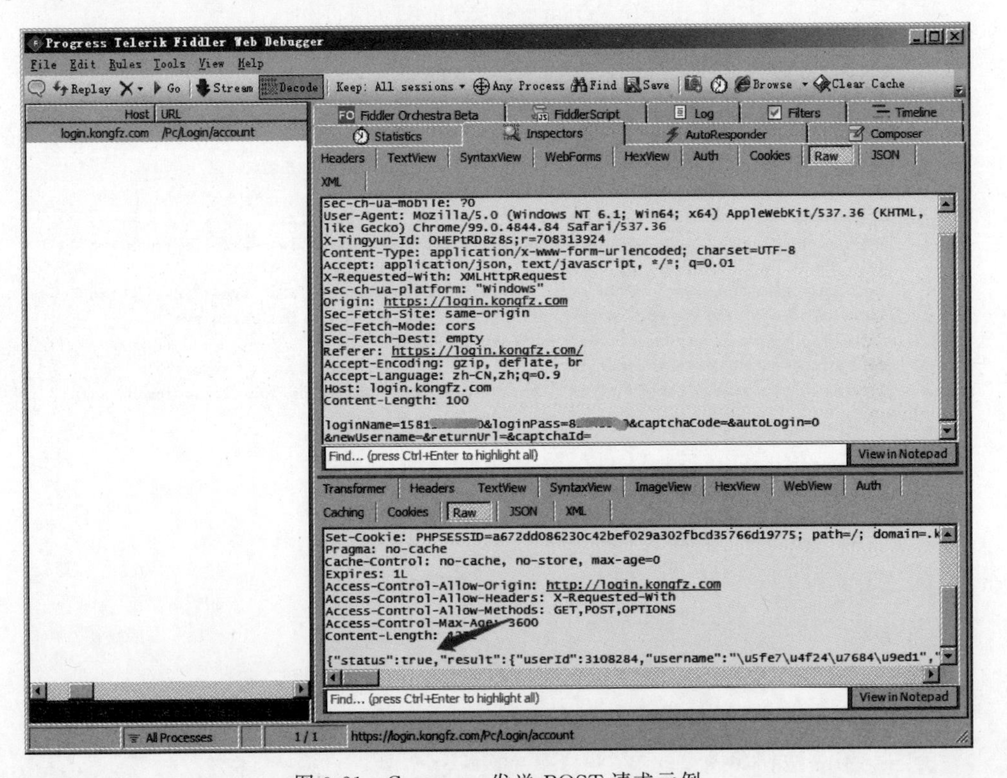

图 3-21 Composer 发送 POST 请求示例

在验证 POST 接口测试的过程中，读者可以选用自己常用的网站进行练习。有些网站的登录操作接口会出现用户名和密文，加密主要分两种情况，静态加密和动态加密。当用户名和密码使用静态加密时，加密后的密文每次不会发生变化，在进行登录接口验证时，原样保留加密字段即可。当遇到动态加密时，每次捕获到的登录密文都会发生变化，常规网站对信息安全的级别一般没这么高。如果在测试过程中遇到此类情况，则需要与开发人员进行沟通，在测试期间关闭加密功能。条件允许时，也可以从开发人员处获取加密算法函数，以便接口测试脚本能够正常运行。本书在工具篇涉及此类问题。

3.3.3 验证带附件接口请求

在 Composer 中发送文件上传 POST 请求，以上传示例网站 http://sahitest.com/demo/php/fileUpload.htm 为例，输入的接口请求参数如下：

```
方法:POST
URL:http://sahitest.com/demo/php/fileUpload.htm
协议:HTTP/1.1
头部:
Connection: keep-alive
Content-Length: 419
Cache-Control: max-age=0
Upgrade-Insecure-Requests: 1
Origin: http://sahitest.com
Content-Type: multipart/form-data; boundary=----WebKitFormBoundaryzzfiEuSJA6RxfH1G
User-Agent: Mozilla/5.0 (Windows NT 6.1; Win64; x64) AppleWebKit/537.36 (KHTML, like Gecko)
Chrome/99.0.4844.84 Safari/537.36
Accept: text/html, application/xhtml+xml, application/xml; q=0.9, image/avif, image/webp,
image/apng, */*;q=0.8,application/signed-exchange;v=b3;q=0.9
Referer: http://sahitest.com/demo/php/fileUpload.htm
Accept-Encoding: gzip, deflate
Accept-Language: zh-CN,zh;q=0.9
主体:
------WebKitFormBoundaryzzfiEuSJA6RxfH1G
Content-Disposition: form-data; name="file"; filename="Thinkerbang.txt"
Content-Type: text/plain
http://www.huaruansheng.com
------WebKitFormBoundaryzzfiEuSJA6RxfH1G
Content-Disposition: form-data; name="multi"
false
------WebKitFormBoundaryzzfiEuSJA6RxfH1G
Content-Disposition: form-data; name="submit"
Submit Single
------WebKitFormBoundaryzzfiEuSJA6RxfH1G--
```

单击 Execute 按钮发送请求，会话列表会自动记录文件上传后服务器返回的内容，在 Inspectors 选项卡中查看报文内容，如图 3-22 所示。

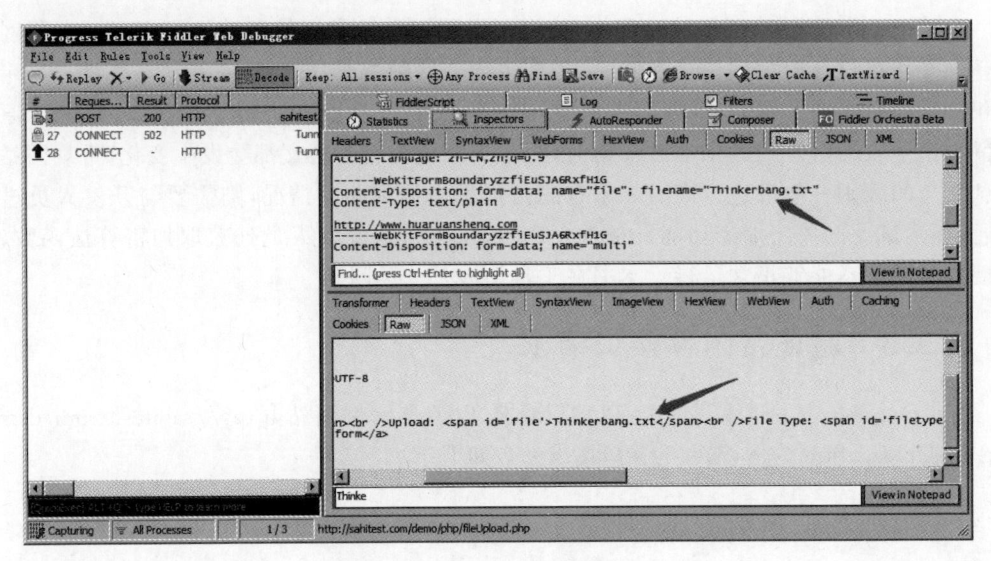

图 3-22 Composer 上传示例

3.4 使用 Fiddler 捕获 App 请求

移动端 App 接口也可以使用 Fiddler 来完成调试工作。笔者在《全栈 UI 自动化测试实战》一书中提到，Web 端基于 HTML 页面元素的 UI 自动化测试和 App 端基于 H5 页面元素的 UI 自动化测试没有本质区别，它们都是基于页面元素的定位及用户层的操作展开的。同样，在基于 HTTP 的接口测试，在 PC 端基于浏览器和在移动端基于 App 应用软件，从接口层面上来看，本质也都是一样的。Fiddler 可以捕获移动端 App 软件接口信息。

3.4.1 Fiddler 参数设置

在开始设置之前，需要确保待配置设备 PC 与移动设置连接同一台路由器并且可以获取正常使用的 IP 地址。在 PC 端打开网络设置，查看 PC 端当前获取的网络 IP 地址，如图 3-23 所示。

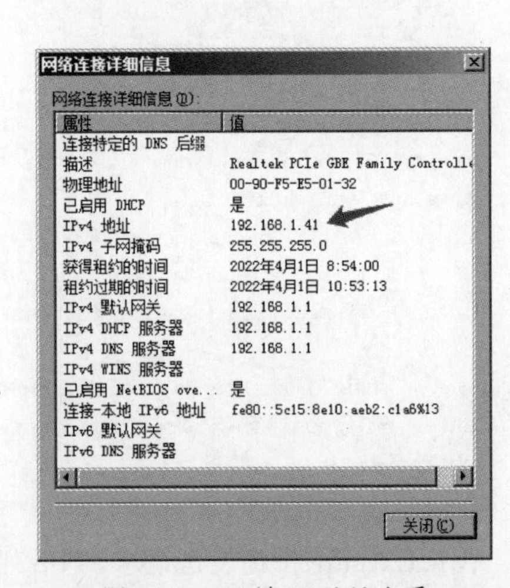

图 3-23 PC 端 IP 地址查看

打开 Fiddler 软件，选择 Tools → Options → Connections 选项卡，勾选 Allow remote computers to connect 选项，对 Fiddler listens on port 输入框中的端口号进行设置，默认为 8888，如图 3-24 所示。

至此，PC 端参数设置完毕。后续操作中 PC 端将作为代理服务器出现，IP 地址为 192.168.1.41，端口号为 8888。

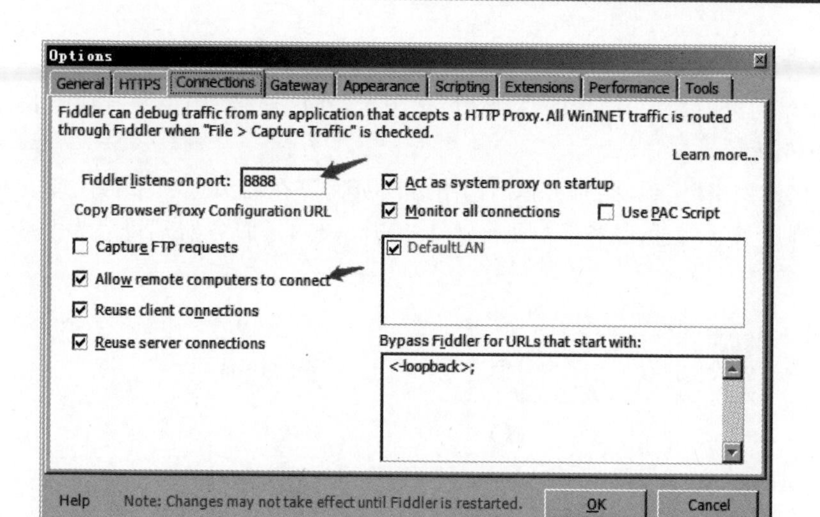

图 3-24 Fiddler 参数设置

3.4.2 App 端证书安装及代理设置

1. 证书安装

打开手机浏览器，输入代理服务器 IP 地址及端口号：192.168.1.41:8888，单击"搜索"按钮，打开 Fiddler 证书下载页面，如图 3-25 所示。

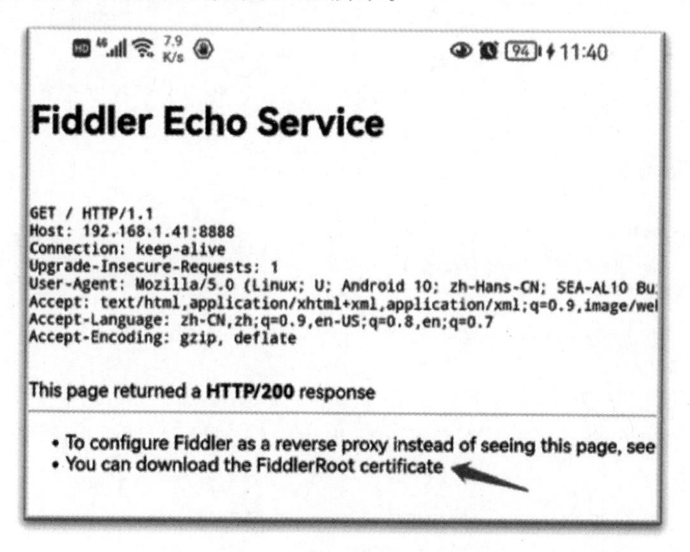

图 3-25 Fiddler 证书下载页面

单击 FiddlerRoot certificate 链接项，下载 Fiddler 证书。证书下载完成后，单击下载文件 FiddlerRoot.cer 进行证书安装。

2. 代理设置

在移动端打开“设置”→“WLAN 设置”选项卡，在已连接 WLAN 选项上长按会弹出选项，如图 3-26 所示。

选择“修改网络”选项，此时会弹出网络修改页面。在高级选项中将代理设置为手动模式，填入代理服务器信息，服务器主机名为 192.168.1.41，服务器端口号为 8888，如图 3-27 所示。

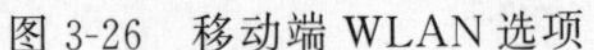

图 3-26 移动端 WLAN 选项

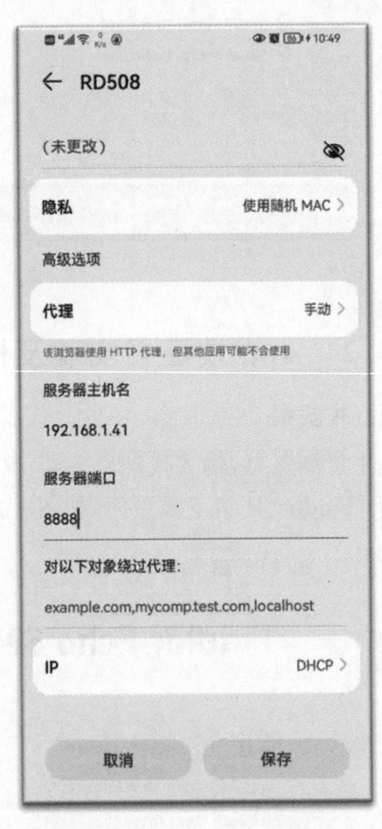

图 3-27 WLAN 代理设置

本节示例中所使用移动端为 HUAWEI Nova 5 Pro。在不同品牌和型号的移动端中设置 WLAN 代理的过程会有差异，读者若在此步骤中遇到设置问题，则需要通过百度搜索合适的解决方法。

设置完成后，需要重启 PC 端的 Fiddler，这一步很重要。

3.4.3 捕获 App 端接口数据

在移动端打开手机淘宝，在输入框中输入搜索内容进行查找。可以看到 Fiddler 会话视图捕获到了手机相关操作，通过对比分析可以找到淘宝商品搜索的接口信息，如图 3-28 所示。

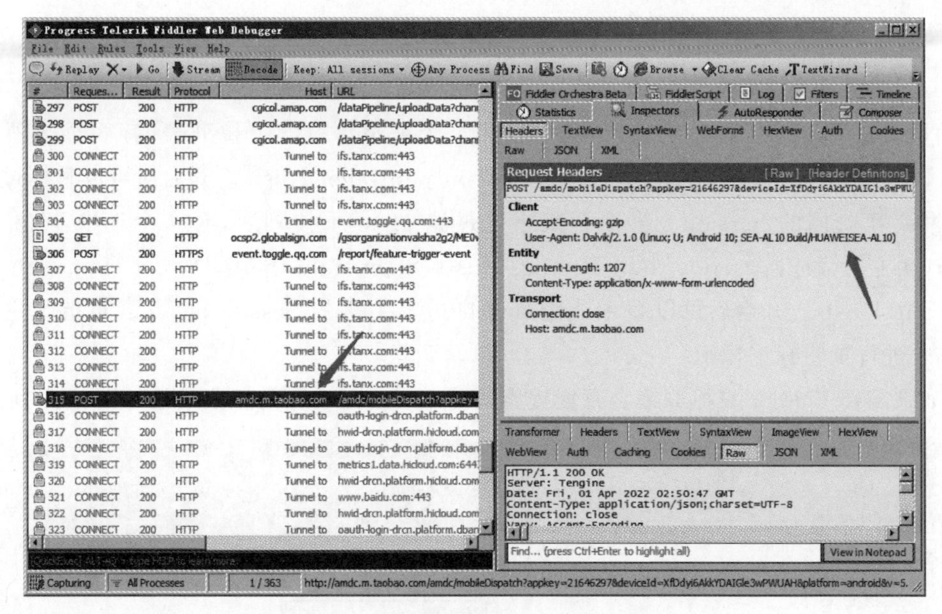

图 3-28　Fiddler 捕获 App 端接口信息

3.5　Fiddler 使用技巧

Fiddler 除了可以实现抓包、解析会话内容、接口调试等功能，还有一些辅助功能，如果使用得当，则可以让 Fiddler 的使用更方便。本节主要介绍 3 类常用的辅助功能的使用方法。

3.5.1　捕获内容的过滤

在抓包过程中，总会捕获到很多与测试接口不相关的 Session。Fiddler 提供了一整套捕获过滤功能，在 Filters 选项卡中实现。

Fiddler 提供了 7 组过滤器设置，用来完成 Session 的过滤，具体作用见表 3-4。

表 3-4　Filters 选项卡筛选项

序　号	命令名称	描　述
1	Hosts	提供根据给定主机名过滤 Session 的功能
2	Client Process	提供根据给定客户端进程过滤 Session 的功能，当 Fiddler 与客户端在相同的主机上时此功能可用
3	Request Headers	提供根据给定 Headers 参数内容过滤 Session 的功能，支持正则表达式
4	Breakpoints	提供根据给定属性的请求或响应设置断点的功能
5	Response Status Code	提供根据给定响应状态码过滤 Session 的功能，以隐藏方式实现过滤
6	Response Type and Size	提供根据给定响应类型或大小过滤 Session 的功能
7	Response Headers	提供根据给定信息加粗显示删除响应头信息的功能

本节仅示例 3 组常用抓包过程中的过滤设置。

1. Host 主机过滤

Host 主机过滤有两个下拉列表选项，第 1 个是整体过滤下拉列表，有 3 个选项：No Zone Filter、Show only Intranet Hosts、Show only Intranet Hosts。开启后可以整体过滤来自内网或互联网的 Session。第 2 个是指定过滤 Host 下拉列表，有 4 个选项：No Host Filter(无主机筛选器)、Hide the following Hosts、Show only the following Hosts、Flag the following Hosts。开启后可以显示或隐藏来自指定主机的 Session，也可以对指定主机的 Session 进行加粗标记显示。

如果需要 Fiddler 只抓取来自百度搜索的 Session，则设置及抓取效果如图 3-29 所示。

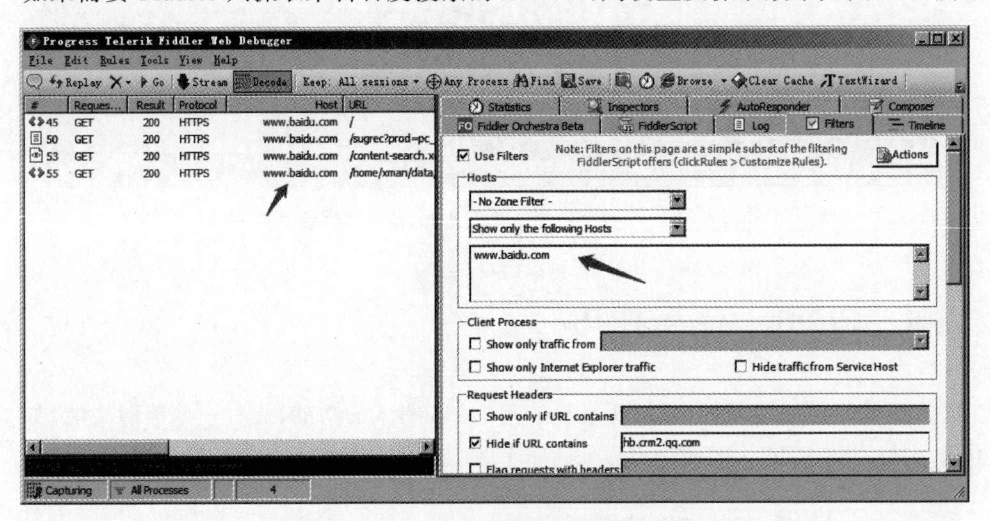

图 3-29 Filters 设置过滤百度搜索 Session

2. Request Headers 过滤

Request Headers 过滤有 5 种过滤方式，本示例使用其中的两种来演示过滤效果。勾选 Show only if URL contains，当包含 URL 时，后面可以跟具体的值，例如输入 www.baidu.com，其过滤效果与图 3-29 中 Hosts 主机过滤相同。此处输入正则表达式 REGEX：(?insx)/[^\?/]*\.(css|js|json|ico|jpg|png|gif|bmp|wav)(\?.*)?$，正则表达式设定规则为过滤后只捕获 Request Headers 中 Content-Type 为 css、js、json、ico、jpg、png、gif、bmp、wav 类型的 Session。

勾选 Hide if URL contains，在后面填入需要过滤的 URL，当 Fiddler 进行捕获时会自动过滤 URL 中包含指定内容的 Session。

设置完成后，规则会在 Fiddler 新捕获中生效。如果需要在已捕获 Session 中进行过滤，则需要单击右上角的 Actions 选项按钮，在弹出的选项中选择 Run Filterset now，当前会话列表中的 Session 会根据设置过滤规则隐藏不符项，如图 3-30 所示。

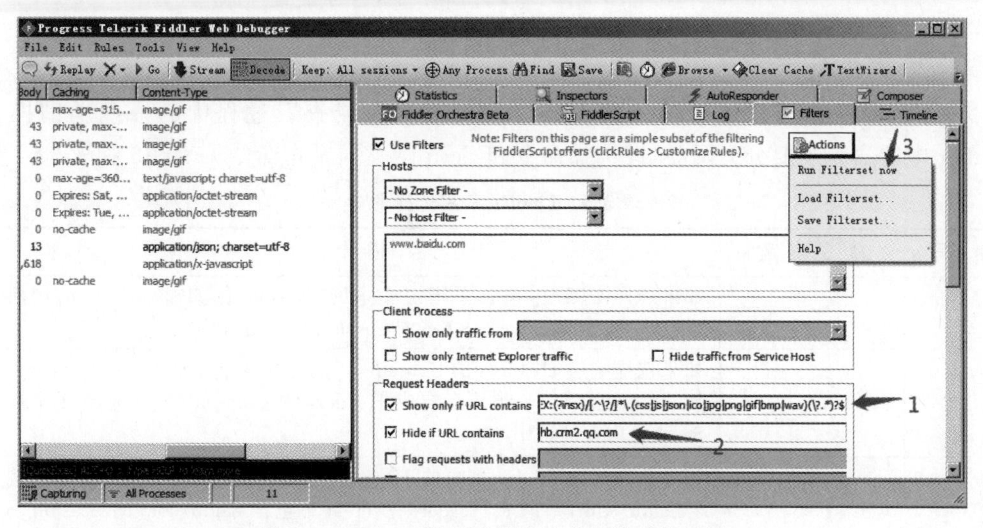

图 3-30　Filters 设置正则表达式与隐成长过滤

3. Response Status Code 过滤

在接口调试时，如果需要关注或排除某类响应状态码，则 Response Status Code 过滤可以满足这类需求。Response Status Code 过滤共包含 5 组响应状态码隐藏规则：Hide success(2xx)、Hide non-2xx、Hide Authentication demands(401，407)、Hide redirects(300，301，302，303，307)、Hide Not Modified(304)。可以根据实际需求进行选择。

本示例选择隐藏响应状态码为 2xx 开头的 Session，勾选 Hide success(2xx)后，选择 Actions→Run Filterset now 选项，执行过滤规则，结果如图 3-31 所示。

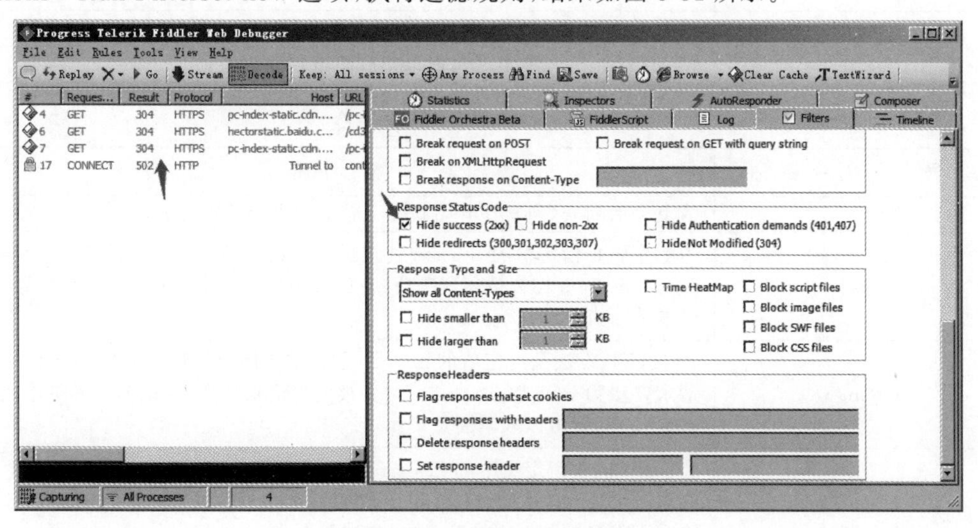

图 3-31　Filters 设置响应状态码过滤

3.5.2 常用 Fiddler 命令及快捷键

左下角命令行可以通过输入命令的方式实现抓包或查看过程中的一些辅助操作。Fiddler 中的命令主要分为两类，即选择命令和 Script 命令，常用命令见表 3-5 和表 3-6。

表 3-5 Fiddler 常用选择命令

序 号	命令名称	描 述
1	?	如果选择 URL 中包含了指定文本的 Session，例如？baidu.com，则所有 URL 中包含 baidu.com 文本的 Session 均会被选中
2	select type	如果选择响应 Headers 的 Content-Type 中包含选中的 type 的 Session，例如 select text/json，则所有响应 Headers 中 Content-Type 为 text/json 的 Session 均会被选中
3	@host	如果选择请求 Headers 中的 Host 中包含了指定 Host 的 Session，例如 @baidu.com，则请求 Headers 中 Host 中包含 baidu.com 的 Session 均会被选中
4	>	如果选择响应内容大于给定字节的 Session，例如＞5000，则响应内容大于 5KB 的 Session 均会被选中，指定大小可以加单位，例如 KB、MB，当不加单位时以千进位
5	<	如果选择响应内容小于给定字节的 Session，例如＜5000，则响应内容小于 5KB 的 Session 均会被选中
6	=Method	如果选择请求的 HTTP 方法是给定值的 Session，例如=POST，则所有基于 POST 方法的请求均会被选中
7	=ResponseCode	选择响应状态码等于给定值的 Session，例如=304、=500
8	toolbar	如果 Fiddler 的工具栏之前是隐藏的，输入此命令，则可以让工具栏重新显示
9	about:config	显示 Fiddler 的选项配置窗口，它会列出所有的选项及其值
10	tearoff	将 Inspectors 选项卡从主窗口中脱离成浮动窗口显示

表 3-6 Fiddler 常用 Script 命令

序 号	命令名称	描 述
1	cls	清空会话列表，通常在开始新的一轮抓包之前使用
2	bps	为响应码是指定值的 Session 创建响应断点，例如 bps 304，所有响应码为 304 的 Session 均会被创建响应断点，如果输入不带参数的 bps 命令，则可以取消断点
3	bpm	为 HTTP 方法是给定值的 Session 创建请求断点，例如 bpm POST，所有请求方法为 POST 的 Session 均会被创建请求断点，如果输入不带参数的 bpm 命令，则可以取消断点
4	bpu	为 URL 包含指定文本的 Session 创建请求断点，例如 bpu index.html，所有请求 URL 中带 index.html 字段的 Session 均会被创建请求断点，如果输入不带参数的 bpu 命令，则可以取消断点

续表

序 号	命令名称	描 述
5	bpafter	为 URL 包含指定文本的 Session 创建响应断点，例如 bpafter userinfo，所有响应 URL 中带 userinfo 字段的 Session 均会被创建响应断点，如果输入不带参数的 bpafter 命令，则可以取消断点
6	tail	截断会话列表，使会话列表中 Session 总数不大于指定数目，例如 tail 120，可以使会话列表中包含的 Session 数不大于 120
7	dump	将当前会话列表中捕获到的所有 Session 保存到 Captures 文件夹中的 dump. saz 文件中，dump. saz 的位置在 C:\Users\Demon\Documents\Fiddler2\Captures(Fiddler 的安装路径，读者可根据 Fiddler 的具体安装位置进行查找)
8	start/stop	激活/关闭捕获模式
9	keeponly	删除会话列表中响应不带有给定 MIMEtype 的所有 Session，例如 keeponly json/，对会话列表中所有响应内容不是 JSON 数据的 Session 进行删除处理
10	quit	退出 Fiddler

Fiddler 快捷键数量并不多，在使用过程中可以记住几个常用的快捷键，以此来提高使用效率，例如字体大小调节，可以省去在设置中查找修改。Fiddler 常用的快捷键见表 3-7。

表 3-7 Fiddler 常用快捷键

序 号	命令名称	描 述
1	ALT+Q	把光标定位在命令行对话框
2	CTRL+R	打开 FiddlerScript 规则编辑器
3	CTRL+E	打开 TextWizard
4	CTRL+Down	选中会话列表中的下一个 Session
5	CTRL+Up	选中会话列表中的上一个 Session
6	CTRL+T	切换至 Inspectors 选项卡的 TextView 子选项卡
7	CTRL+H	切换至 Inspectors 选项卡的 HeaderView 子选项卡
8	CTRL++	字体大小增加 1pt(最大可增加到 32pt)
9	CTRL+−	字体大小减小 1pt(最小可增加到 7pt)
10	CTRL+0	将字体大小恢复到默认值(8.25pt)
11	CTRL+M	最小化 Fiddler 窗口

3.5.3 接口响应挡板设置

当软件处于开发初期阶段时，接口请求无法正确返回响应数据。或者软件接口涉及第三方平台的跳转操作，例如购物平台在结算时会跳转至支付平台，支付成功后会返回支付信息，在测试环境中测试全业务流程会有一定的困难。Fiddler 可以设置响应挡板来完成此类接口调试工作。

Fiddler 在 AutoResponder 选项卡中提供了挡板设置功能。本节示例通过浏览器访问百度首页，通过挡板实现返回响应内容为网站正在建设中。创建一个挡板数据文件，命名为 responseInfo. txt，代码如下：

```
//chapter3/responseInfo.txt

{
    user : 'Thinkerbang',
    info : '清明时节雨纷纷,网站内容建设中',
    Maintainer : '老胡'
}
```

将文件编码格式设置为 GB 2312 或 UTF-8 格式，防止中文内容显示为乱码。

打开 Fiddler，选择 AutoResponder 选项卡，勾选 Enable rules、Unmatched requests passthrough 选项，然后单击 Add Rule 按钮，在 Rule Editor 输入请求 URL 和响应内容文件路径，单击 Save 按钮保存设置的内容，如图 3-32 所示。

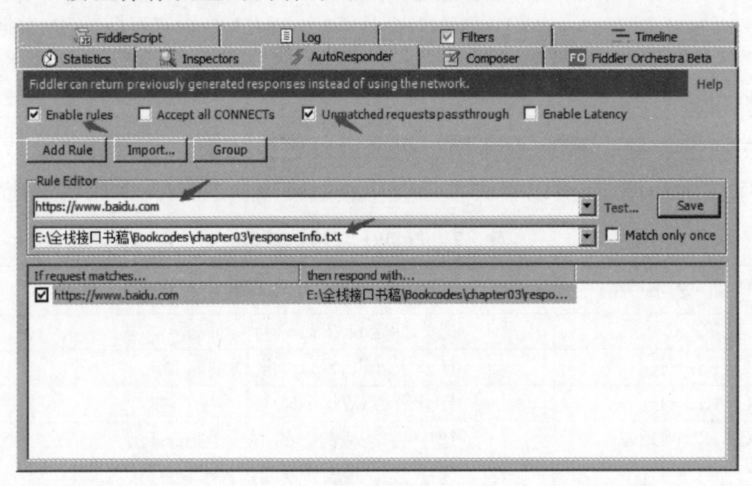

图 3-32 AutoResponder 挡板设置

打开浏览器，输入对挡板起作用的 URL 网址 https://www. baidu. com，按 Enter 键，浏览器页面会显示挡板设置的内容，如图 3-33 所示。

```
https://www.baidu.com
baidu.com

{
    user : 'Thinkerbang',
    info : '清明时节雨纷纷，网站内容建设中',
    Maintainer : '老胡'
}
```

图 3-33 浏览器返回的挡板内容

至此，Fiddler 章节设定的内容就讲解完了。

第4章
CHAPTER 4

接口测试环境的准备

本书涉及5款常用接口测试软件，具体使用过程会在工具篇中进行讲解。由于软件安装过程中部分组件安装存在重合内容，因此本章将工具篇所使用的接口工具的安装及配置过程进行集中讲解与演示，合并安装配置过程中重合的部分。读者根据需求进行下载并安装配置，以方便后续章节课程的学习和使用。

4.1 Postman安装与配置

4.1.1 软件下载

进入Postman官网下载页面https://www.postman.com/downloads/，如图4-1所示，单击Download按钮下载软件最新版本。

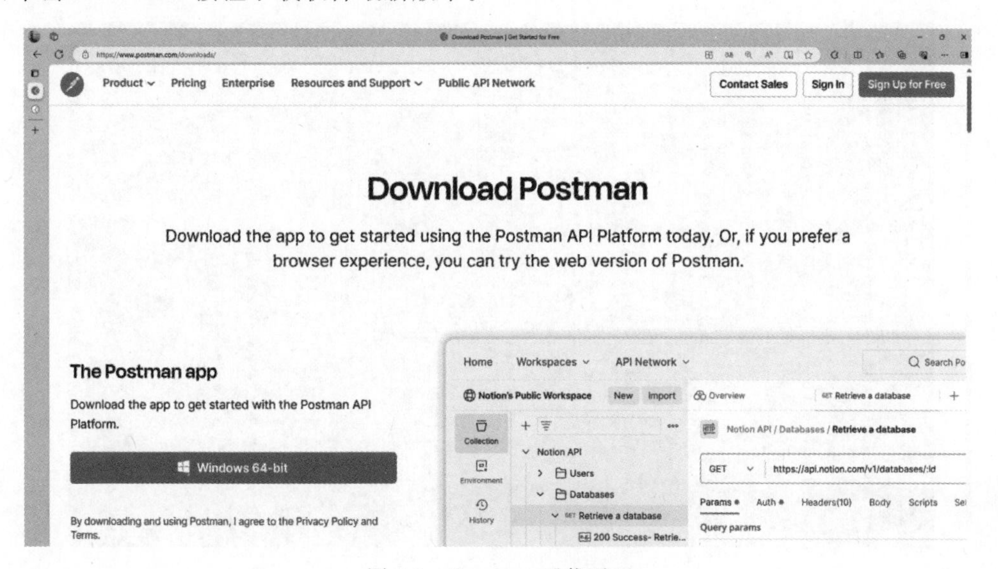

图4-1　Postman下载页面

4.1.2 Postman 的安装

Postman 的安装过程自动化程度高，无须选择配置参数。下载并安装软件后，运行安装程序，软件会自动安装完成并显示软件登录界面，如图 4-2 所示。

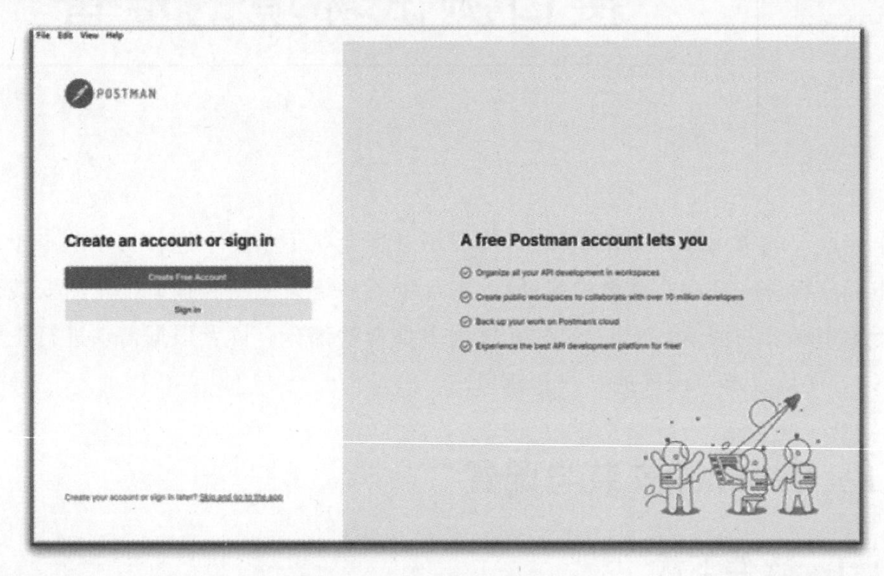

图 4-2 Postman 登录页面

Postman 需要账号登录，登录与直接使用软件的差别是 Postman 在线功能的使用。可以按 Create Account 按钮申请账号，登录后软件的主界面如图 4-3 所示。

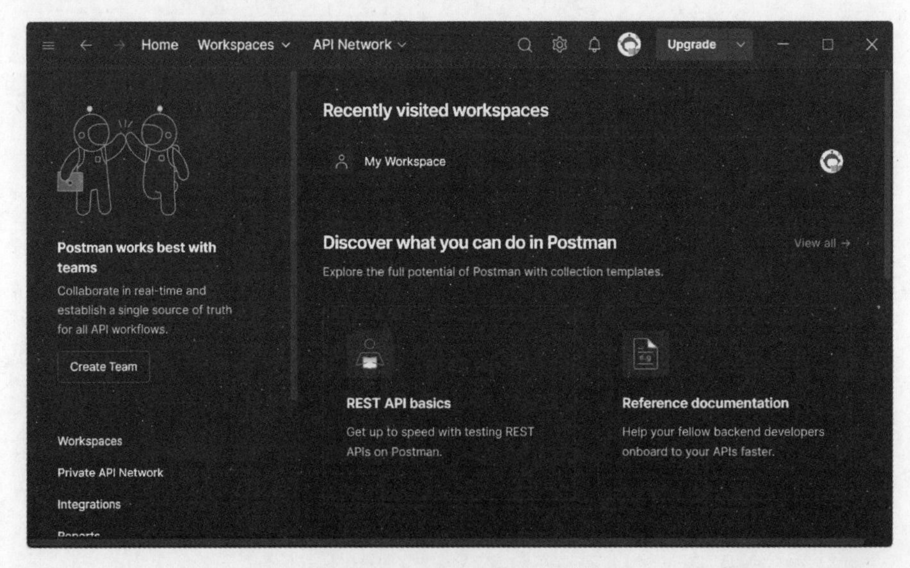

图 4-3 Postman Home 页面

4.1.3　软件运行调试

在 Postman 主界面单击 Workspaces 菜单下的 New Workspace 按钮，进入 Create New Workspace 界面，输入 New Workspace 信息，单击 Create Workspace 按钮，新的 Workspace 创建成功，如图 4-4 所示。

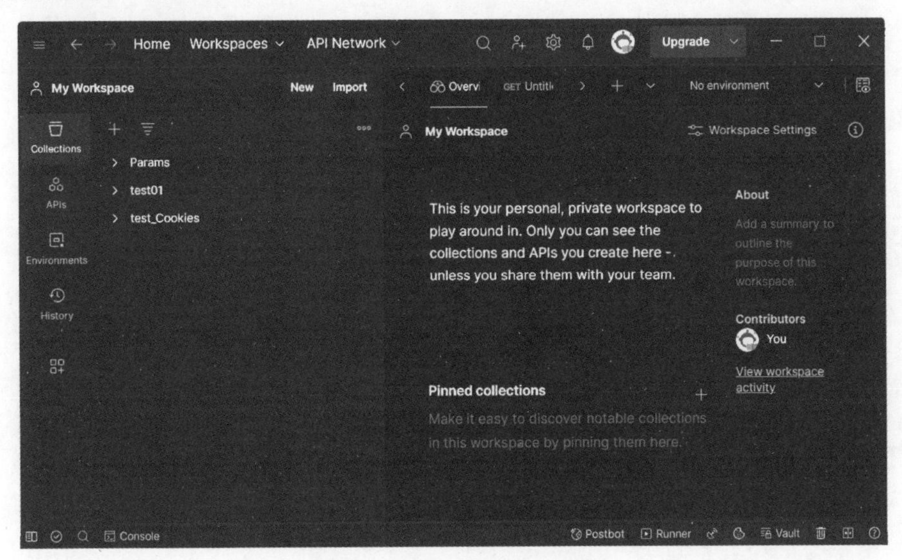

图 4-4　Postman 工作区页面

接下来在 Postman 工作区界面标题栏单击“＋”图标按钮创建一个请求界面。选择请求方式，此处为 GET，在 URL 中输入 http://www.baidu.com，单击 Send 按钮发送百度首页请求，请求成功并返回了响应数据信息，如图 4-5 所示。

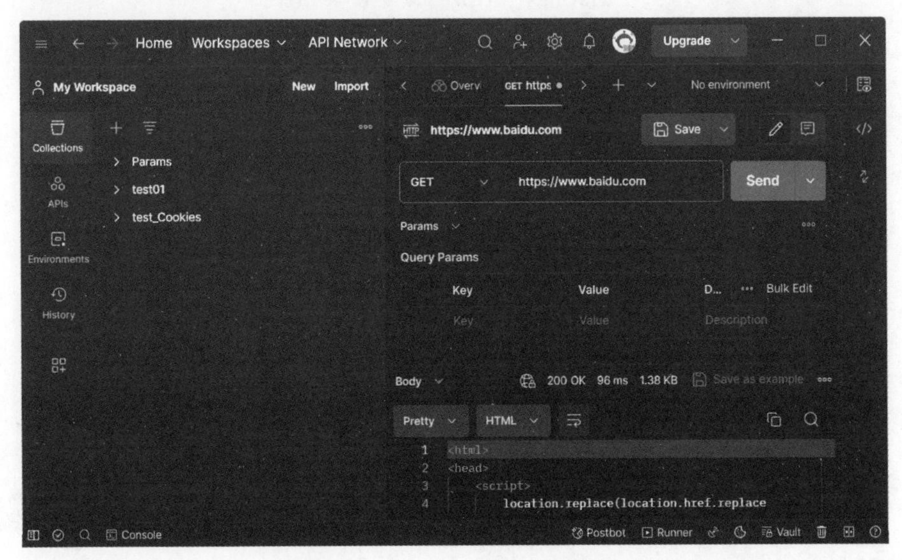

图 4-5　Postman 发送请求界面

4.2 Python 的安装与配置

Python 的安装软件可以从 Python 官方网站 https://www.python.org/downloads/进行下载，由于本次环境配置过程中 Python 配套 Robot Framework 使用，而 Robot Framework 截至目前最新版本只支持到 Python 3.7，因此本节及后续 Python 的使用选用 3.7.1 版本，如图 4-6 所示。

Looking for a specific release?

Python releases by version number:

Release version	Release date		Click for more
Python 3.7.1	Oct. 20, 2018	Download	Release Notes
Python 3.6.7	Oct. 20, 2018	Download	Release Notes
Python 3.5.6	Aug. 2, 2018	Download	Release Notes
Python 3.4.9	Aug. 2, 2018	Download	Release Notes
Python 3.7.0	June 27, 2018	Download	Release Notes
Python 3.6.6	June 27, 2018	Download	Release Notes
Python 2.7.15	May 1, 2018	Download	Release Notes

View older releases

图 4-6 Python 官方下载页面

下载完成后，运行下载好的软件。此时会弹出软件安装界面，如图 4-7 所示，单击 Install Now 选项进行安装。

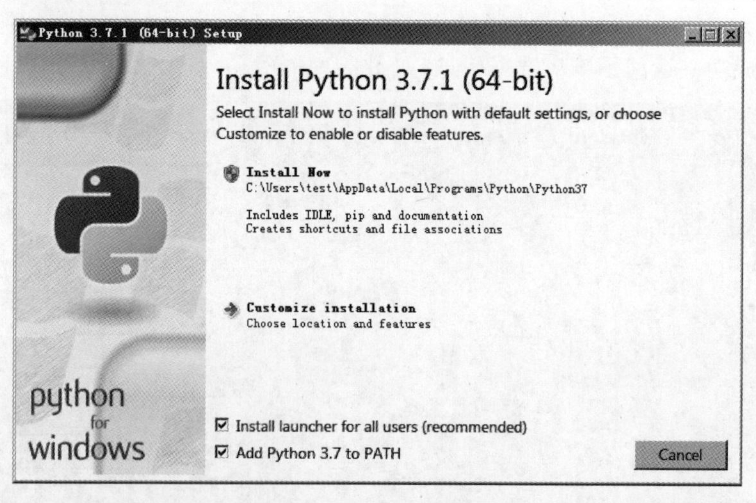

图 4-7 Python 安装界面

若需要更改安装路径，则可以使用 Customize install location 方式进行自定义安装，单击 Browse 按钮，选择安装目标路径即可。需要注意，安装路径中不要出现中文目录，如图 4-8 所示。

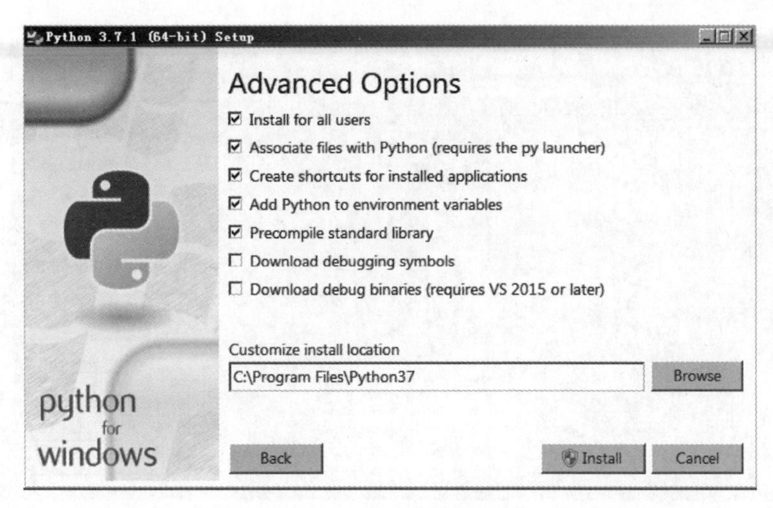

图 4-8　更改安装路径

安装完成后，需要将 Python 配置进系统环境变量。选择“计算机”后右击，选择“菜单”→“属性”→“高级系统设置”→“环境变量”→“系统变量”选项，在环境变量 Path 中添加以下内容。

变量名：Path。

变量值：C:\Program Files\Python37\。

C:\Program Files\Python37\Scripts\。

其中第 1 条变量值用于配置 Python 程序本身可运行，第 2 条变量值用于确保 Python 程序自带软件安装升级工具的可运行。

配置完成之后，在 Windows 命令提示符下输入 python 命令，按 Enter 键，验证 Python 环境变量的配置，如图 4-9 所示。

```
C:\Windows\system32\cmd.exe - python
Microsoft Windows [版本 6.1.7601]
版权所有 (c) 2009 Microsoft Corporation。保留所有权利。

C:\Users\test>python
Python 3.7.1 (v3.7.1:260ec2c36a, Oct 20 2018, 14:57:15) [MSC v.1915 64 bit (AMD6
4)] on win32
Type "help", "copyright", "credits" or "license" for more information.
>>> _
```

图 4-9　Python 配置验证

输入 quit()命令，按 Enter 键，退回到命令提示符状态下。输入 pip 命令，按 Enter 键，若出现如图 4-10 所示信息，则表示 Python 安装升级工具配置成功。在 Python 3.5 之后，官方推荐使用 pip3 代替 pip 命令，本章后续在线安装基于 Python 的第三方程序包时会使用 pip3 来完成。

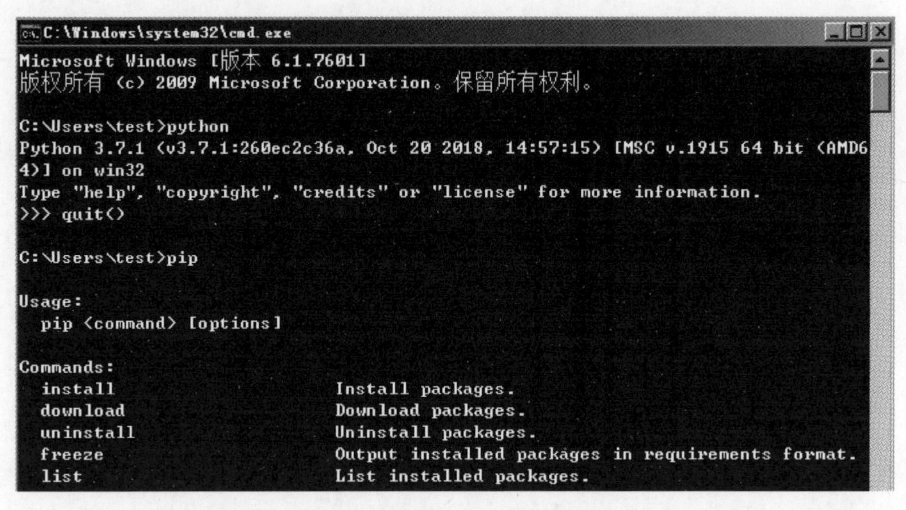

图 4-10 Python Script 配置验证

4.3 Apifox 安装与配置

4.3.1 软件下载

打开 Apifox 下载并安装程序，Apifox 的官网网址为 https://www.apifox.cn/，单击图中“免费下载”按钮即可下载 Apifox 最新版本安装程序，如图 4-11 所示。

图 4-11 Apifox 下载页面

4.3.2 Apifox 的安装

下载并安装软件后，双击运行安装程序，此时会弹出软件安装界面，如图 4-12 所示。单击“下一步”按钮进行后续安装。

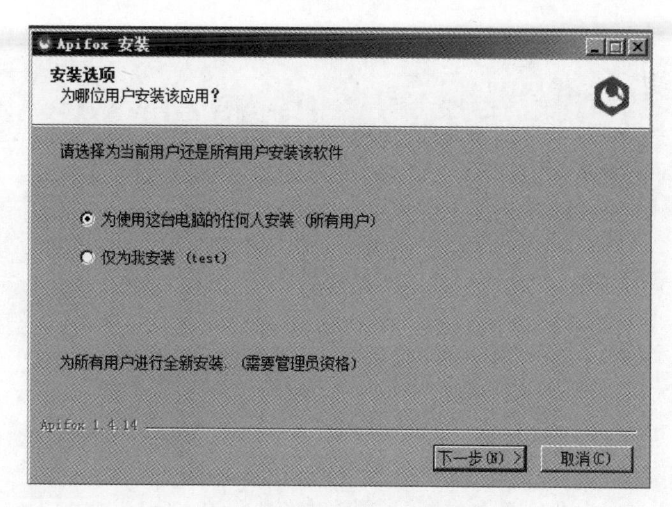

图 4-12　Apifox 安装页面

若需要更改安装路径，则可单击“浏览”按钮，选择安装路径。此处可以进行默认路径安装，如图 4-13 所示。

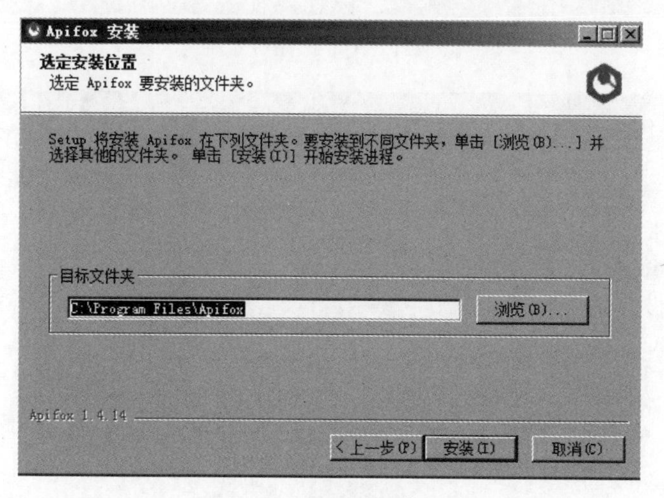

图 4-13　更改安装路径

4.3.3　软件运行调试

安装完成后，首次启动 Apifox 应用时会进入用户账号注册页面，如图 4-14 所示。若已有账号，则可直接进行登录操作。注册账号，完成登录后便可进入 Apifox 应用主界面。

启动 Apifox 应用程序，进入“我的团队-示例团队”界面，选择“示例团队-示例项目”，进入宠物店示例项目概览界面，如图 4-15 所示。

在接口管理界面，单击“+”号进行新建操作，选择“新建接口”选项，填入接口请求信息，如图 4-16 所示。

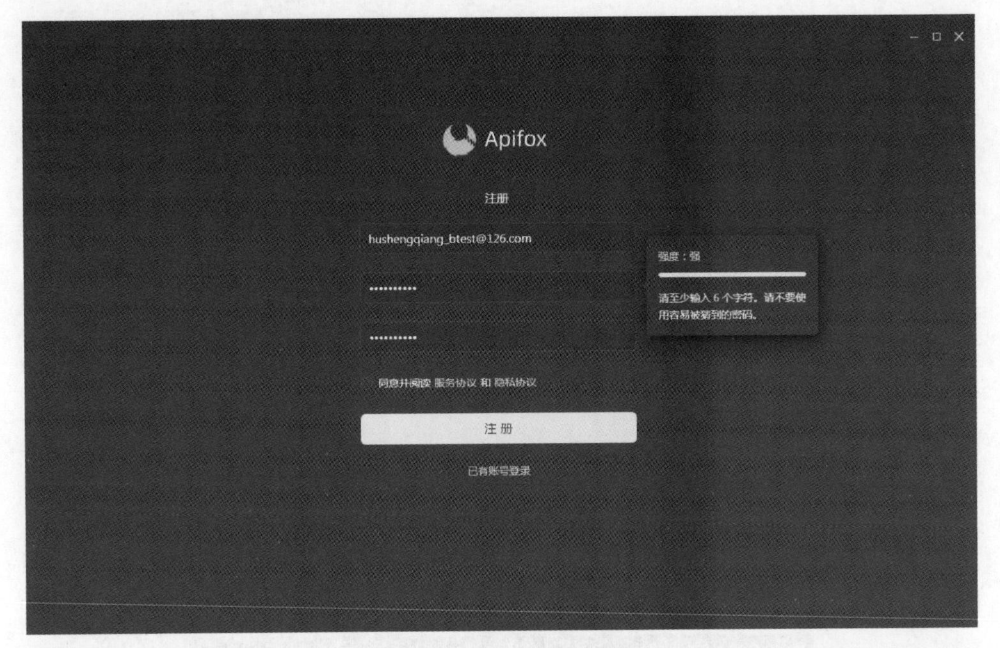

图 4-14　Apifox 注册界面

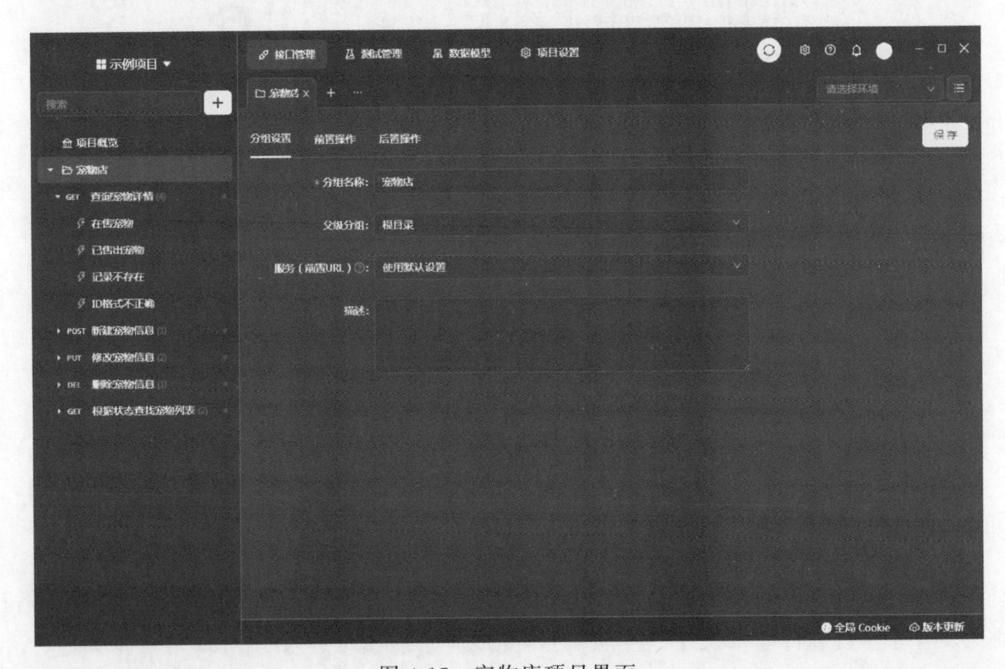

图 4-15　宠物店项目界面

输入请求数据，请求方式默认为 GET 请求，URL 输入 http://www.baidu.com/请求百度首页内容，接口名称输入“百度首页”。输入完成后单击“保存”按钮保存当前接口。单击“运行”按钮执行接口请求，返回接口执行的结果，如图 4-17 所示。

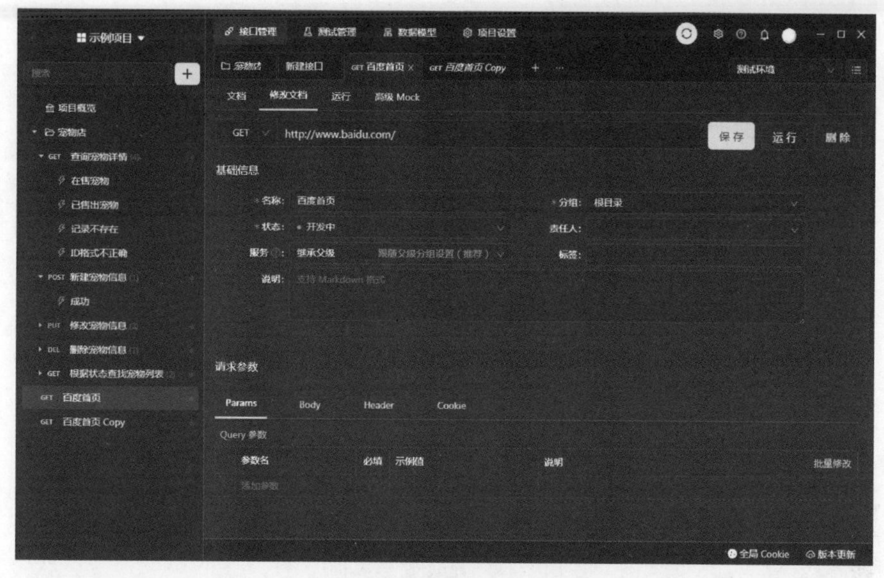

图 4-16 新建接口界面

图 4-17 Apifox 请求与返回结果

4.4 Apache JMeter 安装与配置

4.4.1 JDK 的安装与配置

查看已下载的 jdk-8u40-windows-x64.exe 可执行文件。双击此文件后便可进入 JDK

的安装界面，如图 4-18 所示。

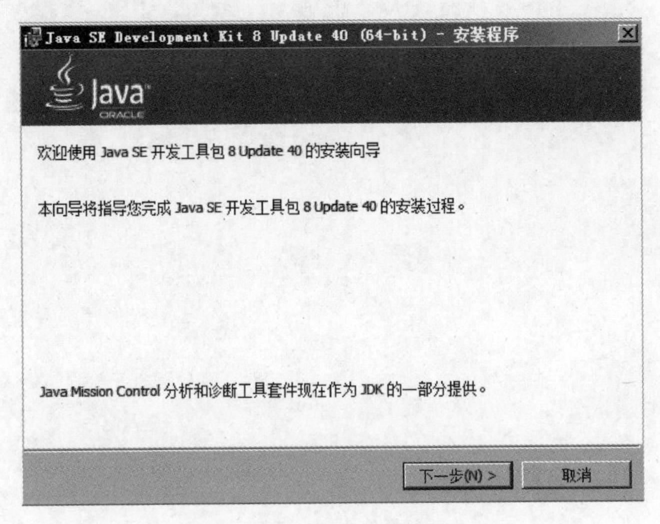

图 4-18　JDK 安装界面

单击“下一步”按钮，打开定制安装对话框。单击“更改”按钮，更改 JDK 的安装路径，如图 4-19 所示。更改完成后，单击“确定”按钮完成 JDK 的安装。

在 JDK 安装完成后会自动打开 JRE 安装对话框。单击“下一步”按钮进行 JRE 的安装，如图 4-20 所示。

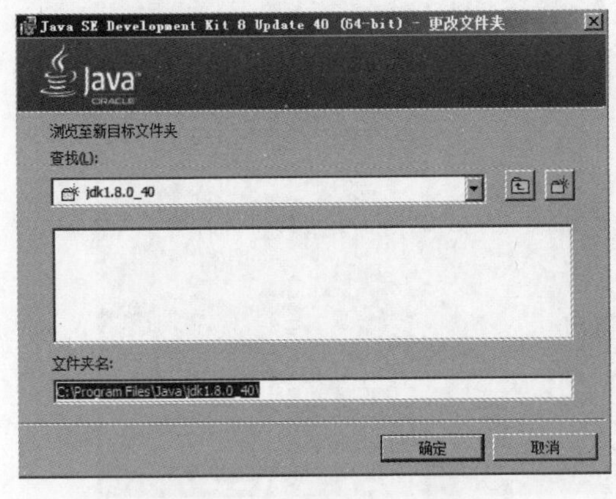

图 4-19　更改安装位置

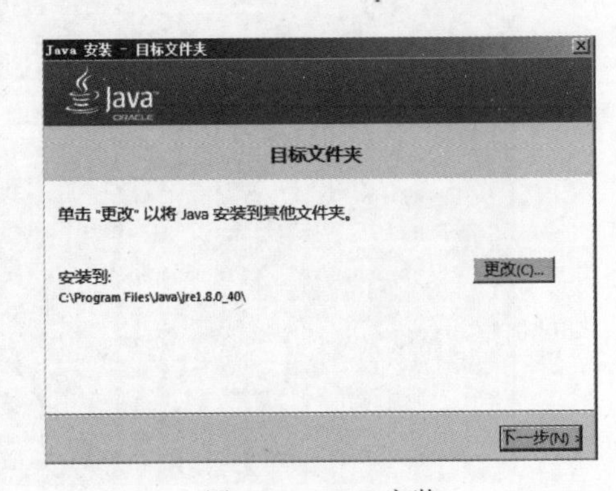

图 4-20　JRE 安装

安装完成后，需要配置环境变量。选择“计算机”后右击，选择“菜单”→“属性”→“高级系统设置”→“环境变量”→“系统变量”，变量名和对应变量值如下。

变量名：JAVA_HOME。

变量值：C:\Program Files\Java\jdk1.8.0_40。

在环境变量 Path 中添加以下内容。

变量名：Path。

变量值：%JAVA_HOME%\bin。

变量名：CLASSPATH。

变量值：.;%JAVA_HOME%\lib;%JAVA_HOME%\lib\tools.jar。

配置完成后，在 Windows 命令提示符下验证 Java 是否能够正常运行。验证方式如图 4-21 所示。

```
C:\Windows\system32\cmd.exe
Microsoft Windows [版本 6.1.7601]
版权所有 (c) 2009 Microsoft Corporation。保留所有权利。

C:\Users\test>java -version
java version "1.8.0_40"
Java(TM) SE Runtime Environment (build 1.8.0_40-b25)
Java HotSpot(TM) 64-Bit Server VM (build 25.40-b25, mixed mode)

C:\Users\test>
```

图 4-21　JDK 安装完成验证

4.4.2　Apache JMeter 的安装

Apache JMeter 的官网网址为 http://jmeter.apache.org/download_jmeter.cgi，进入 Apache JMeter 下载界面，如图 4-22 所示，下载 Apache JMeter 的最新版本。截至目前最新版本为 5.4.3，下载 apache-jmeter-5.4.3.zip 文件并解压到 C 盘根目录。

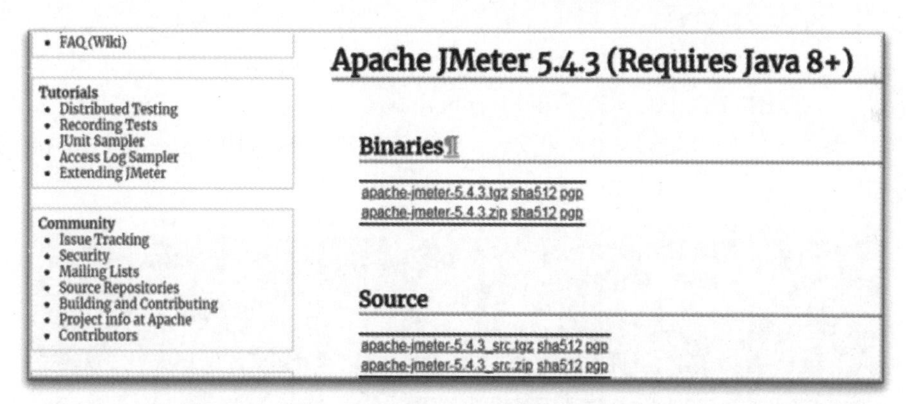

图 4-22　JMeter 下载界面

Apache JMeter 不需要进行安装就可以启动。进入 C:\apache-jmeter-5.4.3\bin 目录双击 jmeter.bat 后便可直接打开软件，如图 4-23 所示。

可以配置环境变量，方便后续通过命令提示符窗口进行启动。选择“计算机”后右击，选择“菜单”→“属性”→“高级系统设置”→“环境变量”→“系统变量”，在环境变量中添加以下内容。

变量名：JMETER_HOME。

变量值：C:\apache-jmeter-5.4.3(JMeter 的安装目录)。

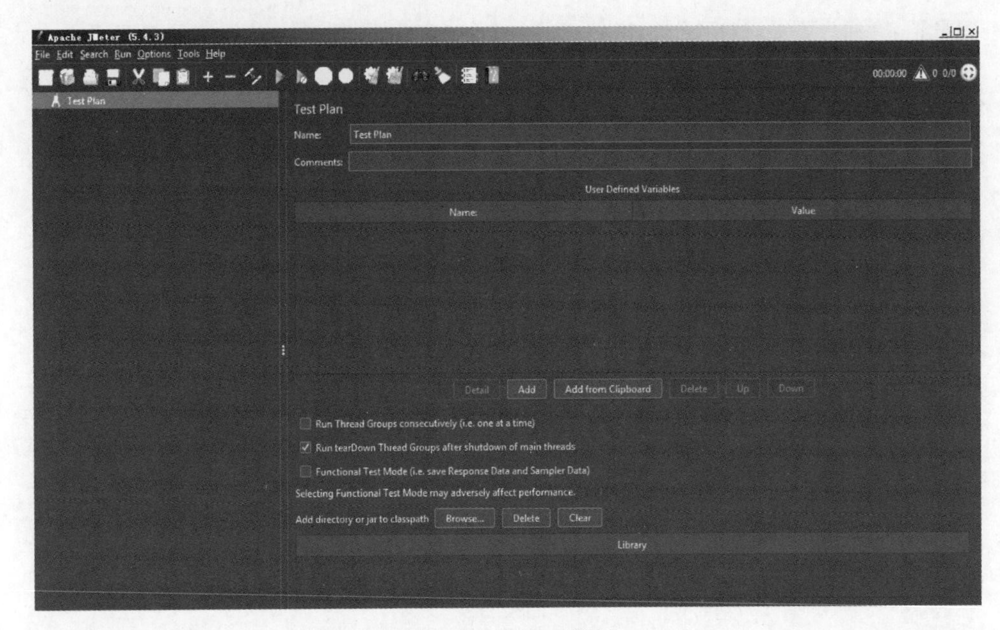

图 4-23　JMeter 界面

变量名：Path。

变量值：%JMETER_HOME%\bin。

变量名：CLASSPATH。

变量值：%JMETER_HOME%\lib\ext\ApacheJMeter_core. jar
　　　　%JMETER_HOME%\lib\jorphan. jar。

配置完成之后，在 Windows 命令提示符下输入 jmeter. bat，按 Enter 键，JMeter 便可直接启动，如图 4-24 所示。

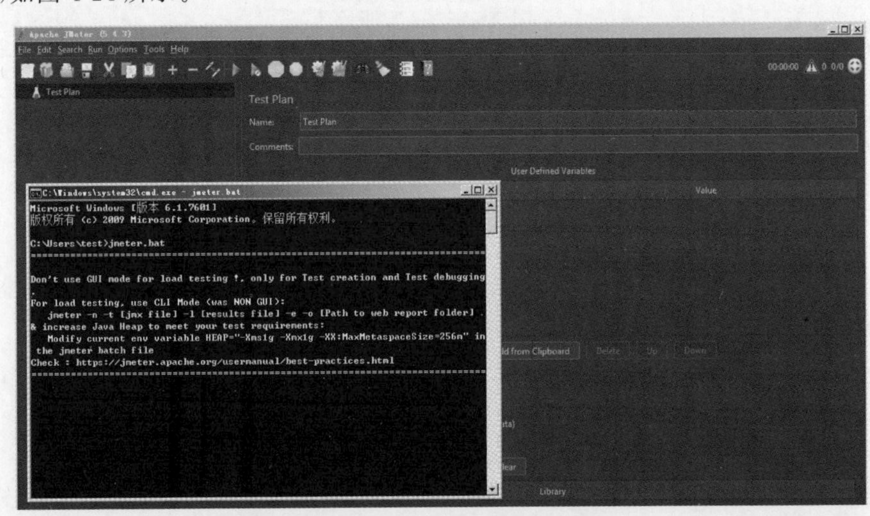

图 4-24　JMeter 环境变量验证

4.4.3　软件运行调试

打开 JMeter，右击 Test Plan，选择 Add→Threads(Users) →Thread Group，新建线程组，参数默认，如图 4-25 所示。

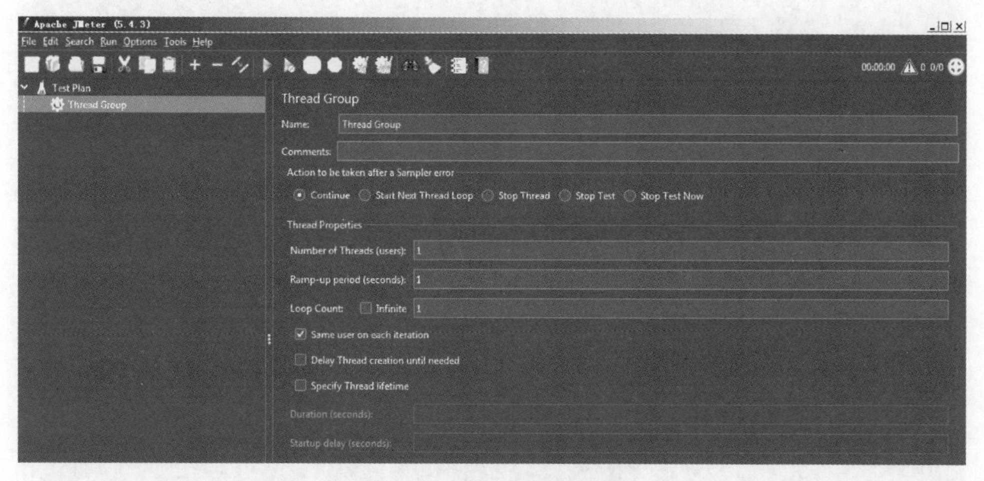

图 4-25　线程组添加及配置

右击 Thread Group，选择 Add→Sampler→HTTP Request，选择 HTTP 请求方式，此处为 GET，请求网址为 https://www. baidu. com，如图 4-26 所示。

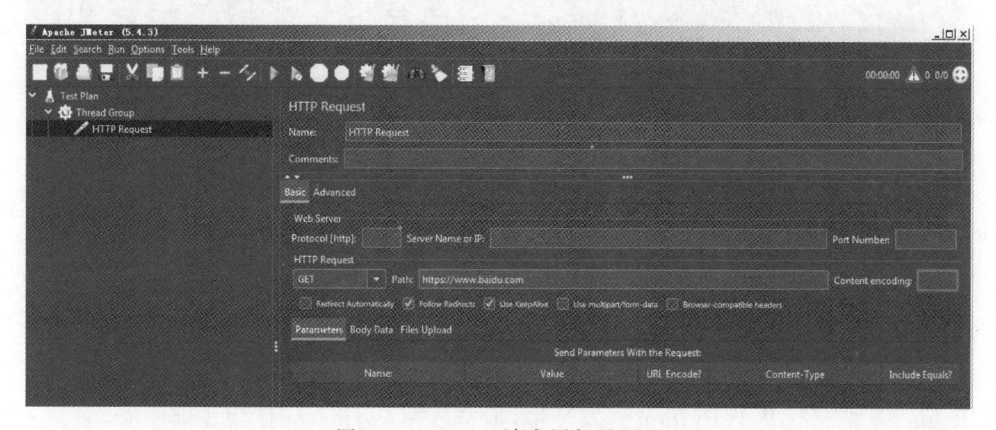

图 4-26　HTTP 请求添加及配置

右击 Thread Group，选择 Add→Listener→View Results Tree，添加查看结果树，用来监听运行结果，如图 4-27 所示。

保存当前测试计划后，单击工具栏中的 Start 按钮，运行 HTTP 请求，查看 View Results Tree→Response data→Response Body，此时可以显示 HTTP 请求返回的响应数据信息，如图 4-28 所示。

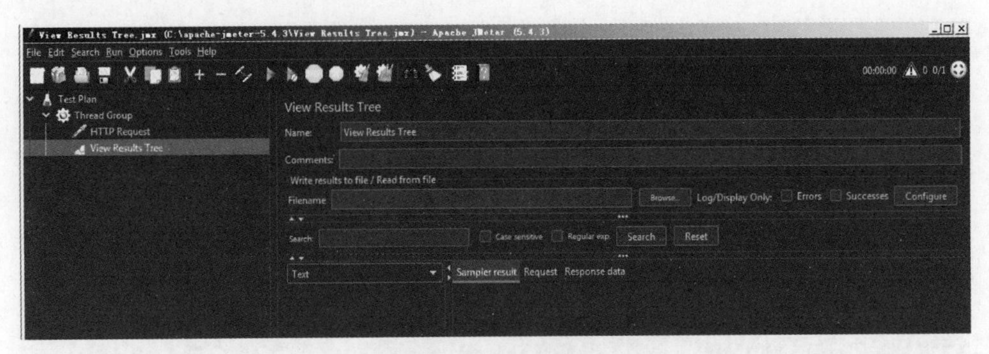

图 4-27 查看结果树界面

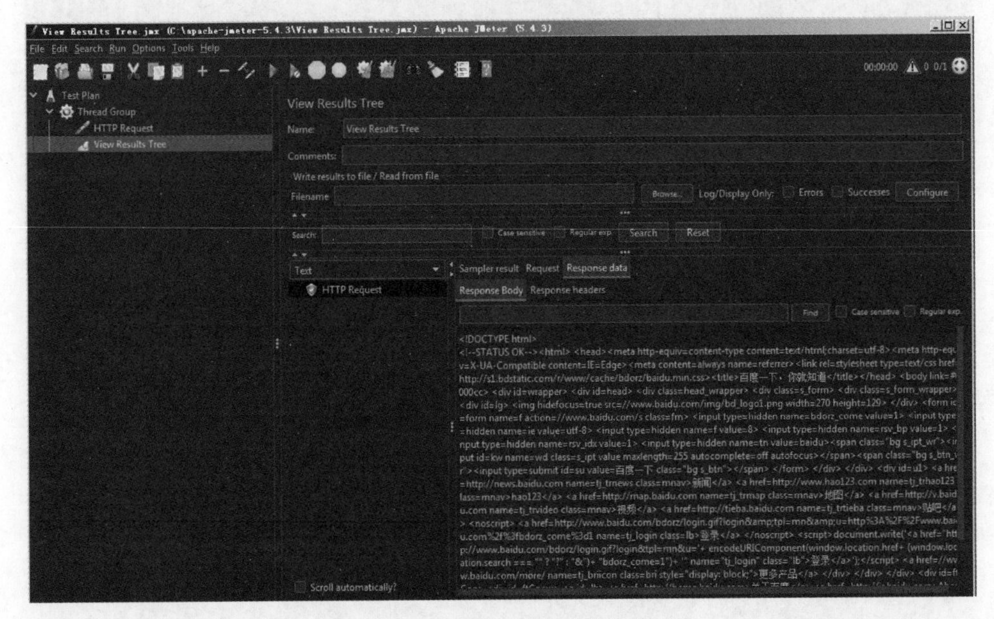

图 4-28 HTTP 请求响应结果

4.5 Requests 安装与配置

Requests 的运行基于 Python 开发环境，本书选择 PyCharm 作为基础环境。

4.5.1 PyCharm 的安装与配置

PyCharm 是目前最流行的 Python IDE，带有一整套工具，可以帮助用户使用 Python 语言开发时提高效率，例如调试、语法高亮、代码跳转、Project 管理等。此外，PyCharm 还提供了一些高级功能，用于支持专业的 Web 开发。PyCharm 的安装软件可以从 PyCharm 官网下载 https://www.jetbrains.com/pycharm/download/，进入网页，可以看到如图 4-29

所示页面，单击图中的 Download 按钮即可下载社区版软件。

图 4-29　PyCharm 下载页面

下载安装软件后，运行安装程序便可安装软件，如图 4-30 所示界面。

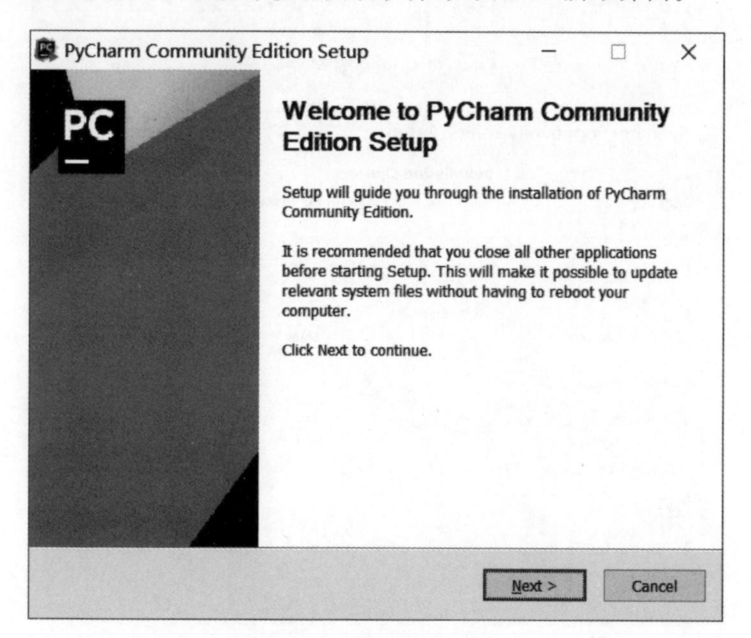

图 4-30　安装 PyCharm

单击 Next 按钮，此时会出现如图 4-31 所示的更改软件安装路径界面。若需要更改安装路径，则可单击 Browse 按钮，选择安装路径即可。

安装路径更改完之后，单击 Next 按钮，各安装选项如图 4-32 所示。所有复选框默认未勾选，需手动勾选。根据自己的操作系统选择 32 位或 64 位版本。

面板中复选项的释义如下，可根据自己的需要有选择性地勾选。

(1) 在 Create Desktop Shortcut 下勾选 64-bit launcher：创建桌面快捷方式。

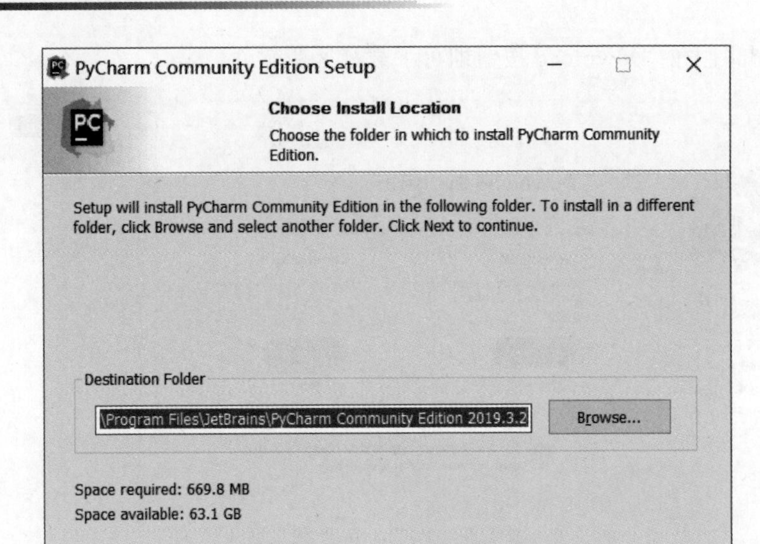

图 4-31 更改安装路径

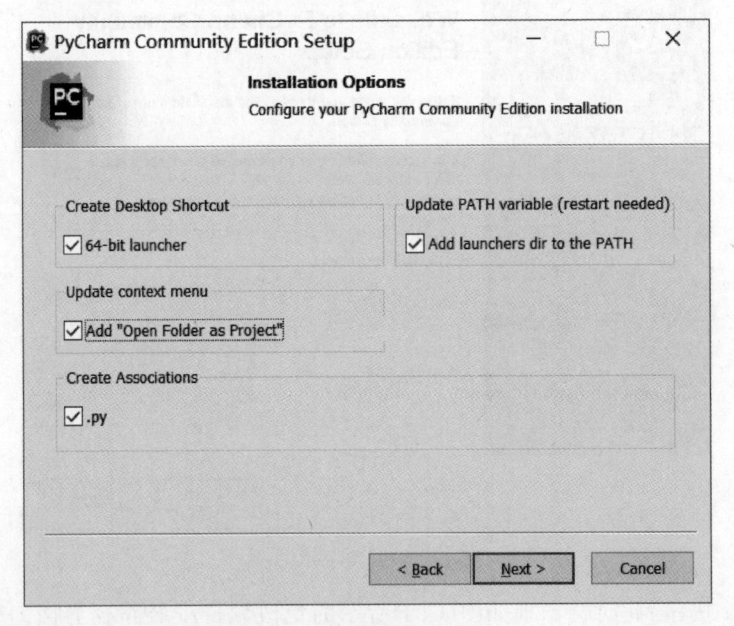

图 4-32 配置各安装选项

(2) 在 Update PATH variable(restart needed)下勾选 Add launchers dir to the PATH：将启动程序添加到 PATH 环境变量。

(3) 在 Update context menu 下勾选 Add "Open Folder as Project"：在右击菜单中添加“从项目打开文件夹”功能。

(4) 在 Create Associations 下勾选.py：创建 py 文件关联。

单击 Next 按钮进入下一安装界面，单击 Install 按钮，开始安装 PyCharm 软件。

待安装完成后会得到图 4-33 所示的安装成功界面。选择第 1 个选项 Reboot now，单击 Finish 按钮重启操作系统。

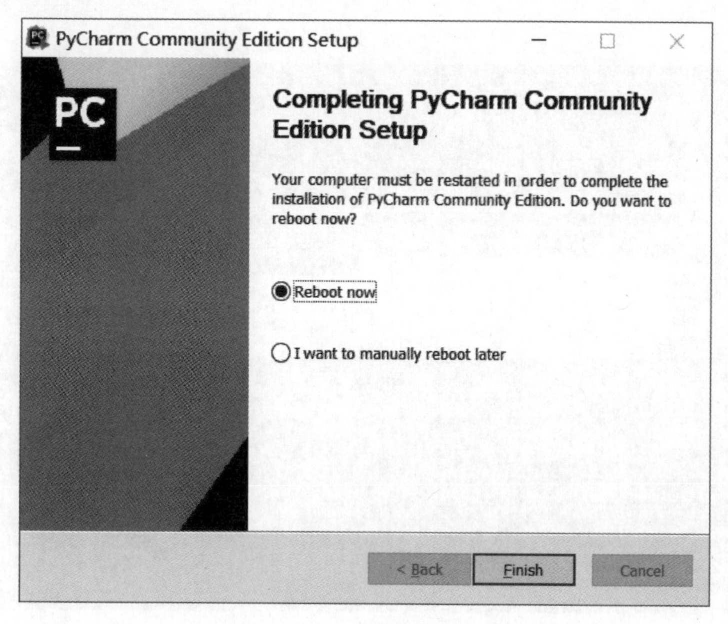

图 4-33　安装完成

系统重启完成后，可从计算机桌面双击 PyCharm Community Edition 2019.3.2 x64 启动软件，此时会出现如图 4-34 所示 PyCharm 主界面。

图 4-34　PyCharm 启动界面

PyCharm 专业版是一款收费软件，若经济条件允许，可购买并支持正版软件。

4.5.2 Requests 的安装

启动 Windows 终端，输入 pip3 install requests 命令，按 Enter 键进行 Requests 安装，如图 4-35 所示。

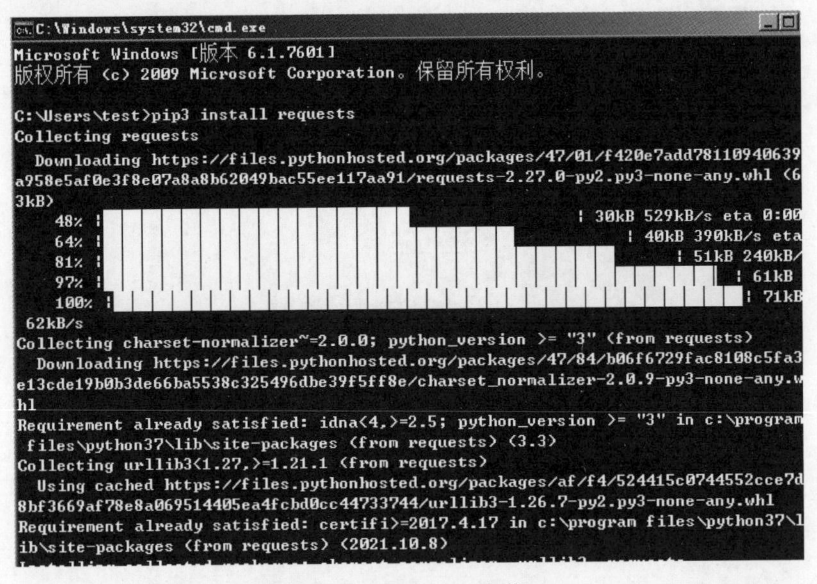

图 4-35 Requests 安装

在终端输入 pip3 list 命令，按 Enter 键，可查看安装的 Requests 的版本号信息，如图 4-36 所示，至此 Requests 安装成功。

```
C:\Windows\system32\cmd.exe
cffi                          1.15.0
charset-normalizer            2.0.9
h11                           0.12.0
idna                          3.3
numpy                         1.21.5
outcome                       1.1.0
Pillow                        9.0.0
pip                           10.0.1
pycparser                     2.21
Pygments                      2.11.1
Pypubsub                      4.0.3
pywin32                       303
requests                      2.27.0
robotframework                4.1.3
robotframework-pythonlibcore  3.0.0
robotframework-ride           1.7.4.2
setuptools                    39.0.1
six                           1.16.0
sniffio                       1.2.0
sortedcontainers              2.4.0
trio                          0.19.0
trio-websocket                0.9.2
urllib3                       1.26.7
wsproto                       1.0.0
        半:
```

图 4-36 Requests 验证

4.5.3 软件运行调试

在 PyCharm 中使用 Requests 进行接口测试，示例代码如下：

```
#//books04/testRequests.py

import requests
#构建请求要求信息
data = {
    "type":"content",
    "q":"思课帮"
      }
url = "https://www.zhihu.com/search"
#构建请求的 IP 和服务器信息
headers = {
    "User-Agent": "Mozilla/5.0 (Windows NT 10.0; Win64; x64) AppleWebKit/537.36"
                 "(KHTML, like Gecko) Chrome/70.0.3538.110 Safari/537.36",
    "origin": "119.123.196.143",
}
response = requests.get(url,params = data,headers = headers)
print(response.text)
```

运行结果如图 4-37 所示。

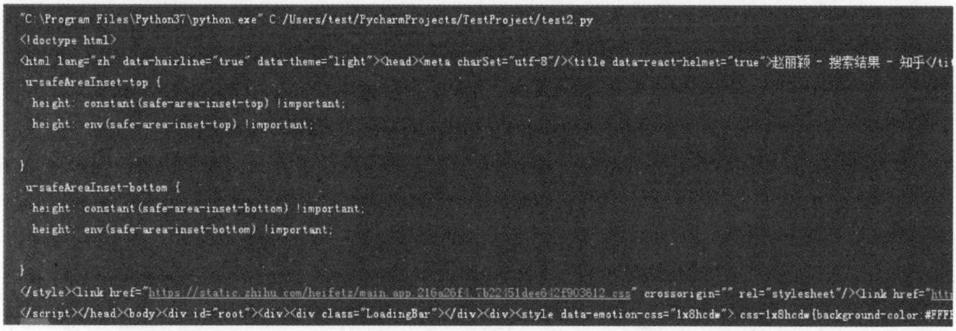

```
"C:\Program Files\Python37\python.exe" C:/Users/test/PycharmProjects/TestProject/test2.py
<!doctype html>
<html lang="zh" data-hairline="true" data-theme="light"><head><meta charSet="utf-8"/><title data-react-helmet="true">赵丽颖 - 搜索结果 - 知乎</ti
.u-safeAreaInset-top {
  height: constant(safe-area-inset-top) !important;
  height: env(safe-area-inset-top) !important;

}
.u-safeAreaInset-bottom {
  height: constant(safe-area-inset-bottom) !important;
  height: env(safe-area-inset-bottom) !important;

}
</style><link href="https://static.zhihu.com/heifetz/main.app.216a26f4.7b22451dee642f903612.css" crossorigin="" rel="stylesheet"/><link href="htt
</script></head><body><div id="root"><div><div class="LoadingBar"></div><div><style data-emotion-css="1x8hcdw">.css-1x8hcdw{background-color:#FFF
```

图 4-37 脚本运行结果

第 5 章 Requests 初级使用

CHAPTER 5

本章开始讲解基于 Python 实现的 HTTP 接口测试。主要依赖第三方库 Requests 实现。现有接口测试工具可以理解为一种接口测试框架的可视化实现,使用 Python 实现接口测试及测试用例的维护,可以使测试工作更为灵活,通过实现自定义测试框架会更贴近具体接口测试项目的需求和管理。本章作为 Requests 基本接口测试的讲解,为后面测试框架的实现打下基础。

5.1 Requests 介绍

Requests 是用 Python 语言编写的,基于 urllib,采用 Apache License 2.0 开源协议的 HTTP 库。Requests 是一个很实用的 Python HTTP 客户端库,当编写爬虫和测试服务器响应数据时经常会用到,是基础 Python 实现 HTTP 接口测试必不可少的第三方工具库。

Requests 库有 7 种常用方法,以 request()为基础构造方法,在此基础上实现 6 种常见请求方法,见表 5-1。

表 5-1 Requests 常见请求方法

序 号	方法名称	描 述
1	request()	构造方法,构造对象中包括后面的 6 种基本 HTTP 请求方法
2	get()	获取 HTML 页面信息的主要方法,返回值通常是 HTML 页面
3	head()	获取 HTML 页面 Header 的主要方法,返回值通常是指定请求 Headers 值
4	post()	提交 POST 请求方法,可以携带 Content-Type 指定的主体内容
5	put()	提交 PUT 请求方法,与 POST 请求方法类似,可以指定请求位置
6	patch()	提交 PATCH 请求方法,可以设置当前用户存储参数值
7	delete()	提交 DELETE 请求方法,可以删除指定服务器资源

5.1.1 GET 方法的使用

GET 方法是 Requests 库中使用频率最高的一种方法,以百度搜索首页为例,使用 PyCharm 编写接口测试脚本实现对百度搜索首页的访问,请求代码如下:

```
//chapter05/api_get.py

# 导入第三方包 requests
import requests

# 访问百度首页
url = 'https://www.baidu.com/'

# 发送 GET 请求,将返回结果存入变量 response
response = requests.get(url)

# 输出结果,内容中包含中文,需 UTF - 8 转码
print(response.content.decode('UTF - 8'))
```

返回结果如图 5-1 所示。

```
Run:   api_get ×
C:\Users\Demon\AppData\Local\Programs\Python\Python38\python.exe C:/Users/Demon/PycharmPro
<!DOCTYPE html>
<!--STATUS OK--><html> <head><meta http-equiv=content-type content=text/html;charset=utf-8
                </script> <a href=//www.baidu.com/more/ name=tj_briicon class=bri style="d

Process finished with exit code 0
```

图 5-1 GET 请求返回结果

5.1.2 POST 方法的使用

当访问接口携带大量参数且一些敏感信息不方便直接跟随 URL 展现在浏览器网址栏时,可以使用 POST 方法来完成请求。以孔夫子旧书网用户登录接口为例,请求代码如下:

```
//chapter05/api_post.py

import requests

url = 'https://login.kongfz.com/Pc/Login/account'

# 将请求 Headers 以字典的方式存入变量 headers
headers = {
    "Connection":"keep - alive",
    "Content - Length":"150",
    "sec - ch - ua":"\" Not A;Brand\";v = \"99\", \"Chromium\";v = \"100\", \"Google Chrome\";
v = \"100\"",
    "sec - ch - ua - mobile":"?0",
    "User - Agent":"Mozilla/5.0 (Windows NT 6.1; Win64; x64) AppleWebKit/537.36 (KHTML, like
Gecko) Chrome/100.0.4896.75 Safari/537.36",
    "X - Tingyun - Id":"OHEPtRD8z8s;r = 325222859",
    "Content - Type":"application/x - www - form - urlencoded; charset = UTF - 8",
    "Accept":"application/json, text/javascript, */*; q = 0.01",
```

```
        "X-Requested-With":"XMLHttpRequest",
        "Sec-Fetch-Site":"same-origin",
        "Sec-Fetch-Mode":"cors",
        "Sec-Fetch-Dest":"empty",
        "Host":"login.kongfz.com"
    }

    #将 Body 以字典的方式存入变量 data
    data = {
        "loginName":"Thinkerbang",          #此处为用户名参数,读者需要自行替换
        "loginPass":"123456",
        "captchaCode":"",
        "autoLogin":"0",
        "newUsername":"",
        "returnUrl":"https://user.kongfz.com/index.html",
        "captchaId":""
        }

    #发送 POST 请求,将返回结果存入变量 response
    response = requests.post(url = url,headers = headers,data = data)

    #由于返回值类型是 JSON 字符串,因此使用 json()方法进行输出
    print(response.json())
```

返回结果如图 5-2 所示。

```
C:\Users\Demon\AppData\Local\Programs\Python\Python38\python.exe C:/Users/Demon/
{'status': True, 'result': {'userId': 3108284, 'username': '忧伤的黑', 'nickname':

Process finished with exit code 0
```

图 5-2 POST 请求返回结果

5.1.3 PUT 方法的使用

PUT 方法与 POST 方法的作用类似,它们都可以完成 Body 传参操作。区别在于 PUT 方法与 GET、DELETE 等方法类似,这些方法都是幂等的,而 POST 方法不是。一个简单的区分方式是可以看接口请求是否会有重复信息,例如一个发布信息接口,同样参数情况下提交接口请求,使用 PUT 方法提交时,无论提交几次都只会发布一次信息,PUT 方法每次都会将之前同参信息覆盖掉。使用 POST 方法提交时,由于它的不幂等性,同参多次提交会出现重复信息。在实际使用过程中,POST 方法的使用频率很高,这是因为二者使用上的差异在实际开发过程中可以通过其他方法解决。

以 httpbin 网站 PUT 接口为例，请求代码如下：

```
//chapter05/api_put.py

import requests

url = "http://httpbin.org/put"

data = {
    "name":"Thinkerbang",
    "age":"2016"
}

response = requests.put(url = url,data = data)

print(response.json())
```

返回结果如图 5-3 所示。

```
Run:  api_put
C:\Users\Demon\AppData\Local\Programs\Python\Python38\python.exe C:/Users/Demon/Pychar
{'args': {}, 'data': '', 'files': {}, 'form': {'age': '2016', 'name': 'Thinkerbang'},

Process finished with exit code 0
```

图 5-3　PUT 请求返回结果

5.1.4　HEAD 方法的使用

HEAD 请求可以看作没有返回参数的 GET 请求，这两种请求方法的本质是相同的。当浏览器向服务器发送页面访问请求时，使用 GET 方法发送接口请求，服务器会返回相应的请求资源；当浏览器向服务器确认当前访问页面是否有动态更新时，使用 HEAD 方法发送接口请求，服务器会检查当前页面的更新状态，将结果返回浏览器，此时的返回并不包含当前页面资源数据。

HEAD 请求通常应用在检查资源有效性、超链接的可访问性及页面内容最近是否有修改等场合。HEAD 请求返回的协议状态码与 GET 请求相同。

以百度网站首页 HEAD 接口为例，请求代码如下：

```
//chapter05/api_head.py

#导入第三方包 requests
import requests

#访问百度首页
url = 'https://www.baidu.com/'
```

```
#发送 GET 请求,将返回结果存入变量 response
response = requests.head(url)

#实际输出结果为空
print("返回 Body:", response.content.decode('UTF-8'))
#输出结果为响应 Headers
print("返回 Headers:",response.headers)
```

返回结果如图 5-4 所示。

```
Run:  api_head
C:\Users\Administrator\AppData\Local\Programs\Python\Python39\python.exe E:/全栈接口书稿/
返回Body:
返回Headers:  {'Cache-Control': 'private, no-cache, no-store, proxy-revalidate, no-trans

Process finished with exit code 0
```

图 5-4　HEAD 请求返回结果

5.1.5　PATCH 方法的使用

在 HTTP 协议中,PATCH 方法用于对资源进行部分修改。与 POST 方法类似,PATCH 方法是非幂等的,这就意味着连续多个相同请求会产生不同的效果。在响应首部 Allow 或者 Access-Control-Allow-Methods 的方法列表中需要添加 PATCH 方法,这样基于 PATCH 方法的接口请求才会生效。在本节孔夫子旧书网首页接口请求中,响应 Headers 中的 Control-Allow-Methods 字段明确支持 GET、POST、OPTIONS 共 3 种方法进行请求,如图 5-5 所示。

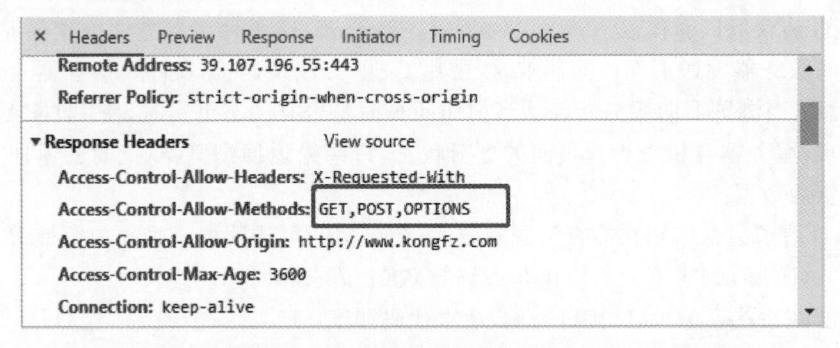

图 5-5　Control-Allow-Methods 字段示例

PATCH 方法与 PUT 方法类似,它们都可以直接修改服务器端的资源内容,是作为 HTTP 请求的补丁方法存在的。当对已有资源进行操作时,PATCH 方法常用于资源部分内容需要更新时使用,而 PUT 方法常用于更新目标资源完整内容时使用。当资源不存在时,PATCH 方法可以创建一个新的资源,而 PUT 方法无法完成这样的操作。有兴趣的读者可以参照 RFC5789 查看详细释义。

以 httpbin 网站 PATCH 方法接口为例，请求代码如下：

```
//chapter05/api_head.py

#导入第三方包 requests
import requests

#访问 httpbin 页面中的 patch 函数接口
url = 'http://httpbin.org/patch'

#发送 patch 请求，将返回结果存入变量 response
response = requests.patch(url)

#输出结果
print(response.json())
```

返回结果如图 5-6 所示。

```
Run: api_patch
C:\Users\Administrator\AppData\Local\Programs\Python\Python39\python.exe E:/全栈接口书稿/
{'args': {}, 'data': '', 'files': {}, 'form': {}, 'headers': {'Accept': '*/*', 'Accept-

Process finished with exit code 0
```

图 5-6 PATCH 请求返回结果

5.2 基于 GET 方法的接口测试

GET 方法在实际接口请求时多用于静态 URL 资源请求，例如页面查看请求。当接口请求需要传参以获取动态展示页面时，也可使用 GET 方法来完成，例如关键字查询请求。GET 请求也可以传输实体的主体，但一般不用 GET 方法进行传输。

5.2.1 GET 方法参数解析

GET 方法请求以获取资源和查询资源为主要使用场景，因此在请求时传递参数并不复杂。在 api.py 文件中 GET 方法的构成如图 5-7 所示。

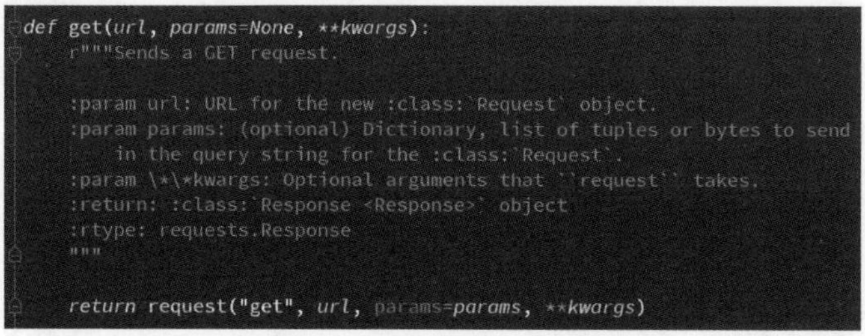

```
def get(url, params=None, **kwargs):
    r"""Sends a GET request.

    :param url: URL for the new :class:`Request` object.
    :param params: (optional) Dictionary, list of tuples or bytes to send
        in the query string for the :class:`Request`.
    :param \*\*kwargs: Optional arguments that ``request`` takes.
    :return: :class:`Response <Response>` object
    :rtype: requests.Response
    """

    return request("get", url, params=params, **kwargs)
```

图 5-7 GET 方法的构成

GET 方法使用参数源于 request 方法，常用参数如下。

(1) url 参数：Request 对象为必填参数，用于指明接口请求目标地址。

(2) params 参数：此参数为可选参数，当 GET 方法发送查询请求时用来传递查询参数使用，通常为字节类型或字典类型。

(3) ** kwargs 参数：此参数为可选参数，可以传递 url 和 param 参数之外的其他类型参数，例如 cookies、headers、timeout 等接口请求中所需的参数。具体所支持的参数可在 api. py 文件下的 request 方法注释下查看。

5.2.2 基于 GET 方法的请求类型

1. 通过 URL 直接传参

当接口请求需要传递的参数较少且没有加密需求时，可以将参数直接通过 URL 进行传递。例如，通过中图网首页进行关键词“华软盛科技有限公司”搜索，请求代码如下：

```
//chapter05/url_get.py

#导入第三方包 requests、urllib.parse、re
import requests
import urllib.parse
import re

#查询文本
text = '华软盛科技有限公司'

#将汉字文本转换为 unicode 编码
urltext = text.encode('unicode-escape').decode()
#输出源文本
print(text)
#输出转换后的文本
print(urltext)

#使用中图网进行关键字查询
url = 'http://www.bookschina.com/book_find2/?stp=' + urltext + '&sCate=0'

#发送 GET 请求,将返回结果存入变量 response
response = requests.get(url=url)

#输出结果,title 标题中包含转码后的查询关键字
#使用正则表达式提取结果中的标题
pat = re.compile('<title>' + '(.*?)' + '</title>',re.S)
result = pat.findall(response.text)

#由于提取结果中包含汉字乱码,所以需要对结果进行解码处理
unurltext = urllib.parse.unquote(result[0])
print('URL 解码结果:' + unurltext)
```

```
#对提取结果查询关键字进行切片处理
sptext = unurltext.split(':')
#对切片后列表中的关键字 unicode 码进行解码处理
detext = sptext[1].encode().decode("unicode_escape")
#输出最终结果
print(detext)
```

返回结果如图 5-8 所示。

```
Run:  url_get
C:\Users\Administrator\AppData\Local\Programs\Python\Python39\python.exe E:/全栈接口书稿/
华软盛科技有限公司
\u534e\u8f6f\u76db\u79d1\u6280\u6709\u9650\u516c\u53f8
URL解码结果:
    中图网检索: \u534e\u8f6f\u76db\u79d1\u6280\u6709\u9650\u516c\u53f8

 华软盛科技有限公司


Process finished with exit code 0
```

图 5-8　GET 查询请求返回结果

2. 通过字典方式传参

当接口请求需要传递的参数较多且将参数附在 URL 中进行传递时，参数不够直观。可以将参数以字典的方式进行存储，当发送 GET 方法进行接口请求时，使用 params 参数进行传递。修改文件 url_get.py 中的代码，在中图网首页对关键词“全栈 UI 自动化测试”进行搜索，请求代码如下：

```
//chapter05/url_get_param.py

#导入第三方包 requests、urllib.parse、re
import requests
import urllib.parse
import re

#查询文本
text = '全栈 UI 自动化测试实战'

#将汉字文本转换为 unicode 编码
urltext = text.encode('unicode - escape').decode()

#将传递参数存入字典
dict = {
    'stp':urltext,
    'sCate':'0'
}

#使用中图网进行关键字查询
url = 'http://www.bookschina.com/book_find2/'
```

```
#发送 GET 请求,通过 params 进行传参,将返回结果存入变量 response
response = requests.get(url = url,params = dict)

#输出结果,title 标题中包含转码后的查询关键字
#使用正则表达式提取结果中的标题
pat = re.compile('<title>' + '(.*?)' + '</title>',re.S)
result = pat.findall(response.text)

#由于提取结果中包含汉字乱码,所以需要对结果进行解码处理
unurltext = urllib.parse.unquote(result[0])
print('URL 解码结果:' + unurltext)

#对提取结果查询关键字进行切片处理
sptext = unurltext.split(':')
#对切片后列表中的关键字 unicode 码进行解码处理
detext = sptext[1].encode().decode("unicode_escape")
#输出最终结果
print(detext)
```

返回结果如图 5-9 所示。

```
Run:  url_get_param
C:\Users\Administrator\AppData\Local\Programs\Python\Python39\python.exe E:/全栈接口书稿/E
URL解码结果:
    中图网检索: \u5168\u6808UI\u81ea\u52a8\u5316\u6d4b\u8bd5\u5b9e\u6218

 全栈UI自动化测试实战


Process finished with exit code 0
```

图 5-9 通过 params 传参请求返回结果

3. 其他常见传递参数

GET 方法接口请求还可以传递 URL、params 参数之外的其他参数,例如 Headers、timeout 等参数。

网站基于访问安全考虑,通常会在非登录验证接口加入访问验证,以避免工具对网站进行恶意访问。通过浏览器访问网站时,浏览器会在访问接口中自动加入客户端信息。当服务器端未开启对访问客户端信息验证时,接口请求脚本仅需 URL 即可完成访问;当服务器端开启了客户端信息验证时,在接口请求脚本 Headers 中需要加入 User-Agent 参数。有些网站也会在 Headers 中加入自定义参数,当使用脚本进行测试访问时,需带上自定义 Headers 参数。

访问中图网首页,发送 GET 方法接口请求需要带上客户端信息,请求代码如下:

```
//chapter05/url_get_header.py

#导入第三方包 requests
import requests
```

```
#定义 Headers 中需要传递的参数
Header = {
    'Host': 'www.bookschina.com',
    'Connection': 'keep-alive',
    'Upgrade-Insecure-Requests': '1',
    'User-Agent': 'Mozilla/5.0 (Windows NT 10.0; Win64; x64) AppleWebKit/537.36 (KHTML, like Gecko) Chrome/109.0.0.0 Safari/537.36',
    'Accept': 'text/html,application/xhtml+xml,application/xml;q=0.9,image/avif,image/webp,image/apng,*/*;q=0.8,application/signed-exchange;v=b3;q=0.9',
    'Referer': 'http://www.bookschina.com/RegUser/login.aspx',
    'Accept-Encoding': 'gzip, deflate',
    'Accept-Language': 'zh-CN,zh;q=0.9'
}

#访问中图网首页
url = 'http://www.bookschina.com/'

#发送 GET 请求,加入 Headers 参数,将返回结果存入变量 response
response = requests.get(url=url,headers=Header)

#输出结果
print(response.text)
```

返回结果如图 5-10 所示。

```
Run: url_get_header
<meta name="renderer" content="webkit|ie-comp|ie-stand">
<meta http-equiv="Expires" content="0" />
<title>中图网：网上书店，尾货特色书店，5万种特价书低至2折！</title>
<meta name="keywords" content="中图网，网上书店，书店，特价书，童书，特价图书，少儿图书,
<meta name="description" content="中图网：网上书店，创办于1998年，通过好书推荐、畅销书
<link href="//o.bookschina.com/css/reset.css" rel="stylesheet" type="text/css"
<link href="/css/common1.css?id=1901231" rel="stylesheet" type="text/css" />
4: Run   6: TODO   Terminal   Python Console
```

图 5-10 中图网首页请求返回结果

5.2.3 常见 Requests 响应参数

接口请求返回 Requests 响应对象,对象拥有部分属性及方法,用来满足请求目标。一些响应对象的常用属性及方法见表 5-2。

表 5-2 Requests 响应对象的常用属性及方法

参数	数据类型	作用
apparent_encoding	str(字符串型)	根据返回内容解析出来的字符编码,然后返回编码名称
close()	method	关闭与服务器的连接,仅对建立长链接的对象起作用
Cookies	RequestsCookieJar	获取返回 Cookie 值
content	bytes(字节型)	以 bytes 型返回原始响应体
elapsed	datetime.timedelta	返回从发送请求到接收到响应所花费的时长

续表

参数	数据类型	作用
encoding	str(字符串型)	返回用于解码 response.content 的编码方式,默认按照"ISO-8859-1"进行解码
history	list(列表)	访问历史记录(重定向记录)
headers	dict(字典)	返回 HTTP 响应头参数
is_permanent_redirect	bool(布尔型)	如果响应是永久重定向的 URL,则返回值为 True,否则返回值为 False
is_redirect	bool(布尔型)	如果响应已重定向,则返回值为 True,否则返回值为 False
iter_content()	method	以字节方式对响应数据进行迭代,当可以进行解码时返回
iter_lines()	method	以行方式对响应数据进行迭代
links	dict(字典)	返回标题链接
json()	method	返回转换成 JSON 格式的数据
next		返回重定向链中下一个请求的 PreparedRequest 对象
ok	bool(布尔型)	判断协议状态码是否小于 400,如果小于 400,则返回值为 True,如果不小于 400,则返回值为 False
raise_for_status()	method	抛出状态异常错误
raw	Object(对象)	返回请求后得到此响应对象的原始响应体对象,urllib 的 HTTPResponse 对象,通常使用 response.raw.read()进行读取
reason	str(字符串型)	返回 HTTP 响应状态码相对应的描述文本,例如 OK、Not Found 等
request	requests.models.PreparedRequest	返回对应的请求对象
status_code	int(整型)	返回 HTTP 请求常响应协议状态码,例如 200、302、404、500 等
text	str(字符串型)	返回经过编码后的文本内容
url	str(字符串型)	返回请求的真实 URL 网址

Requests 响应常用属性及方法的请求代码如下:

```
//chapter05/url_get_response.py

#导入第三方包 requests
import requests

#访问百度首页
url = 'https://www.baidu.com/'

#发送 GET 请求,将返回结果存入变量 response
response = requests.get(url)

#输出结果,此处仅列举几个常用属性,更多的响应属性及方法可参见表 5-1 进行练习
print('返回接口请求中的 URL:',response.url)
```

```
print('返回协议状态码:',response.status_code)
print('返回响应对象编码:',response.apparent_encoding)
print('返回 Cookie 对象:',response.cookies)
print('返回响应 Headers:',response.headers)
```

返回结果如图 5-11 所示。

```
C:\Users\Administrator\AppData\Local\Programs\Python\Python39\python.exe E:/全栈接口书稿/
返回接口请求中的URL:  https://www.baidu.com/
返回协议状态码:  200
返回响应对象编码:  utf-8
返回Cookie对象:  <RequestsCookieJar[<Cookie BDORZ=27315 for .baidu.com/>]>
返回响应Headers:  {'Cache-Control': 'private, no-cache, no-store, proxy-revalidate, no-tr

Process finished with exit code 0
```

图 5-11　Requests 响应参数示例结果

5.3　基于 POST 方法的接口测试

HTTP 协议规定当 POST 请求提交数据时需要放在消息主体(Body)中发送。常见的消息主体数据格式有 4 种,在发送请求时,需要在 Headers 中的 Content-Type 字段中说明消息主体所采用的编码方式,服务器端接收到请求后会采用相应的方式进行解码,以确保数据传输的正确性。

POST 请求将所有数据放在消息主体中传输,无法在 URL 中看到传输数据,与 GET 方法传输参数相比,具有一定的数据隐藏效果,例如 B/S 架构软件中用户登录请求通常会使用 POST 方法进行登录账号和密码数据传输。从应用层数据传输角度看,这仍然是明文传输。当 POST 方法传输的参数有敏感信息时,需要将参数进行加密处理,以密文方式进行传输。

5.3.1　POST 方法参数解析

POST 方法请求以传输数据为主要使用场景,因此在请求时传递参数会根据 Headers 中的 Content-Type 字段确定消息主体的编码方式。在 api.py 文件中 POST 方法的构成如图 5-12 所示。

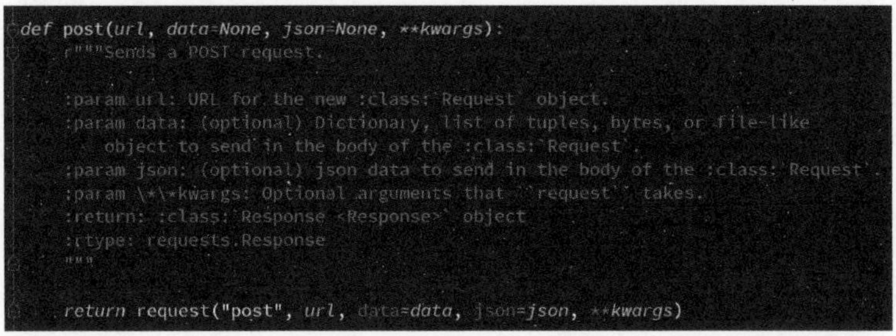

```
def post(url, data=None, json=None, **kwargs):
    r"""Sends a POST request.

    :param url: URL for the new :class:`Request` object.
    :param data: (optional) Dictionary, list of tuples, bytes, or file-like
        object to send in the body of the :class:`Request`.
    :param json: (optional) json data to send in the body of the :class:`Request`.
    :param \*\*kwargs: Optional arguments that ``request`` takes.
    :return: :class:`Response <Response>` object
    :rtype: requests.Response
    """

    return request("post", url, data=data, json=json, **kwargs)
```

图 5-12　POST 请求参数

POST 方法使用的参数同样源于 request 方法，感兴趣的读者可以通过查看 api. py 文档中 Request 方法的传递参数集进行进一步了解。POST 方法常用的传递参数如下。

(1) url 参数：Request 对象的必填参数，用于指明接口请求目标地址。

(2) data 参数：此参数为二选一参数，当 POST 方法发送非 JSON 编码主体参数时此项为必填参数。当请求中有大量数据需要传递时使用。

(3) json 参数：此参数为二选一参数，当 POST 方法发送 JSON 编码主体参数时此项为必填参数，请求中有大量 JSON 数据需要传递时使用。

(4) ** kwargs 参数：此参数为可选参数，可以传递 url 和 data/json 参数之外的其他类型参数，例如 cookies、headers、timeout 等接口请求中所需的参数。

POST 请求的 4 种消息主体见表 5-3。

表 5-3　POST 请求的 4 种消息主体

Content-Type	参数规则	示　例
multipart/form-data	数据以键-值对形式存在，使用分隔符 boundary 处理成一条消息 既可以上传文件，也可以上传参数	--boundary 分隔线 boundary-- Content-Disposition：form-data； name="file"； filename="test. txt" --boundary 分隔线 boundary--
x-www-form-urlencoded	数据以键-值对形式存在，是默认的 MIME 内容编码类型 只能上传键-值对，不能用于文件上传，参数之间以 & 符间隔	username=Thinkerbang& password=1234

(raw)
application/text
application/json
application/xml
application/html
	可以上传任意格式的文本，常见格式有 text、json、xml、html	(application/json 示例)
		{
		username：'Thinkerbang'，
		password：'1234'
		}

application/octet-stream	只可以上传二进制数据，通常用来上传文件 没有键-值对，一次只能上传一个文件	-- boundary 分隔线 boundary-- Content-Disposition：form-data； name="file"； filename="test. gif" Content-Type： application/octet-stream GIF89…二进制数据… -- boundary 分隔线 boundary--

5.3.2 消息主体：Data 类型实例

B/S 架构的软件在访问时，登录请求通常使用 POST 方法来完成。在软件操作过程中，涉及新增、修改等操作，通常使用 POST 方法。本节实例使用孔夫子旧书网进行演示，在 5.1.2 节 api_post.py 代码实现登录的基础上，对“个人中心”信息进行更新操作，请求代码如下：

```
//chapter05/api_post_data.py

import requests


# ------ 系统登录模块 start -------
url = 'https://login.kongfz.com/Pc/Login/account'

#将请求 Headers 以字典的方式存入变量 headers
headers = {
    "Connection":"keep-alive",
    "Content-Length":"150",
    "sec-ch-ua":"\" Not A;Brand\";v=\"99\", \"Chromium\";v=\"100\", \"Google Chrome\
";v=\"100\"",
    "sec-ch-ua-mobile":"?0",
    "User-Agent":"Mozilla/5.0 (Windows NT 6.1; Win64; x64) AppleWebKit/537.36 (KHTML, like
Gecko) Chrome/100.0.4896.75 Safari/537.36",
    "X-Tingyun-Id":"OHEPtRD8z8s;r=325222859",
    "Content-Type":"application/x-www-form-urlencoded; charset=UTF-8",
    "Accept":"application/json, text/javascript, */*; q=0.01",
    "X-Requested-With":"XMLHttpRequest",
    "Sec-Fetch-Site":"same-origin",
    "Sec-Fetch-Mode":"cors",
    "Sec-Fetch-Dest":"empty",
    "Host":"login.kongfz.com"
}

#将 Body 以字典的方式存入变量 data
data = {
    "loginName":"Thinkerbang",        #此处为用户名参数,读者需要自行替换
    "loginPass":"123456",
    "captchaCode":"",
    "autoLogin":"0",
    "newUsername":"",
    "returnUrl":"https://user.kongfz.com/index.html",
    "captchaId":""
    }

#发送 POST 请求,将返回结果存入变量 response
response = requests.post(url=url,headers=headers,data=data)
```

```
#返回值类型是 JSON 字符串,因此使用 json()方法进行输出
print(response.json())
# ------ 系统登录模块 end -------

# ------ 个人信息修订模块 start -------
url_info = 'https://user.kongfz.com/User/perPro/update/'

#将请求 Headers 以字典的方式存入变量 header_info
header_info = {
    "Host": "user.kongfz.com",
    "Connection": "keep-alive",
    "Content-Length": "86",
    "sec-ch-ua": "\"Not_A Brand\";v=\"99\", \"Google Chrome\";v=\"109\", \"Chromium\";
v=\"109\"",
    "Accept": "text/plain, */*; q=0.01",
    "Content-Type": "application/x-www-form-urlencoded",
    "X-Requested-With": "XMLHttpRequest",
    "sec-ch-ua-mobile": "?0",
    "User-Agent": "Mozilla/5.0 (Windows NT 10.0; Win64; x64) AppleWebKit/537.36 (KHTML,
like Gecko) Chrome/109.0.0.0 Safari/537.36",
    "sec-ch-ua-platform": "\"Windows\"",
    "Origin": "https://user.kongfz.com",
    "Sec-Fetch-Site": "same-origin",
    "Sec-Fetch-Mode": "cors",
    "Sec-Fetch-Dest": "empty",
    "Referer": "https://user.kongfz.com/person/person_info.html",
    "Accept-Encoding": "gzip, deflate, br",
    "Accept-Language": "zh-CN,zh;q=0.9"
}

#将 Body 以字典的方式存入变量 data_info
data_info = {
    'pic':'8284%2F3108284.jpg',
    'sex':'man',
    'qqNum':'359407130',
    'birthday':'',
    'area':'',
    'sign':'Thinkerbang2',          #修改个人信息中的"个性签名"内容
    'intro':''
}
#发送 POST 请求,将返回结果存入变量 response_info,由于有登录操作,所以需要将登录后的
#Cookies 传入新的请求
response_info = requests.post(url=url_info,data=data_info,headers=header_info,Cookies=
response.cookies)

#返回值类型是 JSON 字符串,也可以使用 text 属性进行文本输出
print(response_info.text)

# ------ 个人信息修订模块 end -------
```

返回结果如图 5-13 所示。

```
C:\Users\Administrator\AppData\Local\Programs\Python\Python39\python.exe E:/全栈接口书稿/Bookc
{'status': True, 'result': {'userId': 3108284, 'username': '忧伤的黑', 'nickname': '忧伤的黑',
{"status":true,"data":[]}

Process finished with exit code 0
```

图 5-13 修改个人信息请求返回结果

5.3.3 消息主体：JSON 类型实例

POST 请求通过信息主体传递参数的第 2 种方法是使用 JSON 格式。当主体数据为字典格式时，使用 Data 和 JSON 参数都可以完成传递。使用 Data 参数时会将主体数据转换为 JSON 格式后进行传递，请求代码如下：

```
//chapter05//api_post_json.py

import requests
import json


url = 'http://httpbin.org/post'

#将请求 Headers 以字典的方式存入变量 headers
#Content - Type 属性指定 application/json 类型
headers = {

    "User - Agent":"Mozilla/5.0 (Windows NT 6.1; Win64; x64) AppleWebKit/537.36 (KHTML, like
Gecko) Chrome/100.0.4896.75 Safari/537.36",
    "Content - Type":"application/json; charset = UTF - 8",
    "Accept":"application/json, text/javascript, */*; q = 0.01",
}

#将 Body 以字典的方式存入变量 data
data = {
    "username":"Thinkerbang",
    "password":"123456"
        }

#将字典格式参数转换成 JSON 格式
json_param = json.dumps(data)

#发送 POST 请求,使用 data 进行参数传递
response = requests.post(url = url,headers = headers,data = json_param)

#发送 POST 请求,使用 JSON 进行参数传递,json 参数自动将字典类型转换成 JSON 格式
response2 = requests.post(url = url,headers = headers,json = data)
```

```
#由于返回值类型是 JSON 字符串,因此使用 json()方法进行输出
print(response.json())

print(response2.json())
```

返回结果如图 5-14 所示。

```
Run: api_post_json
C:\Users\Administrator\AppData\Local\Programs\Python\Python39\python.exe E:/全栈接口书稿/
{'args': {}, 'data': '{"username": "Thinkerbang", "password": "123456"}', 'files': {},
{'args': {}, 'data': '{"username": "Thinkerbang", "password": "123456"}', 'files': {},

Process finished with exit code 0
```

图 5-14 传递 JSON 参数请求返回结果

在 api_post_json. py 文件中引入了 JSON 数据处理包,当在接口请求中涉及 JSON 数据时用来对数据进行预处理,常用的处理方法见表 5-4。

表 5-4 常用 JSON 数据处理方法

方法名称	作用	示例
json. dumps()	用于将字典类型的数据转换成字符串类型	import json data = {'user':'Tom','sn':'1234'} jsObj = json. dumps(data)
	son. dumps()参数: r. json():JSON 格式数据转换; indent= True:JSON 格式数据序列化; ensure_ascii=False:JSON 格式数据中文处理	import json json. dumps(r. json(), indent=True, ensure_ascii=False)
json. dump()	用于将字典类型的数据转换成字符串类型,并写入 JSON 文件中	import json data = {'user':'Tom','sn':'1234'} filename = 'data. json' json. dump(data, open(filename, "w"))
json. loads()	用于将字符串类型的数据转换成字典类型	import json data= {'user':'Tom','sn':'1234'} jsDumps = json. dumps(data) jsLoads = json. loads(jsDumps)
json. load()	用于从 JSON 文件中读取数据,读取数据为字符串类型	import json filename = ('data. json') jsObj = json. load(open(filename))

5.3.4 消息主体:XML 类型实例

XML 扩展标记语言属于质量级数据交互格式。在 JSON 数据格式出现之前,XML

由于格式统一、符合数据传输标准曾被广泛使用，但是当使用 XML 格式做数据传输时其缺点也比较明显，例如文本格式复杂、体量大、占带宽，以及需要使用大量代码进行解析等。作为 POST 方法信息主体格式，XML 至今仍在部分项目接口中使用。请求代码如下：

```
//chapter05//api_post_xml.py

import requests


url = 'http://www.testingedu.com.cn:8081/inter/SOAP?wsdl'

#将请求 Headers 以字典的方式存入变量 headers
#Content-Type 属性指定 text/xml 类型
headers = {

    "User-Agent":"Mozilla/5.0 (Windows NT 6.1; Win64; x64) AppleWebKit/537.36 (KHTML, like Gecko) Chrome/100.0.4896.75 Safari/537.36",
    "Content-Type":"text/xml; charset=UTF-8",
    "token":"33bd50b3eb55439f89e328693fc02997",
    "cookie":"userid=12955; token=33bd50b3eb55439f89e328693fc02997; type=SOAP",
}

#将 Body 以字符串的方式存入变量 data
data = "<soapenv:Envelope xmlns:soapenv=\"http://schemas.xmlsoap.org/soap/envelope/\" xmlns:soap=\"http://soap.testingedu.com/\"><soapenv:Header/><soapenv:Body><soap:login><arg0>Will</arg0><arg1>123456</arg1></soap:login></soapenv:Body></soapenv:Envelope>"


#发送 POST 请求，使用 data 进行参数传递
response = requests.post(url=url,headers=headers,data=data)

#输出响应结果
print(response.text)
print("返回协议状态码:",response.status_code)
```

返回结果如图 5-15 所示。

```
Run: api_post_xml
C:\Users\Administrator\AppData\Local\Programs\Python\Python39\python.exe E:/全栈接口书稿
<?xml version='1.0' encoding='UTF-8'?><S:Envelope xmlns:S="http://schemas.xmlsoap.org/
返回协议状态码: 200

Process finished with exit code 0
```

图 5-15 传递 XML 参数请求返回结果

5.3.5 消息主体：File 类型实例

POST 方法可用于消息主体参数传递，File 类型是一种比较特殊的存在。文件传递方

式与文件类型、文件大小有关。本节使用《全栈 UI 自动化测试实战》一书 7.3.1 节文件上传实例进行演示。网址为 http://sahitest.com/demo/php/fileUpload.php，请求代码如下：

```
//chapter05//api_post_file.py

import requests


url = 'http://sahitest.com/demo/php/fileUpload.php'

#将请求 Headers 以字典的方式存入变量 headers
#将 Content-Type 属性注释掉

headers = {
    'Host': 'sahitest.com',
    'Connection': 'keep-alive',
    'Content-Length': '397',
    'Cache-Control': 'max-age=0',
    'Upgrade-Insecure-Requests': '1',
    'Origin': 'http://sahitest.com',
#'Content-Type': 'multipart/form-data; boundary=----WebKitFormBoundarylTdGTedZL9dWTj6q',
    'User-Agent': 'Mozilla/5.0 (Windows NT 10.0; Win64; x64) AppleWebKit/537.36 (KHTML, like
Gecko) Chrome/110.0.0.0 Safari/537.36',
    'Accept': 'text/html,application/xhtml+xml,application/xml;q=0.9,image/avif,image/
webp,image/apng,*/*;q=0.8,application/signed-exchange;v=b3;q=0.7',
    'Referer': 'http://sahitest.com/demo/php/fileUpload.htm',
    'Accept-Encoding': 'gzip, deflate',
    'Accept-Language': 'zh-CN,zh;q=0.9'
    }

#将抓取到的消息主体转换成 files 与 data 参数

files={
        "file": open("test.txt", "rb"),
        "Content-Type": "text/plain",
        "Content-Disposition": "form-data",
        "filename": "test.txt"
    }

data={
        "multi": "false",
        "submit":"Submit Single"
    }

#发送 POST 请求，使用 data、files 分别进行参数传递
response = requests.post(url=url,headers=headers,data=data,files=files)

#输入响应结果
print(response.text)
```

返回结果如图 5-16 所示。

```
C:\Users\Administrator\AppData\Local\Programs\Python\Python39\python.exe E:/全栈接口书稿/
<html>
<body>
Type: <span id='type'>Single</span><br />Upload: <span id='file'>test.txt</span><br />F
<a href="fileUpload.htm">Back to form</a>
</body>
</html>

Process finished with exit code 0
```

图 5-16 上传文件请求返回结果

示例代码中涉及抓取上传消息主体参数的处理，此处进行数据转换说明。

第 1 步，在浏览器中打开网址 http://sahitest.com/demo/php/fileUpload.php，进行文件上传操作，使用 Fiddler 同步抓取接口信息，请求消息主体如图 5-17 所示。

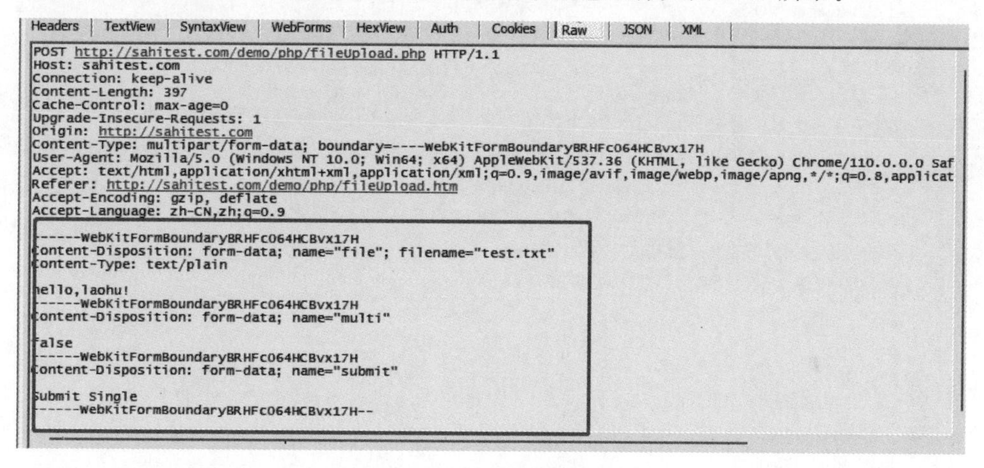

```
POST http://sahitest.com/demo/php/fileUpload.php HTTP/1.1
Host: sahitest.com
Connection: keep-alive
Content-Length: 397
Cache-Control: max-age=0
Upgrade-Insecure-Requests: 1
Origin: http://sahitest.com
Content-Type: multipart/form-data; boundary=----WebKitFormBoundaryBRHFcO64HCBvx17H
User-Agent: Mozilla/5.0 (Windows NT 10.0; Win64; x64) AppleWebKit/537.36 (KHTML, like Gecko) Chrome/110.0.0.0 Saf
Accept: text/html,application/xhtml+xml,application/xml;q=0.9,image/avif,image/webp,image/apng,*/*;q=0.8,applicat
Referer: http://sahitest.com/demo/php/fileUpload.htm
Accept-Encoding: gzip, deflate
Accept-Language: zh-CN,zh;q=0.9

------WebKitFormBoundaryBRHFcO64HCBvx17H
Content-Disposition: form-data; name="file"; filename="test.txt"
Content-Type: text/plain

hello,laohu!
------WebKitFormBoundaryBRHFcO64HCBvx17H
Content-Disposition: form-data; name="multi"

false
------WebKitFormBoundaryBRHFcO64HCBvx17H
Content-Disposition: form-data; name="submit"

Submit Single
------WebKitFormBoundaryBRHFcO64HCBvx17H--
```

图 5-17 上传文件抓包结果

第 2 步，Request 请求区被切换为 WebForms 选项卡，以表单方式查看消息主体传递参数，如图 5-18 所示。

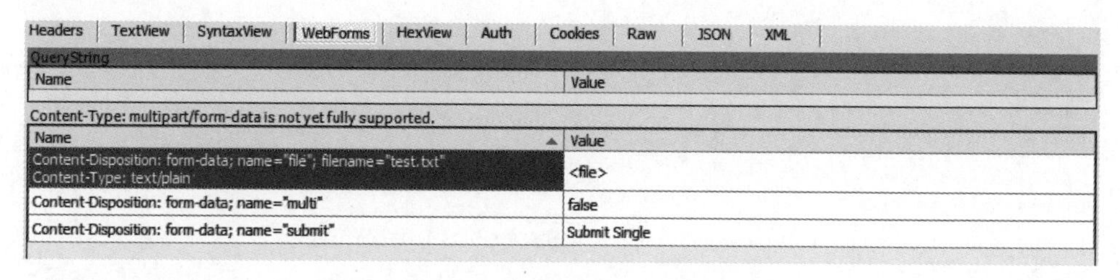

QueryString

Name	Value

Content-Type: multipart/form-data is not yet fully supported.

Name	Value
Content-Disposition: form-data; name="file"; filename="test.txt" Content-Type: text/plain	<file>
Content-Disposition: form-data; name="multi"	false
Content-Disposition: form-data; name="submit"	Submit Single

图 5-18 消息主体参数以表单显示结果

第 3 步，第 1 项中包含的 4 个参数是 files 参数的组成要素，将参数转换为字典格式，其中 file 子参数主体使用 open()方法引入待传文件。第 2、第 3 项中的参数是 data 参数的组成要素，将参数转换为字典格式，转换结果见 api_post_file.py。

5.4 接口测试常用方法

5.4.1 Cookies 的传递

5.3.2 节中的 api_post_data.py 文件中的代码修订了个人信息接口，需要用户登录将返回的 Cookies 信息传递进新的请求，代码未做函数化处理，因此不涉及参数的获取与传递。将用户登录及更改个人信息接口代码转换为方法调用方式，请求代码如下：

```
//chapter05//api_Cookies.py

import requests

def login():
    url = 'https://login.kongfz.com/Pc/Login/account'
    header = {
        'User - Agent': 'Mozilla/5.0 (Windows NT 6.1; Win64; x64; rv:70.0) Gecko/20100101
Firefox/70.0',
        'Content - Type': 'application/x - www - form - urlencoded; charset = UTF - 8',
        'X - Requested - With': 'XMLHttpRequest',
        'X - Tingyun - Id': 'OHEPtRD8z8s;r = 500843061',
        'Origin': 'https://login.kongfz.com',
        'Referer': 'https://login.kongfz.com/'

    }
    body = {
        'loginName': 'thinkerbang',         #此处为用户名参数，读者需要自行替换
        'loginPass': '123456',
        'captchaCode': '',
        'autoLogin': '0',
        'newUsername': '',
        'returnUrl': '',
        'captchaId': ''
    }
    r = requests.post(url = url, headers = header, data = body)
    print(r.json())
    return r.cookies

def mod_info(cook):
    url_info = 'https://user.kongfz.com/User/perPro/update/'

    #将请求 Headers 以字典的方式存入变量 header_info
    header_info = {
        "Host": "user.kongfz.com",
        "Connection": "keep - alive",
        "Content - Length": "86",
```

```
        "sec-ch-ua": "\"Not_A Brand\";v=\"99\", \"Google Chrome\";v=\"109\", \"Chromium\";v=\"109\"",
        "Accept": "text/plain, */*; q=0.01",
        "Content-Type": "application/x-www-form-urlencoded",
        "X-Requested-With": "XMLHttpRequest",
        "sec-ch-ua-mobile": "?0",
        "User-Agent": "Mozilla/5.0 (Windows NT 10.0; Win64; x64) AppleWebKit/537.36 (KHTML, like Gecko) Chrome/109.0.0.0 Safari/537.36",
        "sec-ch-ua-platform": "\"Windows\"",
        "Origin": "https://user.kongfz.com",
        "Sec-Fetch-Site": "same-origin",
        "Sec-Fetch-Mode": "cors",
        "Sec-Fetch-Dest": "empty",
        "Referer": "https://user.kongfz.com/person/person_info.html",
        "Accept-Encoding": "gzip, deflate, br",
        "Accept-Language": "zh-CN,zh;q=0.9"
    }

    #将Body以字典的方式存入变量data_info
    data_info = {
        'pic': '8284%2F3108284.jpg',
        'sex': 'man',
        'qqNum': '359407130',
        'birthday': '',
        'area': '',
        'sign': 'Thinkerbang2',        #修改个人信息中的"个性签名"内容
        'intro': ''
    }
    #发送POST请求,将返回结果存入变量response_info,Cookies信息通过形参cook传入
    response_info = requests.post(url=url_info, data=data_info, headers=header_info, Cookies=cook)

    #返回值类型是JSON字符串,也可以使用text属性进行文本输出
    print(response_info.text)

#调用login()方法,将返回的Cookies信息存入cook变量
cook = login()

#调用修改个人信息方法
mod_info(cook)
```

返回结果见5.3.2节的执行结果,如图5-13所示。

在api_Cookies.py文件中两个接口方法之间存在耦合性,在基于测试框架维护测试脚本时,通常使用RequestsCookieJar对象进行Cookies参数传递,请求代码如下:

```
//chapter05//api_Cookies_obj.py


import requests
#声明全局变量
```

```
global cook

# 将变量存入 RequestsCookieJar 对象容器，用来传递 Cookies 参数
cook = requests.cookies.RequestsCookieJar()

def login():
    url = 'https://login.kongfz.com/Pc/Login/account'
    header = {
        'User - Agent': 'Mozilla/5.0 (Windows NT 6.1; Win64; x64; rv:70.0) Gecko/20100101
Firefox/70.0',
        'Content - Type': 'application/x - www - form - urlencoded; charset = UTF - 8',
        'X - Requested - With': 'XMLHttpRequest',
        'X - Tingyun - Id': 'OHEPtRD8z8s;r = 500843061',
        'Origin': 'https://login.kongfz.com',
        'Referer': 'https://login.kongfz.com/'

    }
    body = {
        'loginName': 'thinkerbang',          # 此处为用户名参数，读者需要自行替换
        'loginPass': '123456',
        'captchaCode': '',
        'autoLogin': '0',
        'newUsername': '',
        'returnUrl': '',
        'captchaId': ''
    }
    r = requests.post(url = url, headers = header, data = body)
    print(r.json())

    # 引入全局变量 cook
    global cook

    # 将用户登录后的 Cookies 信息存入变量
    cook = r.cookies

def mod_info(cook):
    url_info = 'https://user.kongfz.com/User/perPro/update/'

    # 将请求 Headers 以字典的方式存入变量 header_info
    header_info = {
        "Host": "user.kongfz.com",
        "Connection": "keep - alive",
        "Content - Length": "86",
        "sec - ch - ua": "\"Not_A Brand\";v = \"99\", \"Google Chrome\";v = \"109\", \"
Chromium\";v = \"109\"",
        "Accept": "text/plain, */*; q = 0.01",
        "Content - Type": "application/x - www - form - urlencoded",
        "X - Requested - With": "XMLHttpRequest",
        "sec - ch - ua - mobile": "?0",
```

```
        "User-Agent": "Mozilla/5.0 (Windows NT 10.0; Win64; x64) AppleWebKit/537.36 (KHTML, like Gecko) Chrome/109.0.0.0 Safari/537.36",
        "sec-ch-ua-platform": "\"Windows\"",
        "Origin": "https://user.kongfz.com",
        "Sec-Fetch-Site": "same-origin",
        "Sec-Fetch-Mode": "cors",
        "Sec-Fetch-Dest": "empty",
        "Referer": "https://user.kongfz.com/person/person_info.html",
        "Accept-Encoding": "gzip, deflate, br",
        "Accept-Language": "zh-CN,zh;q=0.9"
    }

    #将Body以字典的方式存入变量data_info
    data_info = {
        'pic': '8284%2F3108284.jpg',
        'sex': 'man',
        'qqNum': '359407130',
        'birthday': '',
        'area': '',
        'sign': 'Thinkerbang2',        #修改个人信息中的"个性签名"内容
        'intro': ''
    }
    #发送POST请求,将返回结果存入变量response_info,Cookies信息通过形参cook传入
    response_info = requests.post(url=url_info, data=data_info, headers=header_info, Cookies=cook)

    #返回值类型是JSON字符串,也可以使用text属性进行文本输出
    print(response_info.text)

#调用login()方法,将返回的Cookies信息存入cook变量
login()

#调用修改个人信息方法
mod_info(cook)
```

返回结果见5.3.2节的执行结果,如图5-13所示。

5.4.2 身份认证

HTTP有3种身份认证方式:基础身份认证、netrc认证、摘要式身份认证。

基础身份认证是HTTP1.0提出的认证方式,客户端对于每个需要授权访问的请求,通过提供用户名和密码进行认证,示例代码如下:

```
//chapter05//api_auth.py


from requests.auth import HTTPBasicAuth
import requests
```

```
url = 'http://192.168.1.42/index.html'
header = {
    'Authorization': 'Basic dXNlcjoxMjM0NTY='
    }
# ------------ 第1种基础身份认证传输 --------------------

r = requests.get(url=url,headers=header,auth=HTTPBasicAuth('user','123456'))

#输出返回主体及状态码
print("第1种基础认证返回主体:",r.text)
print("第1种基础认证返回状态码:",r.status_code)

# ------------ 第2种基础身份认证传输 --------------------

url2 = 'http://user:123456@192.168.1.42/index.html'

r2 = requests.get(url=url2,headers=header)

#输出返回主体及状态码
print("第2种基础认证返回主体:",r2.text)
print("第2种基础认证返回状态码:",r2.status_code)
```

返回结果如图5-19所示。

```
Run: api_auth
C:\Users\Administrator\AppData\Local\Programs\Python\Python39\python.exe
第1种基础认证返回主体:  test
第1种基础认证返回状态码:  200
第2种基础认证返回主体:  test
第2种基础认证返回状态码:  200

Process finished with exit code 0
```

图5-19 基础身份认证返回结果

5.4.3 生成测试执行报告

测试结果的输出通常以HTML页面或文档方式进行图文展示。在unittest测试框架部分会引入HTML页面以展示测试结果。本节引入文档,以便展示测试执行结果。

本节引入reportlab库,以便生成报告。reportlab是Python的一个标准库,可以生成图文形式的文档。

在命令行下输入pip install -i https://pypi.tuna.tsinghua.edu.cn/simple python-office -U命令后便可安装reportlab,安装过程如图5-20所示。

安装完成后,在Python下输入import reportlab命令进行验证。

首先,准备生成测试执行报告所需的基础图表类文件,代码如下:

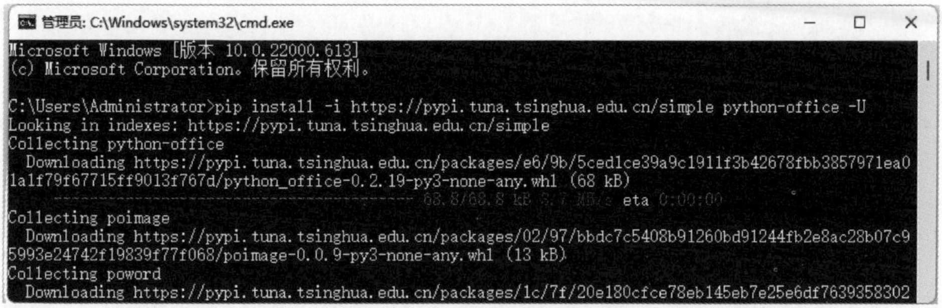

```
管理员: C:\Windows\system32\cmd.exe
Microsoft Windows [版本 10.0.22000.613]
(c) Microsoft Corporation。保留所有权利。

C:\Users\Administrator>pip install -i https://pypi.tuna.tsinghua.edu.cn/simple python-office -U
Looking in indexes: https://pypi.tuna.tsinghua.edu.cn/simple
Collecting python-office
  Downloading https://pypi.tuna.tsinghua.edu.cn/packages/e6/9b/5ced1ce39a9c1911f3b42678fbb3857971ea0
1a1f79f67715ff9013f767d/python_office-0.2.19-py3-none-any.whl (68 kB)
     ---------------------------------------- 68.8/68.8 kB 3.7 MB/s eta 0:00:00
Collecting poimage
  Downloading https://pypi.tuna.tsinghua.edu.cn/packages/02/97/bbdc7c5408b91260bd91244fb2e8ac28b07c9
5993e24742f19839f77f068/poimage-0.0.9-py3-none-any.whl (13 kB)
Collecting poword
  Downloading https://pypi.tuna.tsinghua.edu.cn/packages/1c/7f/20e180cfce78eb145eb7e25e6df7639358302
```

图 5-20 reportlab 的安装

```
//chapter05//report_Graphs.py

from reportlab.pdfbase import pdfmetrics
from reportlab.pdfbase.ttfonts import TTFont
from reportlab.platypus import Table, Paragraph
from reportlab.lib.styles import getSampleStyleSheet
from reportlab.lib import colors
from reportlab.graphics.charts.barcharts import VerticalBarChart
from reportlab.graphics.charts.legends import Legend
from reportlab.graphics.shapes import Drawing

#注册字体,此处使用微软雅黑
pdfmetrics.registerFont(TTFont('MYH', 'MSYHL.TTC'))

class Graphs():
    #绘制标题
    @staticmethod
    def draw_title(title: str):
        #获取样式表
        style = getSampleStyleSheet()
        #标题样式
        ct = style['Italic']
        #单独设置样式相关属性
        ct.fontName = 'MYH'                    #字体名
        ct.fontSize = 18                       #字体大小
        ct.leading = 50                        #行间距
        ct.textColor = colors.black            #字体颜色
        ct.alignment = 1                       #居中
        ct.bold = True
        #创建标题对应的段落,并且返回
        return Paragraph(title, ct)

    #绘制小标题
    @staticmethod
    def draw_little_title(title: str):
        #获取样式表
        style = getSampleStyleSheet()
```

```
        #标题样式
        ct = style['Normal']
        #设置样式属性
        ct.fontName = 'MYH'                    #字体名
        ct.fontSize = 15                       #字体大小
        ct.leading = 30                        #行间距
        ct.textColor = colors.black            #字体颜色
        ct.alignment = 1                       #对齐方式
        #创建标题对应的段落,并且返回
        return Paragraph(title, ct)

    #绘制普通段落内容
    @staticmethod
    def draw_text(text: str):
        #获取样式表
        style = getSampleStyleSheet()
        #获取普通样式
        ct = style['Normal']
        ct.fontName = 'MYH'
        ct.fontSize = 12
        ct.wordWrap = 'CJK'                    #设置自动换行
        ct.alignment = 0                       #居左对齐
        ct.firstLineIndent = 32                #第 1 行开头空格
        ct.leading = 25
        return Paragraph(text, ct)

    #绘制表格
    @staticmethod
    def draw_table( * args):
        #列宽度
        col_width = 80
        style = [
            ('FONTNAME', (0, 0), (-1, -1), 'MYH'),          #字体
            ('FONTSIZE', (0, 0), (-1, 0), 10),              #第 1 行的字体大小
            ('FONTSIZE', (0, 1), (-1, -1), 10),             #第 2 行到最后一行的字体大小
            ('BACKGROUND', (0, 0), (-1, 0), '#d5dae6'),     #设置第 1 行的背景颜色
            ('ALIGN', (0, 0), (-1, -1), 'CENTER'),          #第 1 行水平居中
            ('ALIGN', (0, 1), (-1, -1), 'CENTER'),
            #第 2 行到最后一行横向左对齐
            ('VALIGN', (0, 0), (-1, -1), 'MIDDLE'),         #所有表格纵向居中对齐
            #设置表格内文字的颜色
            ('TEXTCOLOR', (0, 0), (-1, -1), colors.darkslategray),
            #将表格框线设置为 grey 色,线宽为 0.5
            ('GRID', (0, 0), (-1, -1), 0.5, colors.grey),
        ]
        table = Table(args, colWidths = col_width, style = style)
        return table

    #创建图表
    @staticmethod
```

```
def draw_bar(bar_data: list, ax: list, items: list):
    drawing = Drawing(500, 250)
    bc = VerticalBarChart()
    bc.x = 45                                    #整个图表的x坐标
    bc.y = 45                                    #整个图表的y坐标
    bc.height = 200                              #图表的高度
    bc.width = 350                               #图表的宽度
    bc.data = bar_data
    bc.strokeColor = colors.black                #顶部和右边轴线的颜色
    bc.valueAxis.valueMin = 0                    #设置y坐标的最小值
    bc.valueAxis.valueMax = 10                   #设置y坐标的最大值
    bc.valueAxis.valueStep = 1                   #设置y坐标的步长
    bc.categoryAxis.labels.dx = 1
    bc.categoryAxis.labels.dy = -5
    bc.categoryAxis.labels.angle = 0
    bc.categoryAxis.categoryNames = ax

    #图示
    leg = Legend()
    leg.fontName = 'MYH'
    leg.alignment = 'right'
    leg.boxAnchor = 'ne'
    leg.x = 475
    leg.y = 240
    leg.dxTextSpace = 10
    leg.columnMaximum = 3
    leg.colorNamePairs = items
    drawing.add(leg)
    drawing.add(bc)

    return drawing
```

执行生成测试报告代码，示例代码中测试用例执行数据是为了演示使用 reportlab 工具包生成 PDF 文件而设置的，在测试框架章节会对生成过程进行封装处理，代码如下：

```
//chapter05//api_report.py

from chapter05.report_Graphs import Graphs
from reportlab.lib.pagesizes import letter
from reportlab.lib import colors
from reportlab.platypus import SimpleDocTemplate

if __name__ == '__main__':
    #创建内容对应的空列表
    content = list()

    #添加文档标题
    content.append(Graphs.draw_title('接口测试结果统计'))

    #添加文档说明文字
    content.append(Graphs.draw_text('本段文字是接口测试用例执行说明内容.'))
```

```
#添加小标题
content.append(Graphs.draw_title(''))
content.append(Graphs.draw_little_title('接口测试结果统计表'))

#添加接口用例执行结果统计数据表
data = [
    ('接口名称', '执行情况', '执行总次数', '通过次数', '失败次数'),
    ('登录接口', '已执行', '8', '8', '0'),
    ('首页查询接口', '已执行', '8', '7', '1'),
    ('信息添加接口', '已执行', '8', '5', '3')
]
content.append(Graphs.draw_table( * data))

#生成图表
content.append(Graphs.draw_title(''))
content.append(Graphs.draw_little_title('接口用例执行结果图示'))
b_data = [(8, 7, 5), (0, 1, 3)]
ax_data = ['UserLogin', 'IndexSelect', 'AddInfo']
leg_items = [(colors.green, '执行通过'),(colors.red, '执行失败') ]
content.append(Graphs.draw_bar(b_data, ax_data, leg_items))

#生成 PDF 文件
doc = SimpleDocTemplate('report.pdf', pagesize = letter)
doc.build(content)
```

执行结果生成的 PDF 文件如图 5-21 所示。

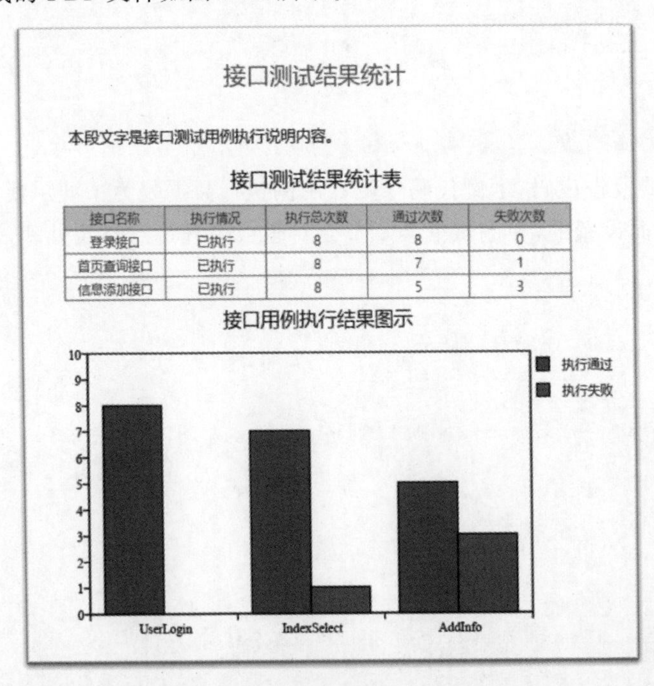

接口测试结果统计

本段文字是接口测试用例执行说明内容。

接口测试结果统计表

接口名称	执行情况	执行总次数	通过次数	失败次数
登录接口	已执行	8	8	0
首页查询接口	已执行	8	7	1
信息添加接口	已执行	8	5	3

接口用例执行结果图示

图 5-21　生成测试报告

工 具 篇

在接口测试过程中，一款合适的接口测试工具可以让测试工作事半功倍。主流接口测试工具可以看作一些优秀的接口测试框架的界面化结果，其本身包含着良好的接口测试流程及接口测试用例的管理等要素。工具篇主要介绍了 Postman、Apifox、JMeter 等几款接口测试中使用频率很高的主流接口测试工具，也可以作为软件研发团队在接口测试环境的解决方案。

第 6 章

CHAPTER 6

接口测试工具：Postman

本章主要介绍接口测试工具 Postman 的使用方法及其在做接口测试时的相关知识。一个项目的前台和后台是分开管理的，前后台流程和数据的交互则是通过接口传输来完成的。测试人员在验证数据传输的正确性时大多数情况下是从前端页面入手的，因此开发人员将很多边界及异常操作放在前端验证，例如输入值长度验证。当前端页面约束因为一些原因失效后，异常数据会通过接口直接传入服务器端，服务器端若未对传入数据添加相关约束，则异常数据的传入有可能会导致功能失效等严重后果。接口测试可以有效地验证此层面的问题，而一款易用的接口测试工具会对接口验证工作带来诸多便利。

6.1 Postman 介绍

Postman 是一个接口测试工具，在做接口测试的时候，Postman 相当于一个客户端，可以模拟用户发起的各类 HTTP 请求，将请求数据发送至服务器端，获取对应的响应结果。通过响应结果来验证结果数据是否和预期值相匹配，确保开发人员能够及时处理接口中存在的缺陷问题，保证产品上线之后的稳定性和安全性。Postman 主要是用来模拟各种 HTTP 请求的，例如 GET 请求、POST 请求等，Postman 与浏览器的区别在于有的浏览器不能输出 JSON 格式，而 Postman 可以更直观地呈现接口返回的结果。

无论是接口调试还是接口测试，Postman 都是一款很优秀的工具，比 Postman 发布较晚的一些接口测试工具框架设计中都有对 Postman 框架借鉴的身影，甚至很多接口测试工具在宣传文案中也在与 Postman 对标。

6.1.1 Postman 界面

Postman 安装后第 1 次使用时需要注册账号，读者需要自行注册一个账号，后面在 Newman 的使用时还会用到。登录后可以进入软件主界面，如图 6-1 所示。

Postman 工具按功能进行划分，界面可以分为 7 个主要部分，具体功能模块划分如下。

(1) New 模块：通过左上角菜单中的 File→New 菜单项可以创建 request(请求)、

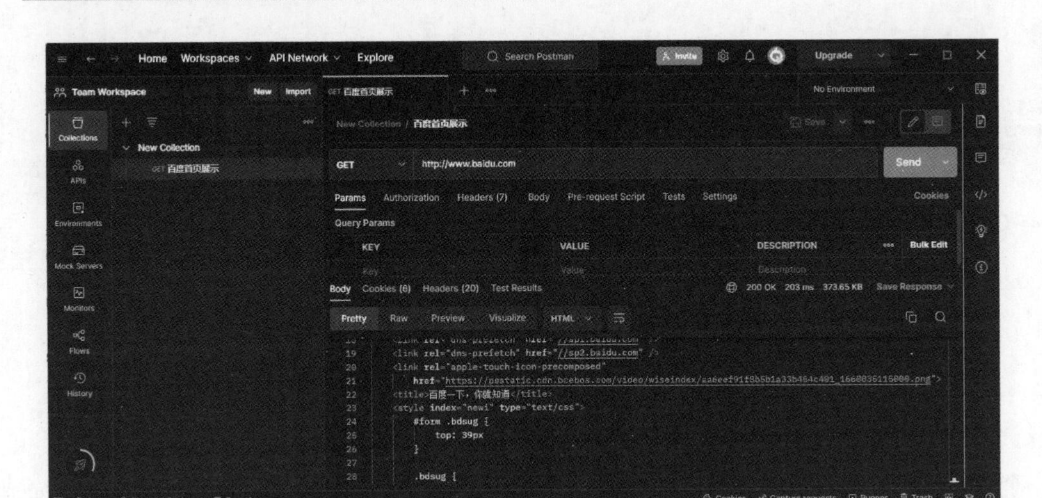

图 6-1　Postman 主界面

collection(请求集)、environment(环境变量)等多种测试组件,如图 6-2 所示。也可以在各功能选项卡中完成特定组件的新建操作。

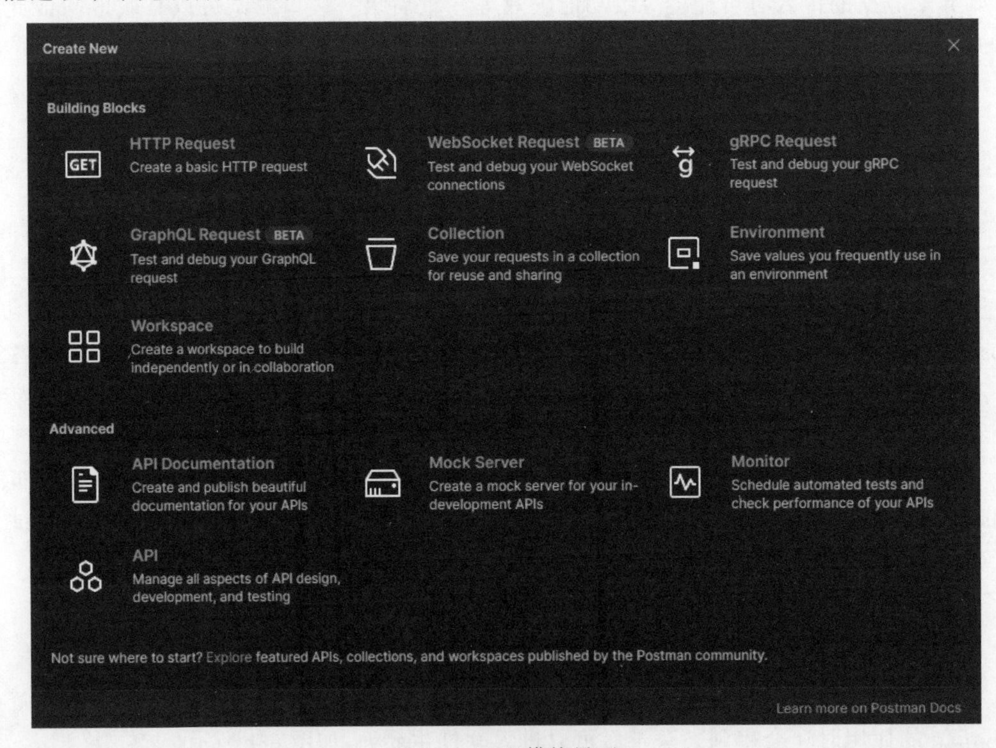

图 6-2　New 模块界面

(2) Import 模块:导入模块可以直接导入 Postman 请求集,以及 curl 等一些请求文件。

(3) Runner 模块：通过左上角菜单中的 File→NewRunnerTab 菜单项打开模块选项，该选项卡可执行请求，选择执行请求的 Collection 文件，并且添加执行参数，例如执行时间、执行次数等，如图 6-3 所示。

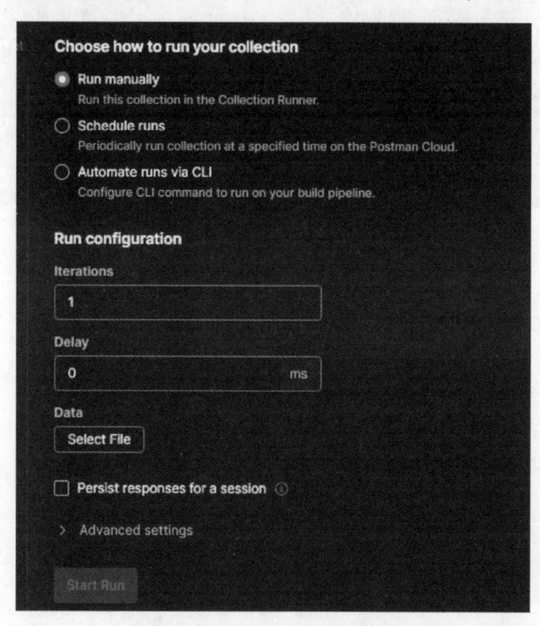

图 6-3 Runner 模块界面

(4) Workspace 模块：工作台模块可以选择个人工作台或团队工作台，可以创建 Team 并且邀请成员加入，从而可以一起编辑及使用请求集。

(5) History 模块：用来存放历史请求数据，可以在历史请求中快速地打开选择请求数据设置页面。

(6) Collection 模块：请求集模块在创建保存后，可以将关联请求放在一起，从而形成请求集，导出文件进行保存，如图 6-4 所示。

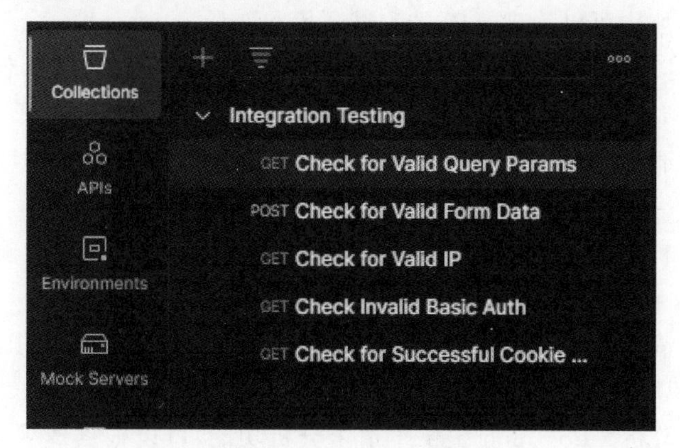

图 6-4 Collection 模块界面

(7) Environments 模块：环境变量模块用于管理所设置的环境变量，可以设置全局环境变量，也可新建环境并添加环境变量，如图 6-5 所示。

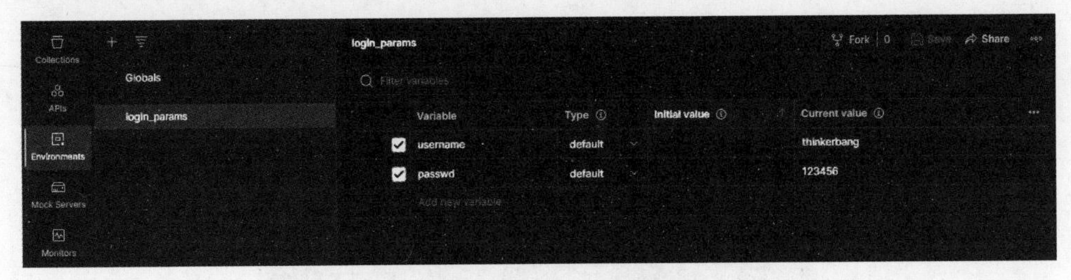

图 6-5 Environments 模块界面

6.1.2 Postman 使用流程

使用 Postman 做接口测试主要分为 7 个步骤，如图 6-6 所示。

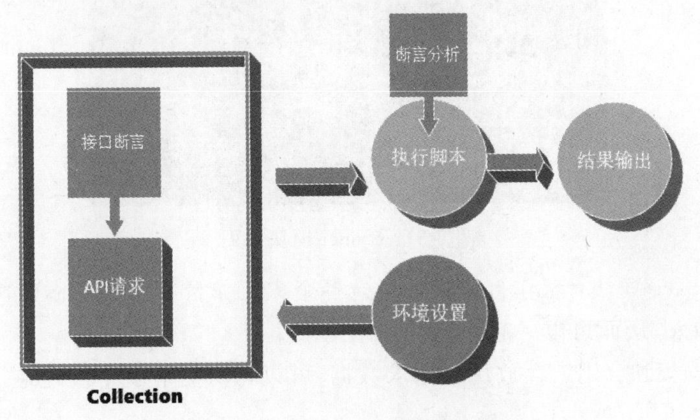

图 6-6 Postman 运行流程示意图

第 1 步：创建环境。Postman 中每个项目都有一个环境，可以在 Environment 模块中创建环境。在此环境中可以管理 API 的测试环境和变量。

第 2 步：创建接口。Postman 支持创建和收藏多种类型的接口，例如 GET、POST、PUT、DELETE 等，可以根据项目的需求创建相应的接口。

第 3 步：创建请求。在 Postman 中创建请求，可以填写请求的 URL 及请求体，也可以设置请求头。

第 4 步：设置断言。在创建完请求后，可以在请求模块的 Tests 选项卡中设置断言，用来判断请求返回结果的符合性。

第 5 步：发送请求。在创建完请求后，可以使用 Postman 发送请求，测试 API 是否可以按预期工作，并获取请求返回的响应数据。

第 6 步：请求分析。Postman 提供了请求分析功能，可以根据请求中设置的断言对返回的响应数据进行分析，分析接口响应是否返回预期结果。

第 7 步：生成报告。Postman 提供了执行结果生成 HTML 报告功能，可以通过 Newman 命令执行 Postman 脚本并导出阅读性较强的 HTML 结果报告。

6.2 使用 Postman 做接口测试

通常在做接口测试时会先在浏览器开发者工具或者抓包工具中进行调试，确认接口调通后会将请求参数写入测试脚本中。使用 Postman 做接口测试时，此工具可以快捷、方便地完成接口调试工作，调试完成后的接口文件即最终接口脚本，可以集成进持续测试链中。

6.2.1 基于 GET 方法的接口请求

以百度首页展示及关键词搜索两个接口为例，按照 Postman 工具的使用流程，首先新建一个 Collection，命名为 TestCollection_get。新建一个接口请求，重命名为“百度首页展示”，保存至 TestCollection_get 请求集中，请求参数的设置如图 6-7 所示。

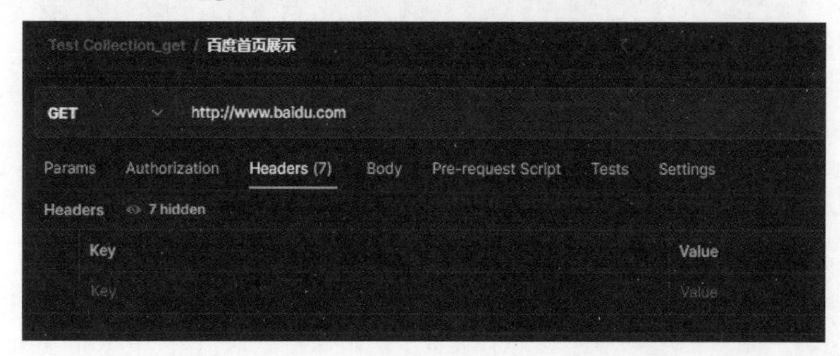

图 6-7 百度首页展示接口参数

在 Tests 选项卡中设置断言，判断返回协议状态码的内容是否为 200，如图 6-8 所示。

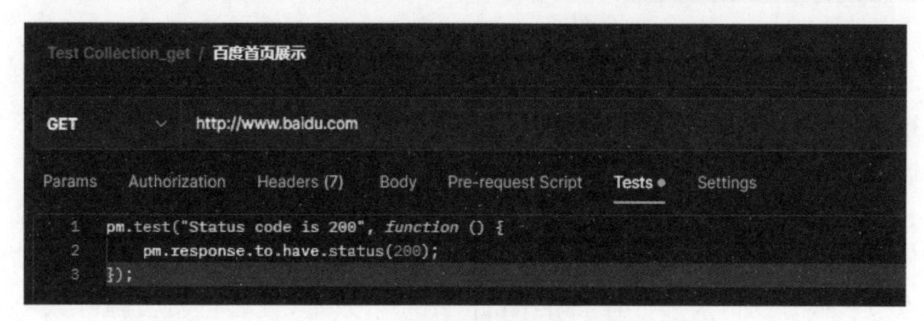

图 6-8 百度首页展示接口断言

新建第 2 个接口请求，重命名为“百度关键词搜索”，保存至 TestCollection_get 请求集中，请求参数的设置如图 6-9 所示。

在 Tests 选项卡中设置断言，判断返回页面标题是否为“thinkerbang_百度搜索”，如图 6-10 所示。

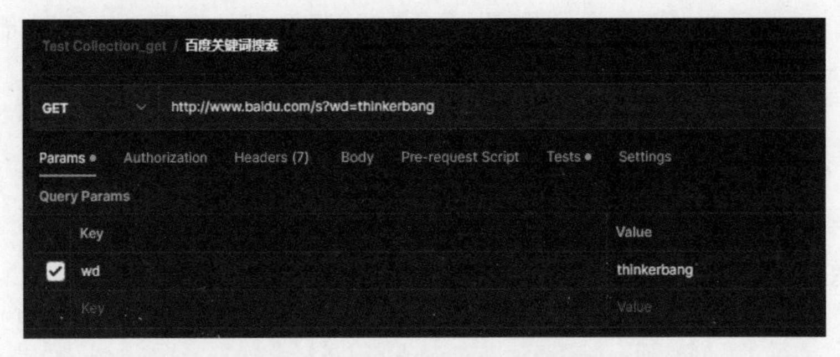

图 6-9　百度首页展示接口参数

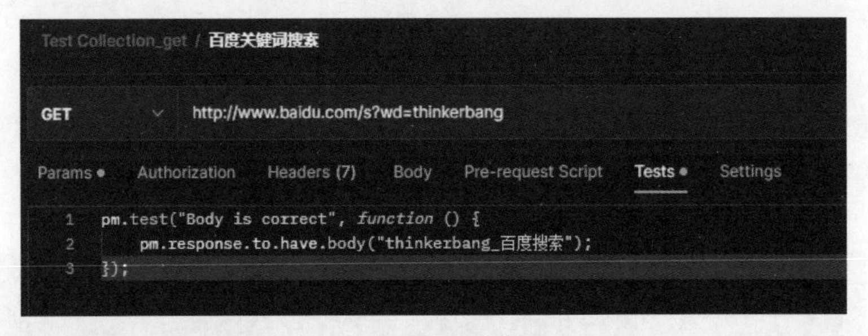

图 6-10　百度首页展示接口断言(1)

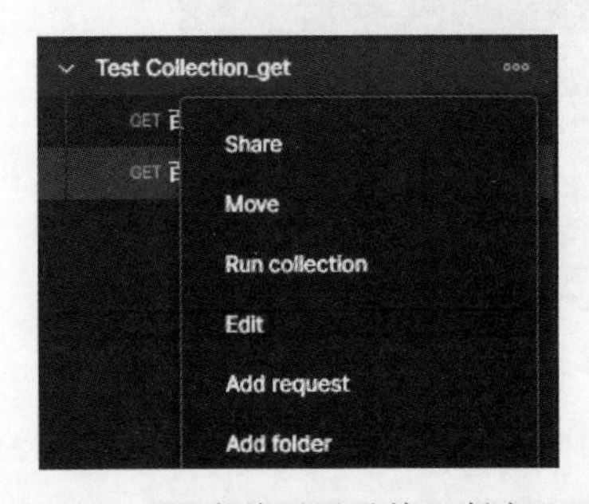

图 6-11　百度首页展示接口断言(2)

设置完成后，选择 TestCollection_get 请求集右侧的菜单项，在弹出的菜单中选择 Run collection 项，如图 6-11 所示。

进入 Runner 选项卡后，可以在右侧设置运行规则，在本示例中保持默认值，按下 Run Test Collection_get 按钮执行请求集，可以批量执行请求集内所包含的接口请求，如图 6-12 所示。

接口调试时使用 Send 按钮执行请求，返回结果可以在工具界面 Response 区域查看。当以请求集方式批量运行接口请求时，可以在工具界面左下角单击 Console 选项，打开控制台，以便查看请求集的运行结果，如图 6-13 所示。

Postman 创建请求集可通过请求集右侧菜单项中选择 Export 导出 JSON 文件进行保存，导出界面如图 6-14 所示。需要时可以通过工具界面中的 Import 按钮进行请求集的导入操作。本节所设置的请求参数存放在 Chapter06 目录下，读者可将文件导入 Postman 进行参照学习（文件名：Test Collection_get. postman_collection. json）。

6.2.2　基于 POST 方法的接口请求

使用 Postman 发送 POST 请求，主体部分有 4 种类型，本节以 Text 格式主体为例进行演示。用于获取手机号码归属地查询服务接口信息，基础接口信息如下：

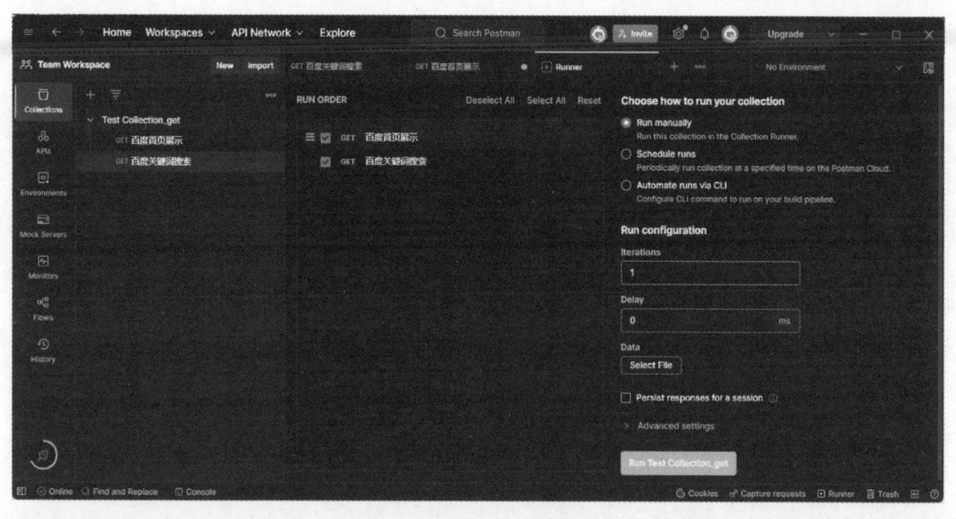

图 6-12 Runner 选项卡

图 6-13 Console 控制台

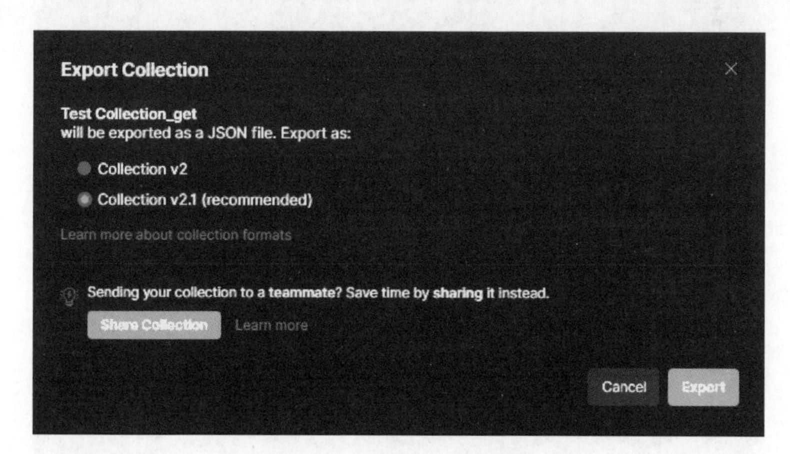

图 6-14 Collection 导出弹窗

getMobileCodeInfo
获得国内手机号码归属地省份、地区和手机卡类型信息
输入参数:mobileCode = 字符串(手机号码,最少前 7 位数字),userID = 字符串(商业用户 ID) 免费用户为空字符串;返回数据:字符串(手机号码:省份 城市 手机卡类型)。

```
POST WebServices/MobileCodeWS.asmx/getMobileCodeInfo HTTP/1.1
Host: ws.webxml.com.cn
Connection: keep-alive
Content-Length: 30
Cache-Control: max-age=0
Upgrade-Insecure-Requests: 1
User-Agent: Mozilla/5.0 (Windows NT 10.0; Win64; x64) AppleWebKit/537.36 (KHTML, like Gecko)
Chrome/112.0.0.0 Safari/537.36
Origin: http://ws.webxml.com.cn
Content-Type: application/x-www-form-urlencoded
Accept: text/html,application/xhtml+xml, application/xml; q = 0.9, image/avif, image/webp,
image/apng, */*;q=0.8,application/signed-exchange;v=b3;q=0.7
Referer: http://ws.webxml.com.cn/WebServices/MobileCodeWS.asmx?op=getMobileCodeInfo
Accept-Encoding: gzip, deflate
Accept-Language: zh-CN,zh;q=0.9

mobileCode=15811595380&userID=
```

在 Postman 中新建一个测试集,命名为 Test Collection_post。新建手机归属地查询接口,保存至 Test Collection_post 中,接口请求数据如图 6-15 所示。

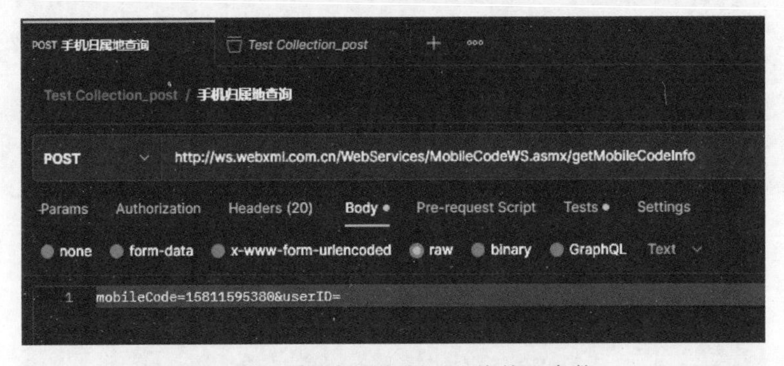

图 6-15 手机号码归属地查询接口参数

在 Tests 选项卡中设置断言,判断手机号码归属地查询结果是否包含所设置的关键字,参数如图 6-16 所示。

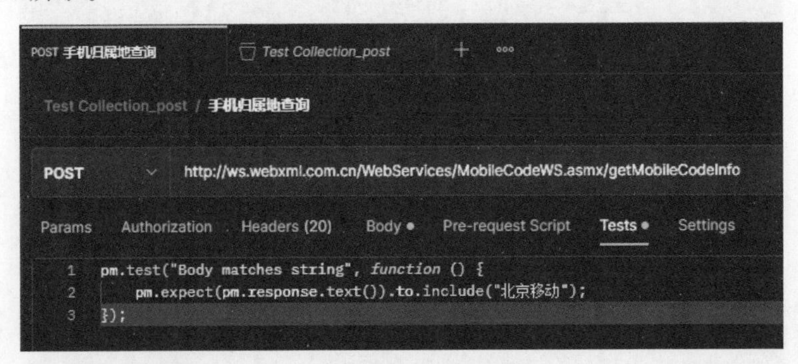

图 6-16 断言设置参数

单击 Send 按钮运行脚本，接口请求返回的结果如图 6-17 和图 6-18 所示。

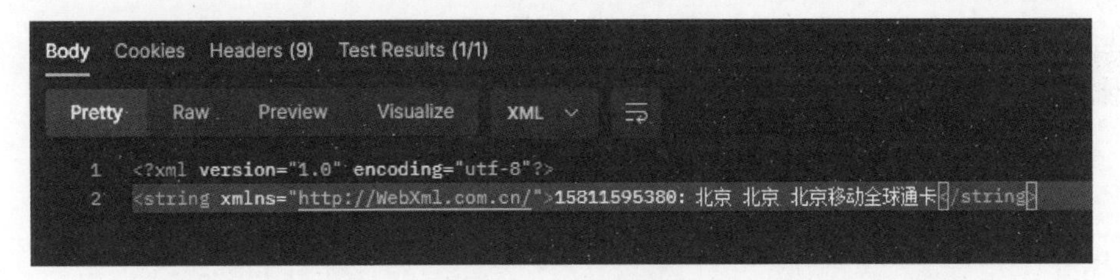

图 6-17　返回结果

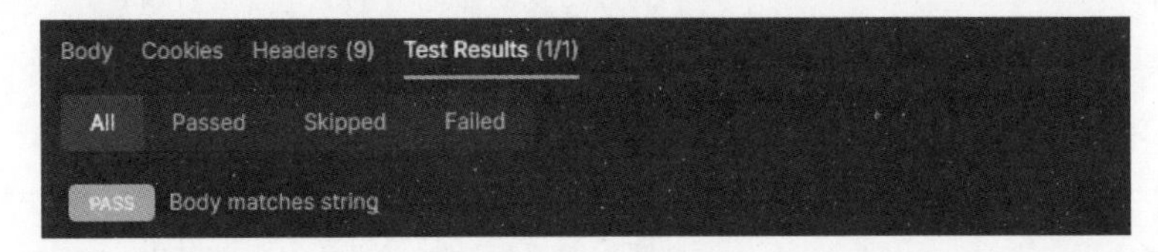

图 6-18　断言结果

本节所设置的请求参数存放在 Chapter06 目录下，读者可将文件导入 Postman 进行参照学习（文件名：Test Collection_post. postman_collection. json）。

6.3　Postman 的断言

Postman 接口测试的断言分为两类：工具内置断言、自定义断言。断言作为接口测试结果判断的依据是必不可少的。断言在请求参数设置的 Tests 选项卡实现，请求完成后在返回结果对应的 Tests Results 选项卡中查看。

6.3.1　Postman 内置断言

在 Postman 工具请求 Tests 选项卡右侧集成了常用断言，单击断言项可快速添加相应断言脚本，如图 6-19 所示。

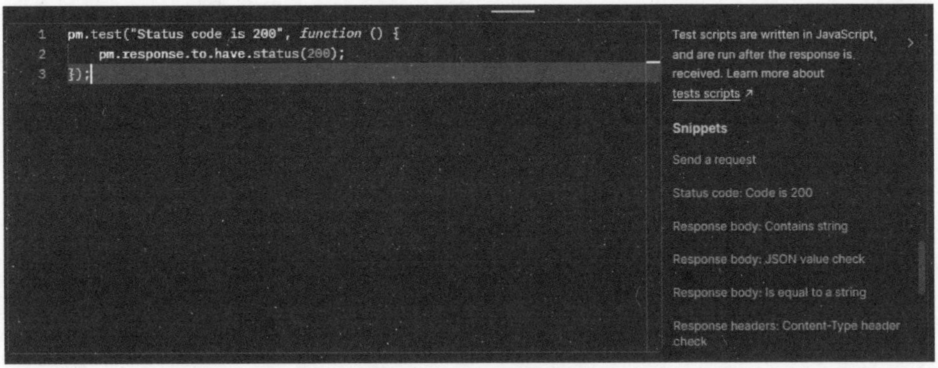

```
1  pm.test("Status code is 200", function () {
2      pm.response.to.have.status(200);
3  });
```

Test scripts are written in JavaScript, and are run after the response is received. Learn more about tests scripts

Snippets

Send a request

Status code: Code is 200

Response body: Contains string

Response body: JSON value check

Response body: Is equal to a string

Response headers: Content-Type header check

图 6-19　工具内置断言

Postman 内置断言按照作用主要分为 3 类：协议类、设置类、业务类。协议类断言主要体现在判断返回协议状态码、返回头信息等内容；设置类断言主要体现在从变量中获取、设置数据，再与返回结果进行比对；业务类断言主要体现在对请求返回内容的关键数据进行判断。内置断言名称及作用见表 6-1。

表 6-1 内置断言名称及作用

序 号	断 言 名 称	断 言 作 用
1	Status code：Code is 200	通过协议状态码对响应结果进行断言。 示例： pm.test("Status code is 200", function() {pm.response.to.have.status(200);});
2	Response body：Contains string	断言响应内容是否包含指定字符串。 示例： pm.test("Body matches string", function() {pm.expect(pm.response.text()).to.include("string_you_want_to_search");});
3	Response body：JSON value check	断言响应体 JSON 中某个键名对应的值。 示例： pm.test("Your test name", function() {var jsonData = pm.response.json(); pm.expect(jsonData.value).to.eql(100);});
4	Response body：equal to a string	断言响应主体是否等于指定字符串。 示例： pm.test("Body is correct", function() {pm.response.to.have.body ("response_body_string");});
5	Response headers：Content-Type header check	断言响应头是否包含指定字段。 示例： pm.test("Content-Type is present", function() {pm.response.to.have.header ("Content-Type");});
6	Response time is less than 200ms	断言响应时间是否在某一域值内。 示例： pm.test("Response time is less than 200ms",function() {pm.expect(pm.response.responseTime). to.be.below(200);});

续表

序　号	断 言 名 称	断 言 作 用
7	Status code：Successful POST request	通过返回状态码检查 POST 请求是否成功。 示例： pm. test("Successful POST request", function() {pm. expect(pm. response. code) . to. be. oneOf([201, 202]);});
8	Status code：Code name has string	断言响应主体是否包含指定字符串。 示例： pm. test("Status code name has string",function() {pm. response. to. have. status("Created");});

9	Use Tiny Validator for JSON data	使用轻量级验证器断言 JSON 数据中指定的字符串。
		示例：
		var schema = {"items": {"type": "boolean"}};
		var data1 = [true, false];
		var data2 = [true, 123];
		pm. test('Schema is valid', function() {
		pm. expect(tv4. validate(data1, schema)). to. be. true;
		pm. expect(tv4. validate(data2, schema)). to. be. true;});

6.3.2　使用 JavaScript 自定义断言

Postman 内置断言是使用 JavaScript 脚本编写的。当使用 Postman 做接口断言时，如果内置断言无法满足需求，则可以使用 JavaScript 脚本编写自定义断言。例如当判断请求返回的响应内容为字符串时，断言返回字符串是否为空，自定义断言代码的实现如图 6-20 所示。

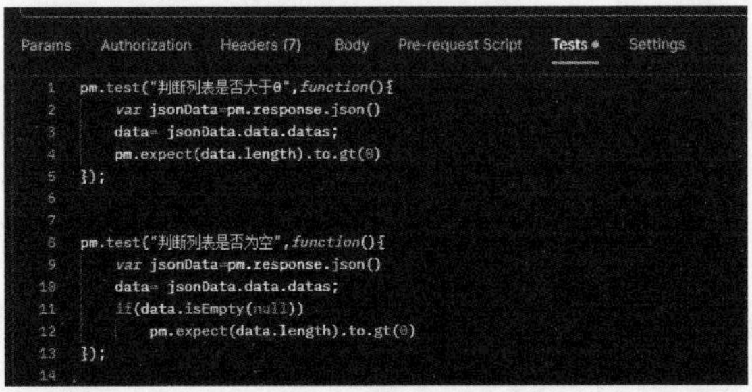

```
Params  Authorization  Headers (7)  Body  Pre-request Script  Tests ●  Settings

1   pm.test("判断列表是否大于0",function(){
2       var jsonData=pm.response.json()
3       data= jsonData.data.datas;
4       pm.expect(data.length).to.gt(0)
5   });
6
7
8   pm.test("判断列表是否为空",function(){
9       var jsonData=pm.response.json()
10      data= jsonData.data.datas;
11      if(data.isEmpty(null))
12          pm.expect(data.length).to.gt(0)
13  });
14
```

图 6-20　自定义断言

6.3.3　断言使用实例

选择一个 JSON 格式的响应数据，基本接口信息如下：

```
Method:GET

URL:https://h5speed.m.jd.com/v3/exception?data=<此处为加密数据串>
```

```
Headers:
Host: h5speed.m.jd.com
Connection: keep - alive
sec - ch - ua: "Not_A Brand";v = "8", "Chromium";v = "120", "Microsoft Edge";v = "120"
sec - ch - ua - mobile: ?0
User - Agent: Mozilla/5.0 (Windows NT 10.0; Win64; x64) AppleWebKit/537.36 (KHTML, like Gecko)
Chrome/120.0.0.0 Safari/537.36 Edg/120.0.0.0
sec - ch - ua - platform: "Windows"
Accept: image/webp,image/apng,image/svg + xml,image/ * , * / * ;q = 0.8
Sec - Fetch - Site: same - site
Sec - Fetch - Mode: no - cors
Sec - Fetch - Dest: image
Referer: https://cfe.m.jd.com/
Accept - Encoding: gzip, deflate, br

Response:
{
    "code": - 5,
    "msg": "ok."
}
```

新建 Postman 请求，将接口数据填入。如果响应数据为 JSON 字符串，则加入断言，如图 6-21 所示。

```
Params •  Authorization  Headers (18)  Body  Pre-request Script  Tests •  Settings

1  pm.test("Status code is 200", function () {
2      pm.response.to.have.status(200);
3  });
4  pm.test("Body matches string", function () {
5      pm.expect(pm.response.text()).to.include("invalid current time");
6  });
7
8  pm.test("Your test name", function () {
9      var jsonData = pm.response.json();
10     pm.expect(jsonData.msg).to.eql("invalid current time");
11 });
12 pm.test("Response time is less than 200ms", function () {
13     pm.expect(pm.response.responseTime).to.be.below(200);
14 });
15
```

图 6-21　响应断言

运行接口脚本，可以看到所设置的 4 条断言均为通过状态，断言结果如图 6-22 所示。

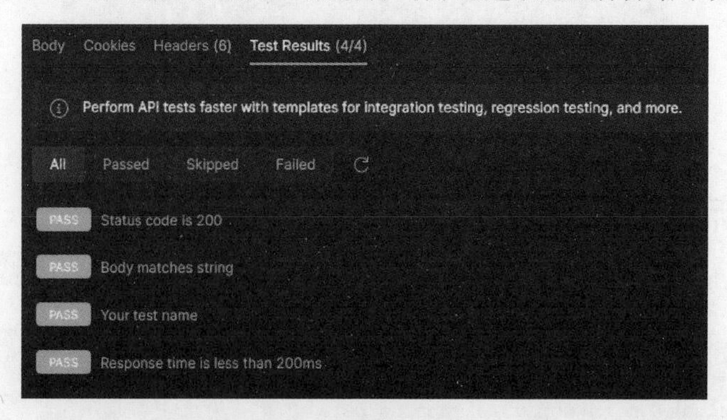

图 6-22　断言结果

6.4 Postman 的参数处理

数据参数化的前提是接口请求数据中存在变量，在可替换变量处进行参数化处理。Postman 中的变量可分为系统内置变量和自定义变量。接口请求中常用的内置变量见表 6-2。

表 6-2 内置变量

变量名称	描述	示例
$guid	随机 uuid-v4 风格的 guid	"611c2e81-2ccb-42d8-9ddc-2d0bfb4"
$timestamp	时间戳	1562757107,1562757108
$randomFirstName	随机的名字(英文)	Ethan,Chandler
$randomLastName	随机姓氏(英文)	Schaden,Schneider
$randomPhoneNumber	随机 10 位数字电话号码	700-008-5275,494-261-3424
$randomCity	随机城市名称	Spinkahaven, Korbinburgh
$randomWeekday	随机星期几	Sunday,Friday,Monday
$randomMonth	随机月份	May,January,June
$randomExampleEmail	随机电子邮箱地址，域名为 example	Thinkerbang@example. com, Laohu@example. net
$randomUserName	随机用户名	Lottie. Smitham24, Alia99
$randomPrice	随机生成价格	531. 55,488. 76

在 Postman 中进行参数处理主要分 3 种情况：随机参数处理、批量参数处理、参数传递处理。表 6-2 中所列出的软件内置变量属于第 1 种情况，即随机参数处理。主要适用于接口请求时需要随机的请求参数。例如测试用户注册接口时，用户名参数需要唯一值，可以使用 $randomFirstName 和 $randomLastName 进行二次随机处理，在单位时间内拼接出的用户名重复概率可以忽略不计。

6.4.1 参数化请求数据

接口请求数据在构造测试数据时会考虑各种异常数据的处理。例如，需要考虑参数的边界值、异常值、空值等情况。Postman 的实现机制是将批量参数置入文档中，以变量形式随接口请求遍历。以登录接口为例，验证用户名及密码的正常登录、密码错误、密码为空等情形下系统的响应情况。登录界面如图 6-23 所示。

将用户名与密码的参数化值写入文本文档中，数值间以半角逗号间隔，如图 6-24 所示。Postman 支持使用 JSON、CSV 等格式。

将用户登录接口数据写入 Postman 请求，使用 Fiddler 抓取登录数据，接口数据以 inter-books. saz 文件存放(路径：Bookscodes/chapter06/inter-books. saz)。抓取登录接口数据如图 6-25 所示。

| 用户登录

账号密码登录 | 手机短信登录

用户名: 风雄KO97

密码: ••••••••••

登录

忘记密码?　新用户注册>>

图 6-23　用户登录界面

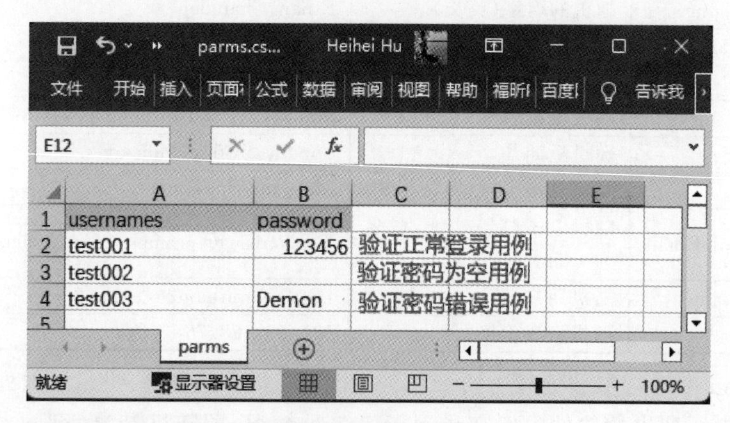

	A	B	C	D	E
1	usernames	password			
2	test001	123456	验证正常登录用例		
3	test002		验证密码为空用例		
4	test003	Demon	验证密码错误用例		

图 6-24　参数文档

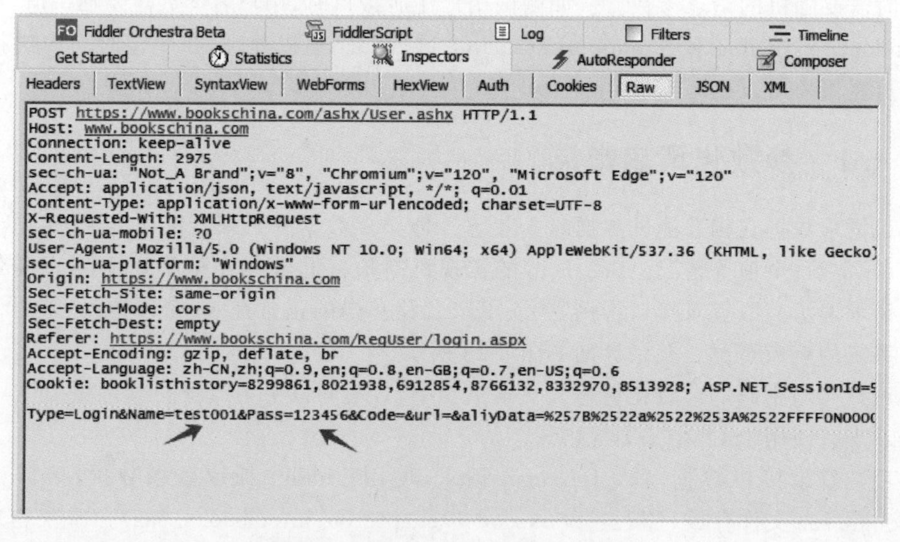

```
POST https://www.bookschina.com/ashx/User.ashx HTTP/1.1
Host: www.bookschina.com
Connection: keep-alive
Content-Length: 2975
sec-ch-ua: "Not_A Brand";v="8", "Chromium";v="120", "Microsoft Edge";v="120"
Accept: application/json, text/javascript, */*; q=0.01
Content-Type: application/x-www-form-urlencoded; charset=UTF-8
X-Requested-With: XMLHttpRequest
sec-ch-ua-mobile: ?0
User-Agent: Mozilla/5.0 (Windows NT 10.0; Win64; x64) AppleWebKit/537.36 (KHTML, like Gecko)
sec-ch-ua-platform: "Windows"
Origin: https://www.bookschina.com
Sec-Fetch-Site: same-origin
Sec-Fetch-Mode: cors
Sec-Fetch-Dest: empty
Referer: https://www.bookschina.com/RegUser/login.aspx
Accept-Encoding: gzip, deflate, br
Accept-Language: zh-CN,zh;q=0.9,en;q=0.8,en-GB;q=0.7,en-US;q=0.6
Cookie: booklisthistory=8299861,8021938,6912854,8766132,8332970,8513928; ASP.NET_SessionId=5

Type=Login&Name=test001&Pass=123456&Code=&url=&aliyData=%257B%2522a%2522%253A%2522FFFF0N000C
```

图 6-25　Fiddler 抓取登录接口数据

将抓取登录参数写入 Postman 接口页的相应位置，请求类型为 POST，需要的参数化数据如图 6-26 所示。

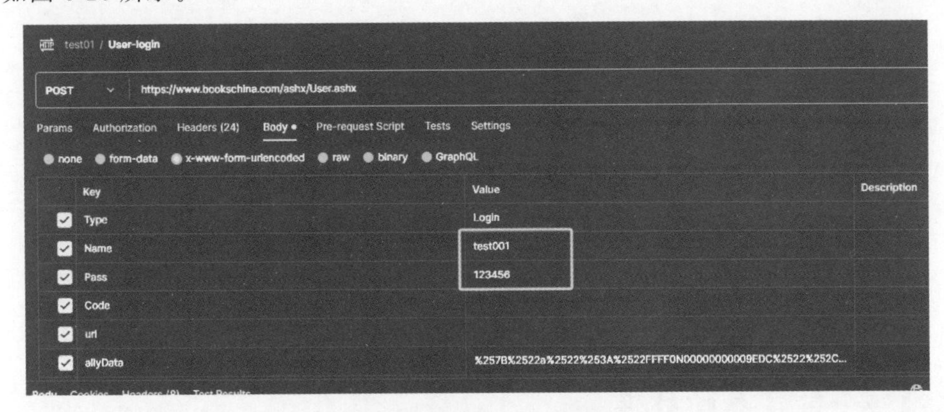

图 6-26 登录接口数据

在 Collections 中打开 Run collection 选项卡，在左侧 Run order 中选择本次需要执行的接口。在右侧 Functional 中设置 Iterations 迭代 3 次，Delay 为 10ms 延时，选择 params. csv 文件，Data File Type 默认显示 text/csv 格式，可以单击 Preview 按钮验证数据文件的正确性。整体参数的设置如图 6-27 所示。

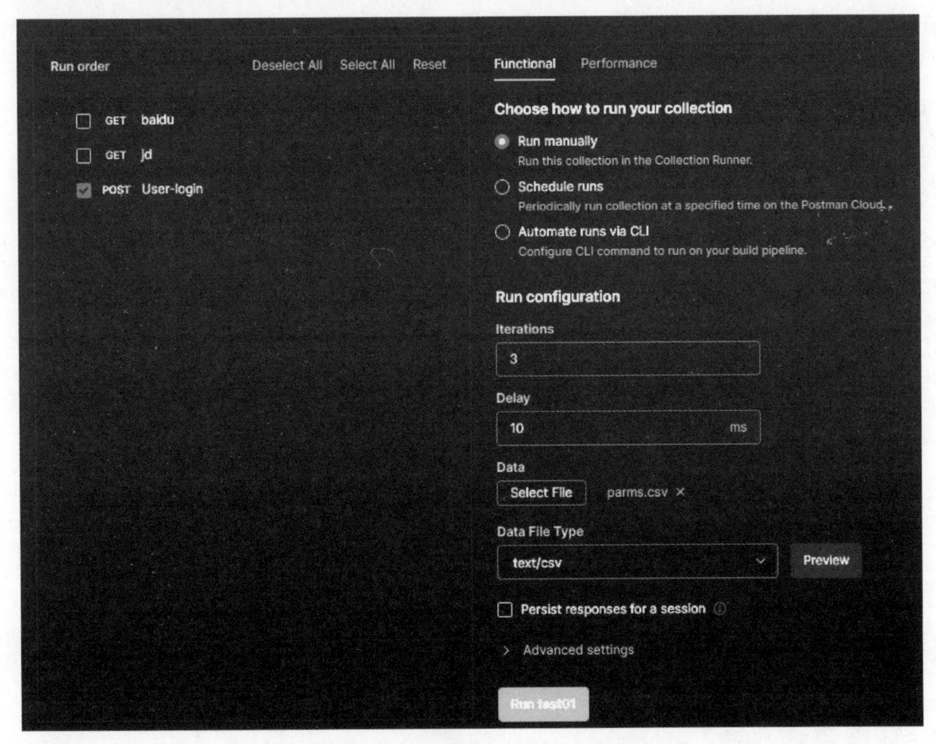

图 6-27 Runner 选项卡参数设置

可以在 Tests 中加入断言，在示例接口中加入返回协议状态码为 200 的断言，单击 Run test01 按钮执行接口用例，从 Console 中查看运行结果，如图 6-28 所示。

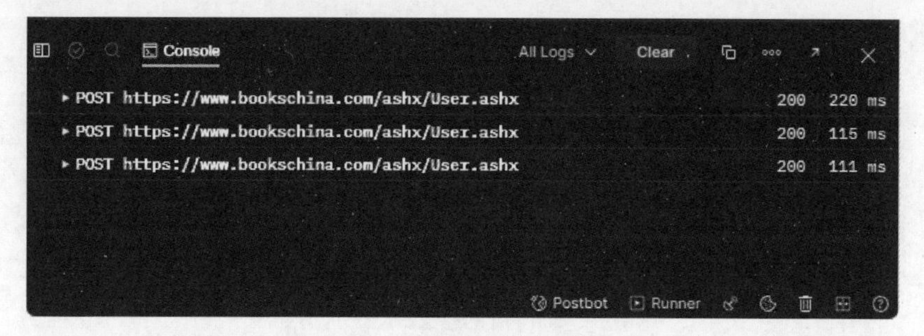

图 6-28 参数化接口运行结果

6.4.2 前置参数处理

Postman 中有 3 种前置参数处理方法：全局变量设置、环境变量设置、前置 Pre-request Script 参数设置。这 3 种处理方法本质上都是利用 Postman 中的变量实现的。在 Postman 中，变量分为 Global、Collection、Environment、Data、Local 等 5 种类型，主要区别在于作用域不同。本节分别用到 Global、Environment、Data 等 3 种变量类型。

在 Postman 中设置测试环境，新建一个 Collection，命名为 Params，在其下新建两个查询接口，分别使用下面两个查询接口中的查询关键字进行参数化处理。

https://search.kongfz.com/product_result/?key=Thinkerbang

https://www.bookschina.com/book_find2/?stp=Thinkerbang&sCate=0

1. 全局变量设置

全局变量的作用域是 Postman 脚本的任意位置。主要适用于测试脚本中的常量值，例如 URL 中的域名或 IP 地址。全局变量的设置可在 Environment 选项卡中选中 Globals 进行设置，示例中将搜索关键字设置为全局变量，供集合中接口脚本共用，如图 6-29 所示。

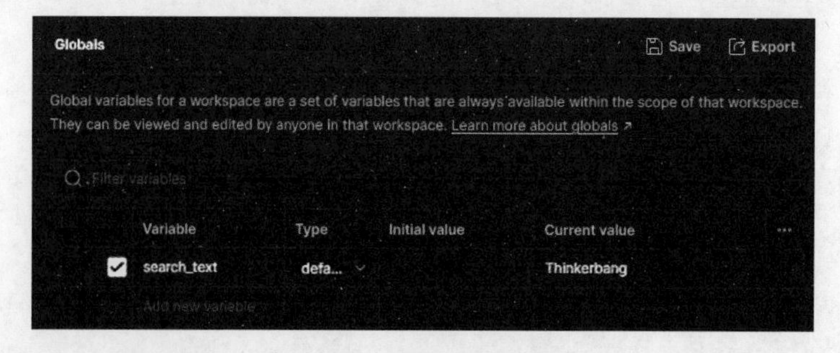

图 6-29 全局变量设置

2. 环境变量设置

在 Postman 中可以设置多组环境变量，但脚本运行时只有一组环境变量起作用。顾名思义，环境变量的使用通常是在不止一套测试环境时使用。例如，测试脚本需要在生产环境与测试环境上运行，由于两套环境的 IP 和一些关键参数的差异，脚本在不同环境运行时需要修改 IP 与相应参数，工作量很大。通过设置两套环境变量可以很好地解决这一问题，脚本运行时只需在 Postman 界面的右上角手动切换相应环境。在 Environment 选项卡新建环境变量集合，即可在其内设置相应变量值。

3. Data 变量设置

在 Postman 中的 Data 变量即是 Pre-request Script 参数设置。面板右侧有内置变量设置方法，见表 6-3。

表 6-3 内置变量设置方法

序 号	变量设置方法名称	设置方法及作用
1	Get an environment variable	获取一个环境变量的值 示例：pm. environment. get("variable_key")；
2	Get a global variable	获取一个全局变量的值 示例：pm. globals. get("variable_key")；
3	Get a variable	获取一个 Data 变量的值 示例：pm. variables. get("variable_key")；
4	Get a collection variable	获取一个集合变量的值 示例：pm. collectionVariables. get("variable_key")；
5	Set an environment variable	设置一个环境变量的值 示例：pm. environment. set("variable_key"，"variable_value")；
6	Set a global variable	设置一个全局变量的值 示例：pm. globals. set("variable_key"，"variable_value")；
7	Set a collection variable	设置一个集合变量的值 示例：pm. collectionVariables. set("variable_key"，"variable_value")；
8	Clear an environment variable	清除一个环境变量的值 示例：pm. environment. unset("variable_key")；
9	Clear a global variable	清除一个全局变量的值 示例：pm. globals. unset("variable_key")；
10	Clear a collection variable	清除一个集合变量的值 示例：pm. collectionVariables. unset("variable_key")；

Postman 下的所有变量均可在 Pre-request Script 中进行设置与获取，也可以通过脚本生成数据后设置变量，例如接口数据中手机号码需要设置为每次执行时随机生成，每次执行后在 Environments 选项卡下的 Globals 下查看，可以看到设置变量的值每次随机变化，设置方法如图 6-30 所示。

6.4.3 Cookie 的处理

接口之间通过 Cookie 传递登录状态，例如商城登录与购物车查看接口。Postman 中的

Params ● Authorization Headers (7) Body Pre-request Script ● Tests ● Settings

```
1  var Tel_num = '158';
2  for (var j = 0; j < 8; j++) {
3  Tel_num = Tel_num + Math.floor(Math.random() * 10);
4  }
5  pm.globals.set("Tel_num", Tel_num);
```

图 6-30 设置随机变量

Cookie 管理机制可以实现 Cookie 参数的自动传递，也可以通过手动的方式对 Cookie 进行获取、设置、删除等操作。

使用开源商城(http://www.testingedu.com.cn:8000/Home/index/index.html)中的登录与购物车查看功能在 Postman 中进行演示（接口文件：Bookcodes/Chapter06/testScript.saz）。首先创建 1 个 Collections，命名为 test_Cookies，将登录接口与购物车接口存入集合，如图 6-31 所示。

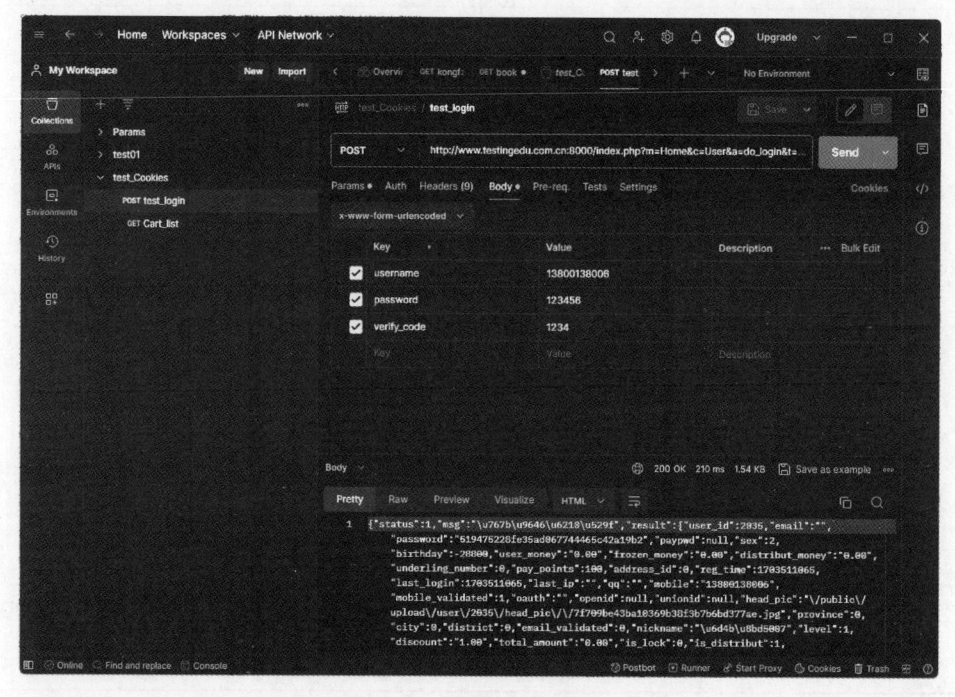

图 6-31 开源商城登录接口

选中 test_login 接口，单击 Send 按钮执行登录操作。从返回值可以判断用户登录成功。单击界面参数面板中的 Cookies 链接，打开 Cookies 面板，可以看到登录接口响应中的 Cookies 数据已存入面板，如图 6-32 所示。

选择 Cart_list 接口，按下 Send 按钮，此时会返回购物车列表信息。正常情况下单独执行此接口会返回登录提示信息，此处执行成功的原因是 Cart_list 接口在执行时从 Cookies 面板中读取到了用户登录状态。

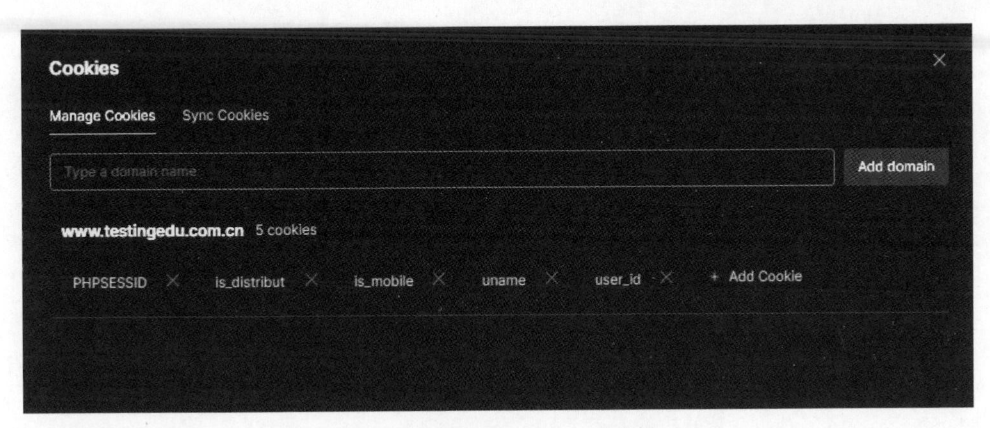

图 6-32　商城登录 Cookies 数据

当需要单独执行 Cart_list 接口时，也可以在 Pre-request Script 参数设置中预置执行登录接口，执行后 Cart_list 接口之外的请求会在 Console 中灰度显示。

6.5　Newman 的应用

Newman 是 Postman 命令行集成工具，Postman 脚本导出的 JSON 文件可以在 Newman 命令行执行。可以在无界面的环境中实现执行脚本、生成报告等操作。

6.5.1　Newman 的配置

由于 Postman 是由 Node. js 开发的，因此 Newman 实际上是 Node. js 的第三方插件，安装 Newman 时需要先要安装 Node. js 环境。

打开地址 https://nodejs. org/en，选择合适版本进行下载，双击安装文件进行安装，如图 6-33 所示。

安装完成后，打开命令提示符窗口，输入 node 命令后按 Enter 键。如果没有报错，并且显示>符号，则说明 Node 安装成功，如图 6-34 所示。

在命令提示符窗口输入 npm install -g newman 命令后按 Enter 键，进行 Newman 的安装，如图 6-35 所示。

安装完成后在命令行输入 newman -v 命令，按 Enter 键，如果出现 Newman 的版本信息，则说明安装成功。

6.5.2　Newman 的使用

作为 Postman 配套的一个命令行工具，Newman 所运行的脚本是 Postman 集合所导出的 JSON 文件。配合命令参数可以实现运行、断言、生成报告等功能，常用的参数见表 6-4。

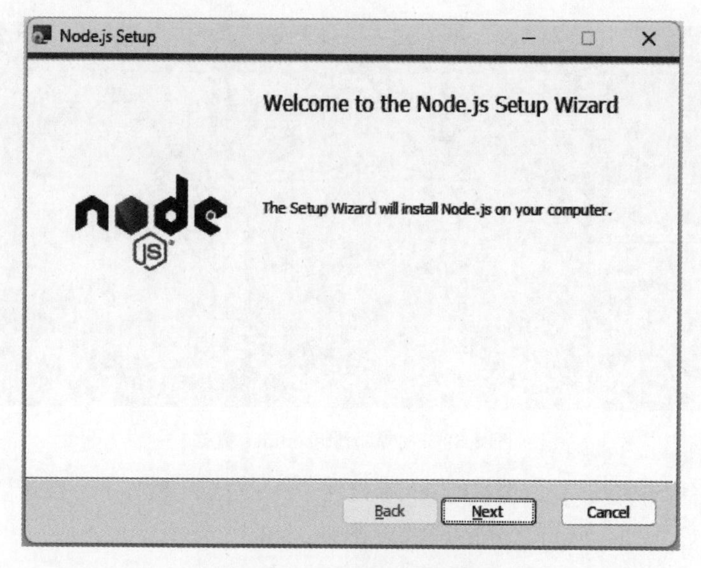

图 6-33 Node.js 安装界面

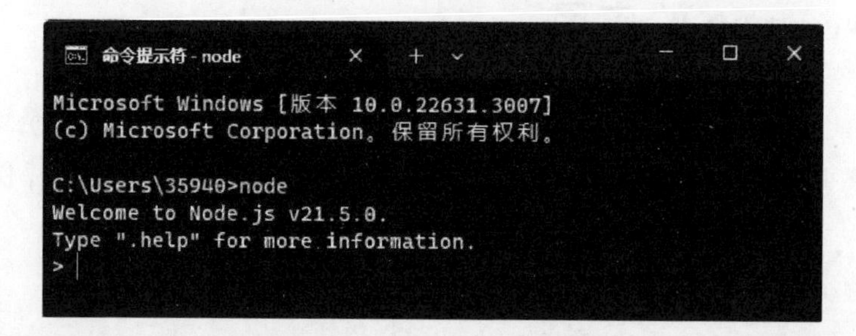

图 6-34 Node.js 安装后验证

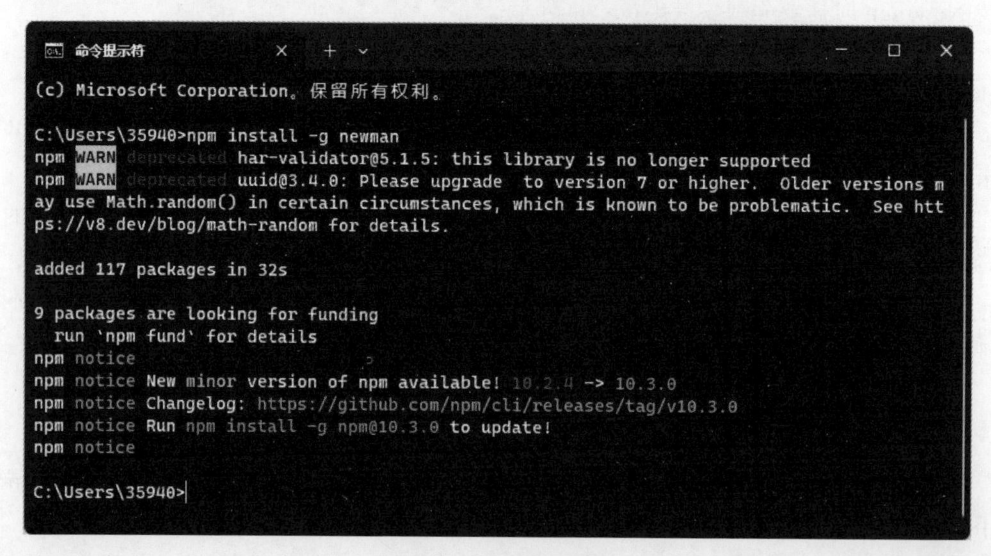

图 6-35 Newman 安装

表 6-4　Newman 命令常用的参数

序　号	参数名称	参数作用
1	run 集合名/URL 网址	运行一个集合，执行对象为集合文件或导出的 URL 网址。 示例： newman run test_data.json newman run https://www.getpostman.com/collections/c23
2	-e/-environment	指定环境变量路径文件。 示例：newman run test_data.json -e..\pm_env.json
3	-g/--globals	指定全局变量路径文件。 示例：newman run test_data.json -g..\pm_glo.json
4	-d/--iteration-data	指定用于迭代的数据源文件路径。 示例：newman run test_data.json -d ..\test_data.csv
5	-n,--iteration-count	指定迭代次数(当脚本中变量参数化时起作用，迭代次数取决于数据源文件中的取值数量)。 示例：newman run test_data.json -d ..\test_data.csv -n 3
6	--folder	运行集合中指定的文件夹(当集合中设置了多个文件夹时起作用)。 示例：newman run test_data.json --folder test_suit_01
7	--timeout	设置集合脚本运行完成的超时时间，默认单位是 ms。 示例：newman run test_data.json --timeout 2000
8	-r,--reporter	指定本次运行生成的报告类型，可支持 XML、JSON、HTML 等格式。 示例： --reporter-json-export jsonReport.json --reporter-junit-export xmlReport.xml --reporter-html-export htmlReport.html

导出 6.4.1 节参数化请求登录接口集合(存储路径：./Bookcodes/chapter06/test01.postman_collection.json)。打开命令提示符窗口，输入 cd 命令切换至 chapter06 目录下。输入 newman run test01.postman_collection.json -d ./params.csv -n 3 --reporter-html-export htmlReport.html 命令，按 Enter 键，执行结果如图 6-36 所示。

可以看到 3 条用户登录测试数据在执行过程中完成了迭代。执行结果分别生成 XML、JSON、HTML 格式报告，其中 XML、JSON 报告在当前执行脚本位置生成的 Newman 目录中。HTML 报告就存放在当前目录，结果如图 6-37 所示。

注意，如果在执行上述命令时提示无法找到 HTML reporter，则通常是因为 newman-reporter-html 与 Newman 没有安装在同一目录中。只需输入 npm install newman-reporter-html -g -force 命令进行强制安装，再重启命令提示符窗口，就可以正常生成 HTML 结果报告了。

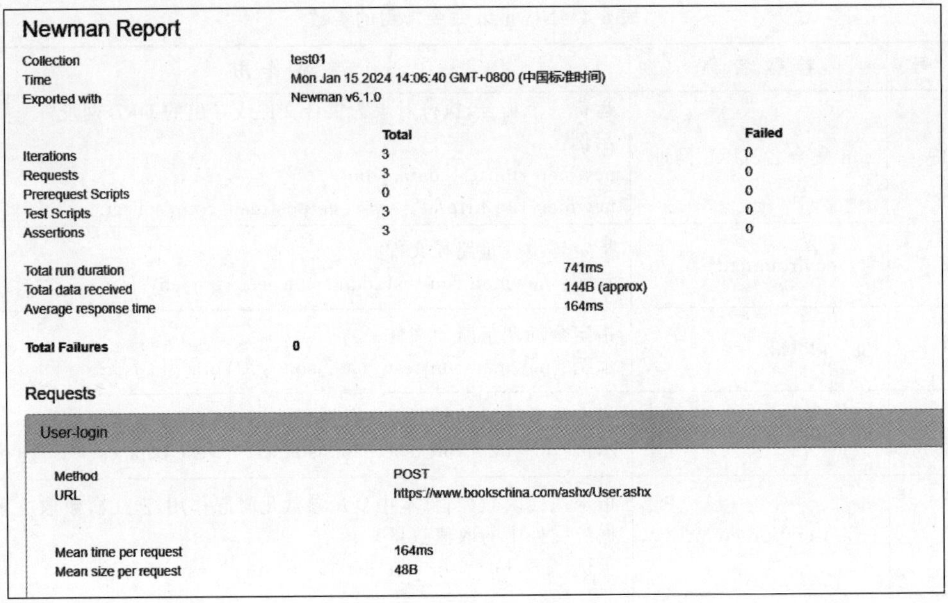

Newman Report
Collection test01
Time Mon Jan 15 2024 14:06:40 GMT+0800 (中国标准时间)
Exported with Newman v6.1.0
Total
Failed
Iterations 3 0
Requests 3 0
Prerequest Scripts 0 0
Test Scripts 3 0
Assertions 3 0
Total run duration 741ms
Total data received 144B (approx)
Average response time 164ms
Total Failures 0
Requests
User-login
Method POST
URL https://www.bookschina.com/ashx/User.ashx
Mean time per request 164ms
Mean size per request 48B

图 6-36　Newman 运行结果

Newman Report
Collection test01
Time Mon Jan 15 2024 14:06:40 GMT+0800 (中国标准时间)
Exported with Newman v6.1.0
Total
Failed
Iterations 3 0
Requests 3 0
Prerequest Scripts 0 0
Test Scripts 3 0
Assertions 3 0
Total run duration 741ms
Total data received 144B (approx)
Average response time 164ms
Total Failures 0
Requests
User-login
Method POST
URL https://www.bookschina.com/ashx/User.ashx
Mean time per request 164ms
Mean size per request 48B
Total passed tests 3
Total failed tests 0
Status code 200
Tests
Name Pass count Fail count
Status code is 200 3 0

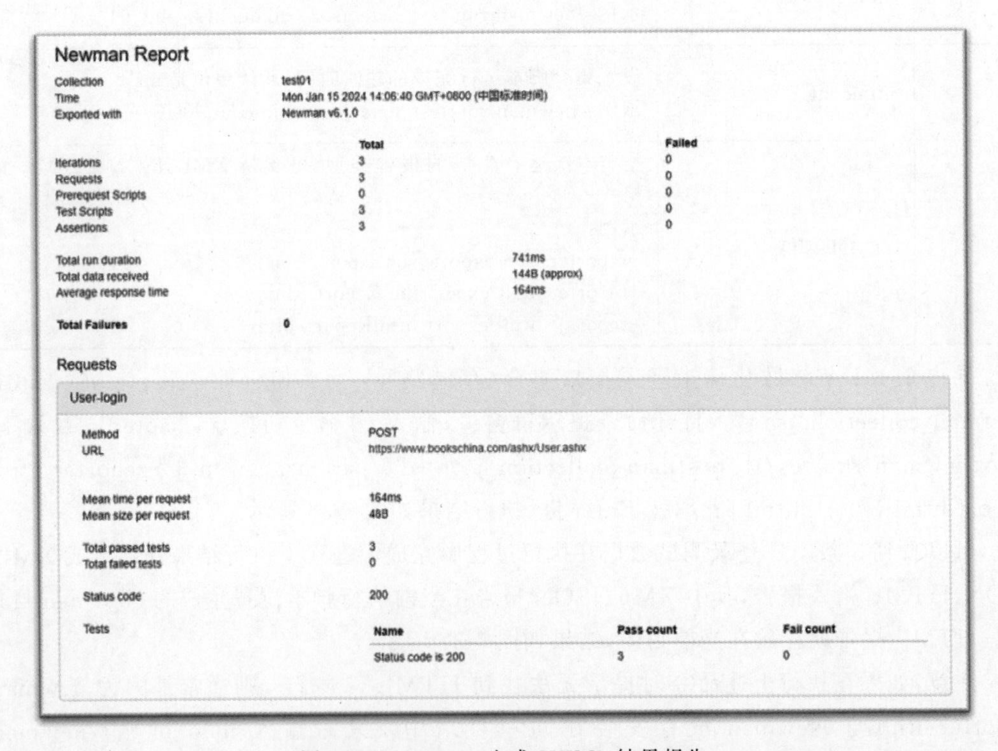

图 6-37　Newman 生成 HTML 结果报告

第7章

CHAPTER 7

接口测试工具：Apifox

本章主要讲解接口测试工具 Apifox 的使用。Apifox 作为一款国产化的 API 测试工具，继承了 Postman 的优点，并且在文档管理、数据管理、持续集成的应用上更加出色，是众多国产 API 测试工具中普及和使用率较高的工具之一。本章主要介绍 Apifox 的基本使用方法，重点讲解 Apifox 在接口测试实践中的特色功能。

7.1 Apifox 介绍

Apifox 是一款接口管理、开发、测试全流程集成工具，使用受众为整个研发技术团队，主要使用者为前端开发人员、后端开发人员、测试人员。Apifox 是 API 文档、API 调试、API Mock、API 自动化测试一体化协作平台，定位 Postman＋Swagger＋Mock＋JMeter。

7.1.1 Apifox 的特点

Apifox 提供了全中文界面，首先降低了准入难度，相比强行汉化的 Postman 和 JMeter，在用户体验上做得很好。

在接口文档管理方面，Apifox 的可视化的接口文档设计和管理界面，使其上手和使用成本较低，设计好的接口文档能直接在 Apifox 中调试，不需要再切换工具。特别是接口和文档一体化，修改接口可同步修改文档的功能，让接口脚本和文档节省了大量后期维护时间。

Apifox 还支持连接数据库、调用第三方代码、可视化断言和提取接口变量等功能，其官网还提供了 API Hub 服务。众多的开放 API 共享平台，可直接使用提供的接口进行练习，如图 7-1 所示。

7.1.2 Apifox 使用流程

1. 创建团队和项目

首先需要注册一个 Apifox 账号，打开软件并登录成功。在“我的团队”标签下新建 1 个团队，如图 7-2 所示。

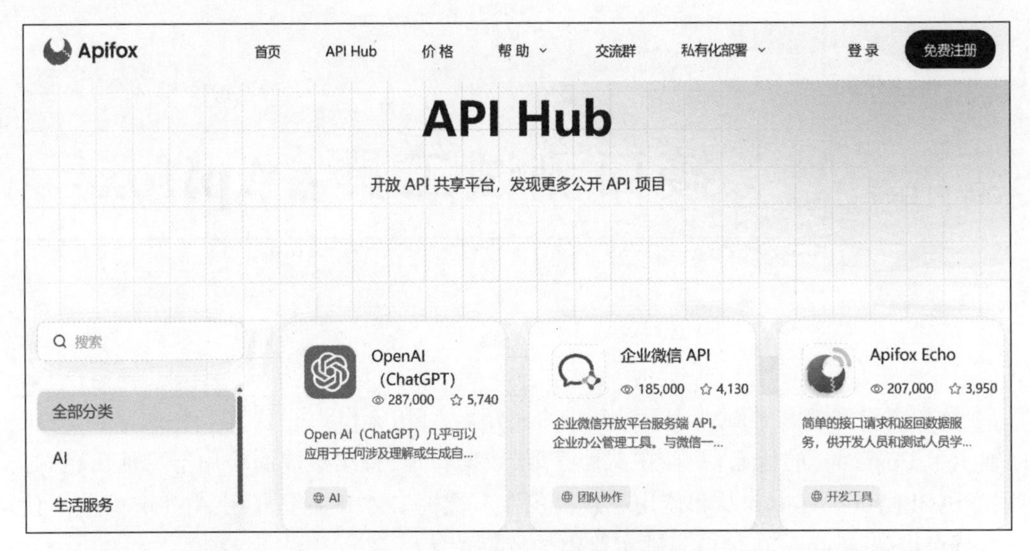

图 7-1　API Hub 平台列表

图 7-2　新建团队

团队建成后可设置团队项目、成员/权限、动态、团队设置等配置项，此处均保持默认，在团队项目下新建项目，如图 7-3 所示。

将项目名称、项目类型、项目语言均设置为默认状态。至此，团队和项目创建完成。

2. 配置项目环境

在软件界面的右上角打开环境管理，在此设置接口测试所需的环境参数。在环境设置面板中可以设置全局变量、参数和环境参数。在默认情况下环境标签下设置了开发环境、测试环境、正式环境，在实际测试中，不同环境下变量参数会有差异，可以通过此设置进行环境的快速切换。

图 7-3 新建项目

选择新建环境按钮，分别将环境名设置为“Apifox Echo 环境”，将服务地址设置为 https://echo.apifox.com/，单击“保存”按钮，设置如图 7-4 所示。

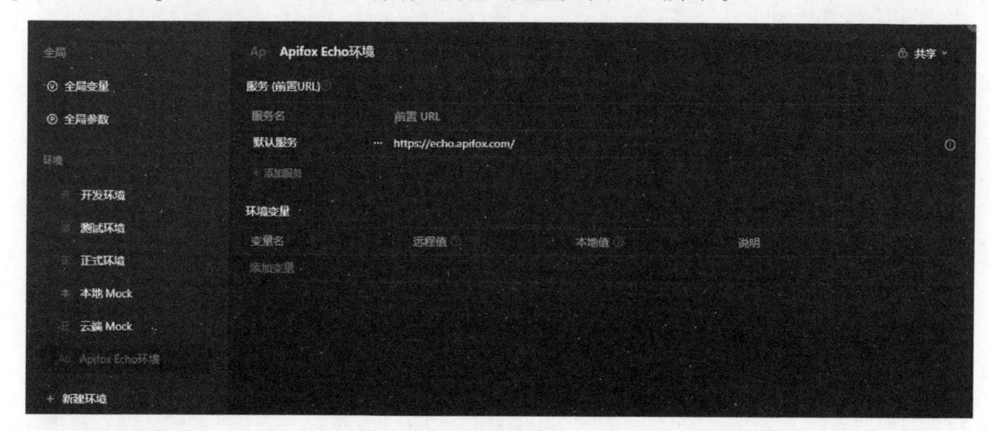

图 7-4 配置环境

3. 新建接口

选择项目，在接口管理模块下选择新建接口，参数页面与 Postman 接口类似。将 Get 示例接口参数填入相应位置。此处提前设置了 Apifox Echo 示例项目的环境，在 URL 中仅需填写 Path 部分内容。完成后单击“保存”按钮，将接口保存至根目录下，如图 7-5 所示。

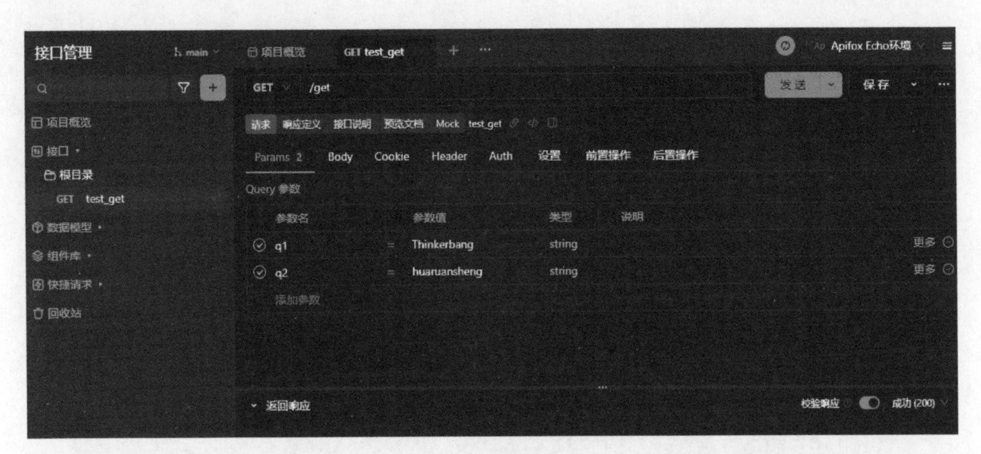

图 7-5　新建接口

4. 设置断言

Apifox 在请求的后置操作选项卡中可以添加断言，断言对象可以是 Response Text、Response JSON、Response XML 等返回信息及各种变量。后置操作选项卡也可以添加自定义脚本，自己编写脚本断言。设置断言如图 7-6 所示。

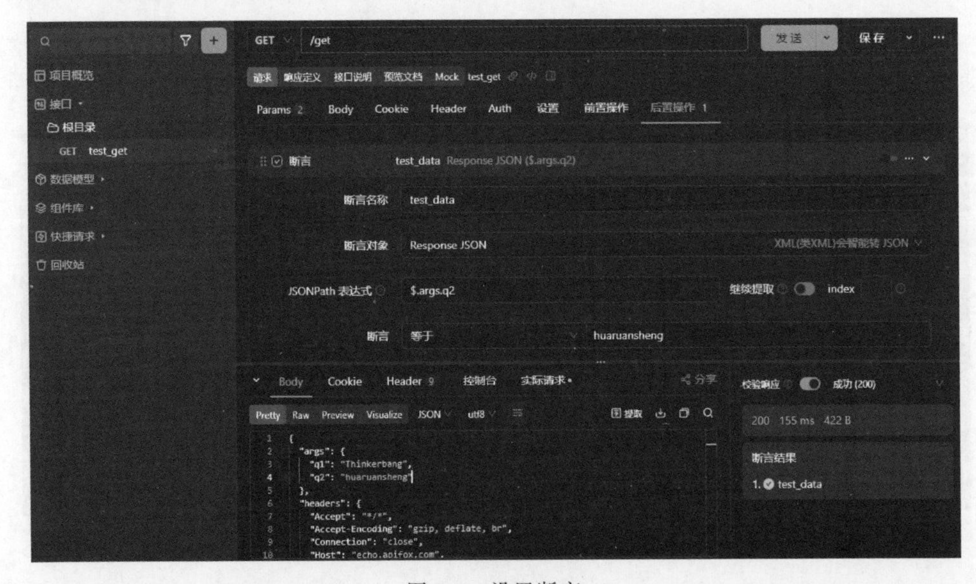

图 7-6　设置断言

5. 测试执行

在接口管理页面可以通过“发送”按钮对当前接口完成调试功能。常规意义上的接口运行需要在自动化测试页面完成。在根目录下新建场景，命名为 TestRun。在“测试步骤”选项卡中从接口添加步骤，将 Thinkerbang 项目中的 Test_get 接口导入。单击右侧运行的接口测试，设置如图 7-7 所示。

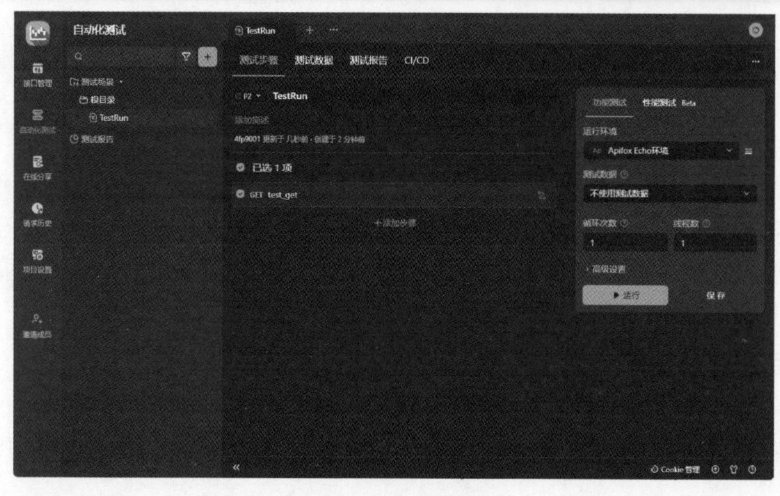

图 7-7　运行设置

6. 查看测试结果

运行完成后，可以查看接口测试的运行结果，如图 7-8 所示。

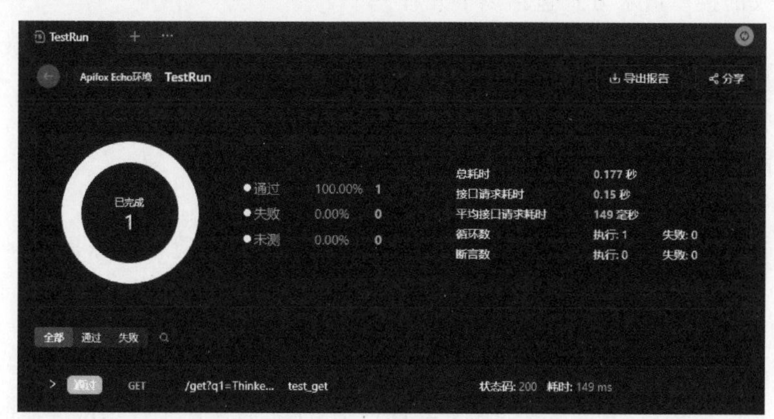

图 7-8　查看结果

多次运行结果在测试报告选项卡中以列表方式显示，选择相应结果可以查看具体的运行结果参数，如图 7-9 所示。

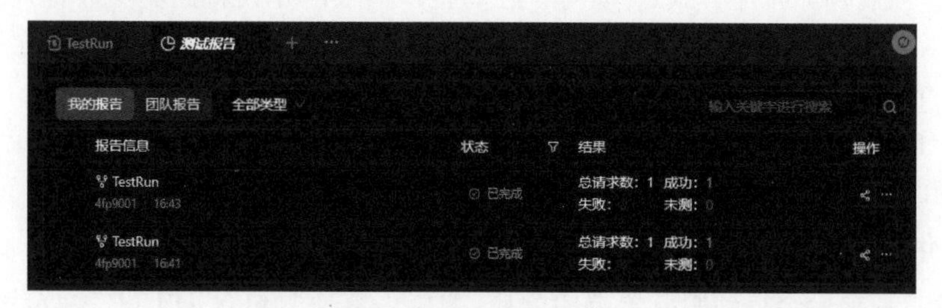

图 7-9　运行结果列表

7.2 接口文档的定义与管理

7.2.1 设计接口文档

在软件研发工作中，一份清晰完整的接口文档可以让不同环节的相关人员的协作效率大幅提升。接口文档应具备几个要素：设定接口路径、指定请求方式、接口请求参数详情、提供返回示例、生成在线文档。在 Apifox 的新建接口项中可以覆盖这些要素。

1. 设定接口路径

在 Apifox 中设置 URL 路径时，通常会把协议类型与域名(IP)在环境中进行设置，接口路径中仅填写 Path 部分内容。如果 Path 部分包含参数，则需要将参数置入 Params 选项卡中。

2. 指定请求方式

此部分需要根据接口的实际需求选择不同的请求方式，无须赘述。Apifox 中支持的基于 HTTP 协议的接口请求方式包括以下几种。

GET(获取)：用于获取指定资源，不应产生副作用，使用查询参数传递参数。

POST(提交)：用于提交数据，可能产生副作用，可以传递请求体参数。

PUT(更新)：用于更新或替换指定的资源。

DELETE(删除)：用于删除指定的资源。

OPTIONS(选项)：用于获取目标资源支持的请求方式。

HEAD(请求头)：与 GET 类似，但只返回响应头部，用于检查资源是否存在和是否被修改。

PATCH(补丁)：用于更新指定资源的部分信息。

TRACE(跟踪)：用于回显服务器收到的请求，用于调试和诊断。

CONNECT(连接)：用于建立与服务器的网络连接，通常用于代理服务器的请求转发。

3. 接口请求参数详情

接口请求中的 Params 参数包含 Query 参数和 Path 参数两部分。通常 Query 参数包含一些可选参数，例如排序方式、分页等。在写接口请求时建议将此类参数置入 Params 参数表中。Path 参数通常用来增强描述请求资源的准确性，建议与 Path 路径放在一起。

还有一种 Body 参数，只在部分请求方式中存在，例如 POST 请求。在 Apifox 中可将 Body 分为 form-data、x-www-form-urlencoded、json、xml、raw、binary 等多种类型，如图 7-10 所示。具体使用时可根据 Headers 中的 Content-Type 字段进行判断。

4. 提供返回示例

接口发起请求后会得到服务器端的响应，响应内容通常包含 HTTP 协议状态码、返回数据格式等。可以在响应定义选项卡中提前设置，以便返回响应内容。后续生成接口文档

图 7-10　Body 参数类型

时可以显示为返回示例内容。

5. 生成在线文档

在 Apifox 中，可以将设计完成的接口文档发布成在线文档，可以帮助团队成员相互查阅所需接口信息，提高沟通效率。从 Apifox 左侧"在线分享"栏中完成在线发布操作，示例如图 7-11 所示。

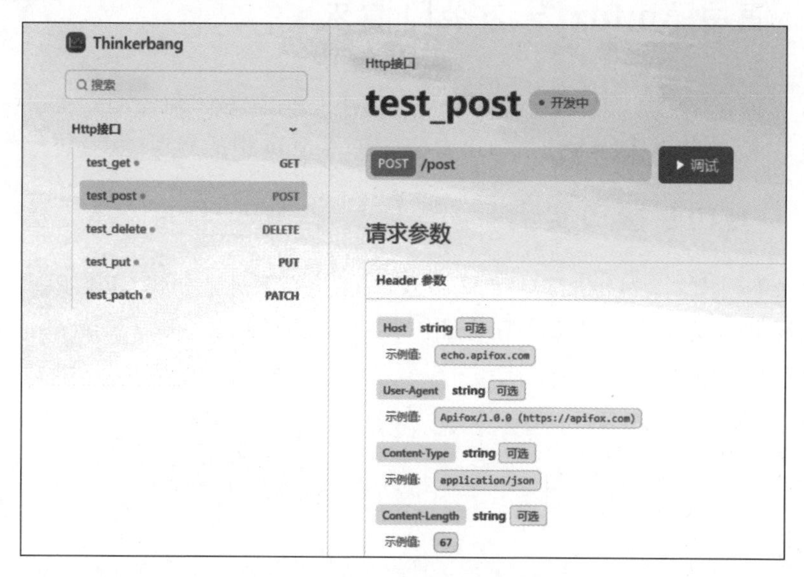

图 7-11　在线分享接口文档

7.2.2　接口管理

在 Apifox 中，在项目内新建接口通常会存储在接口目录中，可以通过在接口管理页面中选择根目录或者下级子目录的方式查看全部或者部分接口信息。

在接口目录页面可以使用接口名称、接口路径等条件进行关键字搜索操作。也可以选择部分或全部接口，对接口文档完成删除、修改状态、增加标签、删除标签、修改责任人、导出和移动目录等操作，如图 7-12 所示。

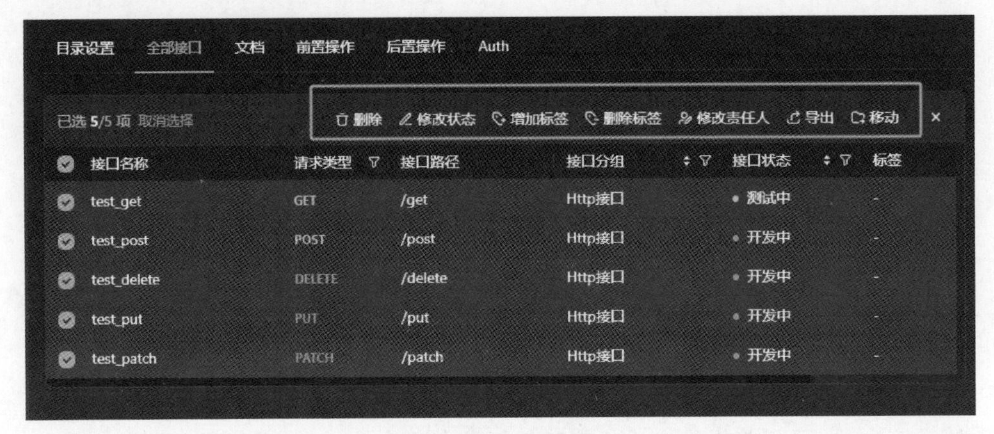

图 7-12　接口批量管理

7.3　使用 Apifox 发送接口请求

Apifox 可以完成包括 HTTP、WebSocket、WebService、Socket、gRPC、Dubbo 在内的多种协议接口请求，本节以实例方式演示以上接口在 Apifox 中的实现过程。

7.3.1　HTTP 接口实例

在根目录下创建名为"Http 接口"的子目录，在子目录下分别创建 GET、POST、DELETE、PUT、PATCH 接口实例，导出 JSON 格式脚本（接口脚本：/Bookcodes/Chapter07/Thinkerbang.Httpapi.json），脚本如下：

```
//Chapter07/Thinkerbang.Httpapi.json


{
  "openapi": "3.0.1",
  "info": {
    "title": "Thinkerbang",
    "description": "",
    "version": "1.0.0"
  },
  "tags": [
    {
      "name": "Http 接口"
    }
  ],
  "paths": {
    "/get": {
```

```
      "get": {
        "summary": "test_get",
        "x-apifox-folder": "Http 接口",
        "x-apifox-status": "testing",
        "deprecated": false,
        "description": "",
        "tags": [
          "Http 接口"
        ],
        "parameters": [
          {
            "name": "q1",
            "in": "query",
            "description": "",
            "required": false,
            "example": "Thinkerbang",
            "schema": {
              "type": "string"
            }
          },
          {
            "name": "q2",
            "in": "query",
            "description": "",
            "required": false,
            "example": "huaruansheng",
            "schema": {
              "type": "string"
            }
          },
          {
            "name": "Host",
            "in": "header",
            "description": "",
            "required": false,
            "example": " echo.apifox.com",
            "schema": {
              "type": "string"
            }
          },
          {
            "name": "User-Agent",
            "in": "header",
            "description": "",
            "required": false,
            "example": " Apifox/1.0.0 (https://apifox.com)",
            "schema": {
              "type": "string"
            }
```

```
            }
          ],
          "responses": {
            "200": {
              "description": "成功",
              "content": {
                "application/json": {
                  "schema": {
                    "type": "object",
                    "properties": {},
                    "x-apifox-ignore-properties": [],
                    "x-apifox-orders": []
                  }
                }
              }
            }
          },
          "x-run-in-apifox": "https://apifox.com/web/project/3935757/apis/api-144592876-run",
          "security": []
        }
      },
…         //此处仅保留 GET 请求接口,完整脚本见配套文件 Thinkerbang.Httpapi.json
  },
  "components": {
    "schemas": {},
    "securitySchemes": {}
  },
  "servers": []
}
```

7.3.2 WebSocket 接口实例

WebSocket 是一种在 TCP 连接上进行全双工通信的 API 技术。相比于传统的 HTTP 类型 API,WebSocket 类型接口有着更低的延迟和更高的效率,它适用于需要长时间保持连接并实时传输数据的场景,例如在线游戏、实时聊天等服务。WebSocket 接口是与 HTTP 不同的 TCP 协议,以即时通信为例,其服务器端与客户端之间的交互是从 HTTP 请求开始的,请求使用 HTTPUpgrade 标头来升级。握手成功后,HTTP 升级请求的 TCP 套接字将保留为客户端和服务器端打开,以便继续发送和接收消息。

首先使用代码实现服务器端与客户端的功能,服务器代码使用 ws 模块创建一个 WebSocket 服务器。当有客户端连接时,服务器监听并处理消息,并将接收的消息广播给所有连接的客户端。本节示例主要用来演示 Apifox 实现 WebSocket 接口,不考虑点对点消息传输。服务器端的实现代码如下:

```
//Chapter07/server.py


import asyncio
import websockets
import threading
import time

async def handle_websocket_connection(websocket, path):
    #处理新的 WebSocket 连接
    print("New websocket client connected")

    try:
        #循环接收客户端消息并处理
        async for message in websocket:
            print(f"Received message from client:{message}")
            await websocket.send(f'Hello,Client!')
    except websockets.exceptions.ConnectionClosedError as e:
        print(f"Connection closed unexpectedly:{e}")
    finally:
        pass
        #处理完毕,关闭 WebSocket 连接
    print("websocket connection closed")

def websocketserverrun():
    asyncio.set_event_loop(asyncio.new_event_loop())
    #启动 WebSocket 服务器端并等待连接
    start_server = websockets.serve(
        handle_websocket_connection,"localhost", 9999)

    asyncio.get_event_loop().run_until_complete(start_server)
    asyncio.get_event_loop().run_forever()

thread = threading.Thread(target = websocketserverrun())
thread.start()

time.sleep(100)
```

客户端的实现代码如下：

```
//Chapter07/client.py

import websocket


def on_open(ws):
    print("连接已建立")

    #将消息发送给服务器
    ws.send("Hello, server!")
```

```
def on_message(ws, message):
    print("收到消息:", message)


def on_close(ws):
    print("连接已关闭")


def on_error(ws, error):
    print("发生错误:", error)


#创建 WebSocket 连接
ws = websocket.WebSocketApp("ws://localhost:9999/ws",
                           on_open = on_open,
                           on_message = on_message,
                           on_close = on_close,
                           on_error = on_error)

#启动 WebSocket 客户端
ws.run_forever()
```

在 PyCharm 下分别运行 server.py 和 client.py 代码，以便启动及运行服务器端和客户端。在客户端输入并发送"Hello，server!"消息，此时服务器会给出响应，如图 7-13 和图 7-14 所示。

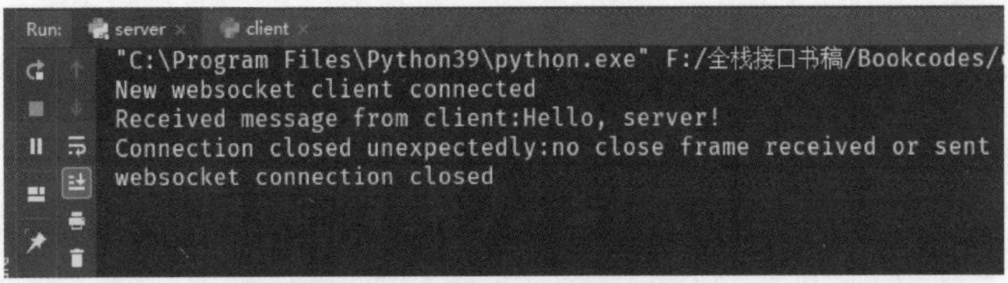

```
Run: server × client ×
"C:\Program Files\Python39\python.exe" F:/全栈接口书稿/Bookcodes/
New websocket client connected
Received message from client:Hello, server!
Connection closed unexpectedly:no close frame received or sent
websocket connection closed
```

图 7-13　WebSocket 服务器端

```
Run: server × client ×
"C:\Program Files\Python39\python.exe" F:/全栈接口书稿/Bookcodes/
连接已建立
收到消息： Hello,Client!

Process finished with exit code -1
```

图 7-14　WebSocket 客户端

至此，基于 WebSocket 接口的测试环境调试完毕。

在 Apifox 下创建 WebSocket 接口，命名为 info_Api，保存至根目录下 WebSocket 接口的子目录中。参数设置如图 7-15 所示。

单击右上角的“连接”按钮，让 info_Api 模拟的客户端与服务器端建立联系，在 Text 参数下输入"hello，Server"数据后单击右侧的“发送”按钮，可以从 Messages 下看到响应消息。

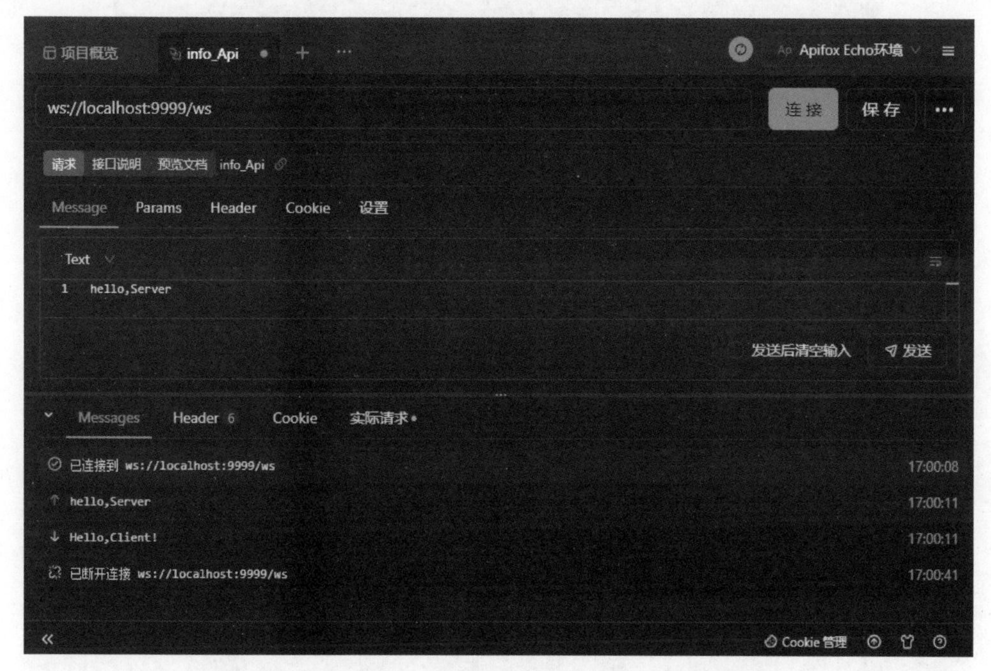

图 7-15 Apifox 下 WebSocket 接口参数设置与运行结果

7.3.3 WebService 接口实例

WebService 是 Web 服务，对应的应用层协议为 SOAP（相当于 HTTP），可理解为远程调用技术。请求报文和返回报文都是 XML 格式的。SOAP（简单对象访问协议）是一种基于 XML 语言的通信协议，可以用于不同平台和不同语言之间的通信。

通常来讲，WebService 是一种软件系统的概念，而 HTTP 是一种用于传输数据的协议，二者并不是平行关系。WebService 服务使用 HTTP 作为通信的基础协议之一，但并不限于 HTTP，还可以使用其他协议，例如 SOAP 协议。Apifox 全功能示例中的 WebService 接口请求参数设置如图 7-16 所示。

可以看到 WebService 接口形式与 HTTP 相似，它们都使用 POST 方式传递数据。响应结果也是 XML 数据格式，如图 7-17 所示。

7.3.4 gRPC 接口实例

RPC（Remote Procedure Call）协议提供了一套机制，使应用程序之间可以进行通信，遵从 Server/Client 模型。使用 Client 调用 Server 提供的接口就像是调用本地函数一样。

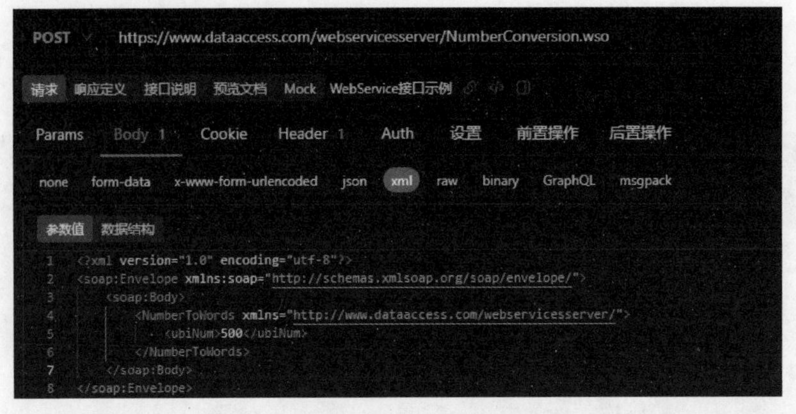

图 7-16 WebService 接口参数设置

图 7-17 WebService 接口响应结果

gRPC 是谷歌开发的一款实现 RPC 服务的高性能开源框架，是基于 HTTP 2.0 协议的，支持 C、C++、Java、Node.js、Python、Ruby、Objective-C、PHP 和 C# 等语言。

在 gRPC 中，调用方称为 Client，被调用方称为 Server。gRPC 是基于“服务定义”思想的，也就是通过某种方式来描述一个服务，描述方式与实现语言无关。在“服务定义”的过程中，需要描述所提供服务的服务名、可调用方法及方法形参与返回值。定义完成后，gRPC 会屏蔽底层的细节，Client 只需直接调用定义好的方法，就能获得预期的返回结果。对于 Server 来讲，还需要实现定义方法。gRPC 会屏蔽底层的细节，只需实现所定义的方法的具体逻辑。

Apifox 从 2.3.0 版之后支持创建基于 gRPC 项目的接口请求，用来模拟客户端。创建项目之前需要使用 Python 实现 gRPC 服务器端。

打开命令提示符窗口，分别输入以下两组命令，用于安装 gRPC 支撑环境和工具：

pip install grpcio；

pip install grpcio-tools。

安装结果如图 7-18 和图 7-19 所示。

接着在 PyCharm 下创建 gRPC 服务定义文件，代码如下：

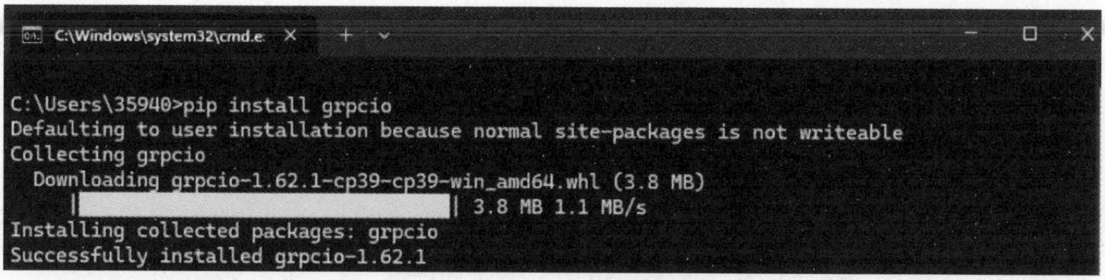

```
C:\Users\35940>pip install grpcio
Defaulting to user installation because normal site-packages is not writeable
Collecting grpcio
  Downloading grpcio-1.62.1-cp39-cp39-win_amd64.whl (3.8 MB)
     |████████████████████████████████| 3.8 MB 1.1 MB/s
Installing collected packages: grpcio
Successfully installed grpcio-1.62.1
```

图 7-18　grpcio 的安装

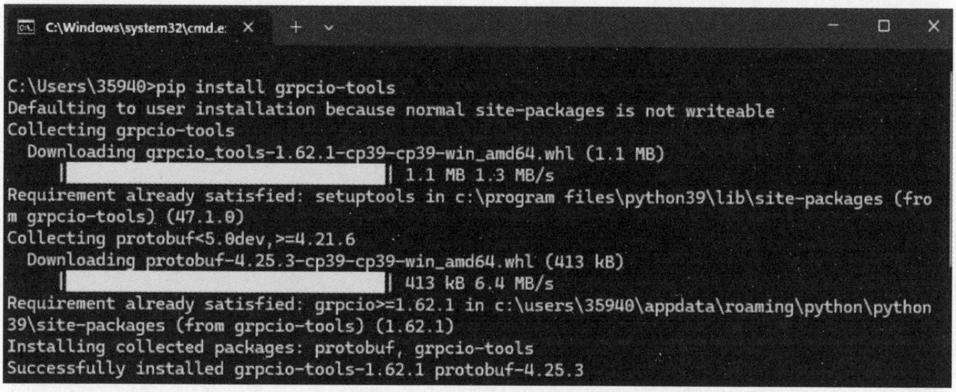

```
C:\Users\35940>pip install grpcio-tools
Defaulting to user installation because normal site-packages is not writeable
Collecting grpcio-tools
  Downloading grpcio_tools-1.62.1-cp39-cp39-win_amd64.whl (1.1 MB)
     |████████████████████████████████| 1.1 MB 1.3 MB/s
Requirement already satisfied: setuptools in c:\program files\python39\lib\site-packages (fro
m grpcio-tools) (47.1.0)
Collecting protobuf<5.0dev,>=4.21.6
  Downloading protobuf-4.25.3-cp39-cp39-win_amd64.whl (413 kB)
     |████████████████████████████████| 413 kB 6.4 MB/s
Requirement already satisfied: grpcio>=1.62.1 in c:\users\35940\appdata\roaming\python\python
39\site-packages (from grpcio-tools) (1.62.1)
Installing collected packages: protobuf, grpcio-tools
Successfully installed grpcio-tools-1.62.1 protobuf-4.25.3
```

图 7-19　grpcio-tools 的安装

```
//Chapter07/helloworld.proto

syntax = "proto3";

package helloworld;

//The greeter service definition.
service Greeter {
  //Sends a greeting
  rpc SayHello (HelloRequest) returns (HelloReply) {}
}

//The request message containing the user's name.
message HelloRequest {
  string name = 1;
}

//The response message containing the greetings.
message HelloReply {
  string message = 1;
}
```

打开命令提示符窗口，切换至 Chapter07 目录，输入 python -m grpc_tools.protoc -I./ --python_out=. --grpc_python_out=../helloworld.proto 命令将 helloworld.proto 文件在当前

目录下转换成 Python 文件。转换后会生成 helloworld_pb2. py 文件和 helloworld_pb2_grpc. py 文件。通常转换生成文件包在引用时会出现错误，需要进行修改及调试。helloworld_pb2. py 文件代码如下：

```
//Chapter07/helloworld_pb2.py

# -*- coding: utf-8 -*-
# Generated by the protocol buffer compiler. DO NOT EDIT!
# source: helloworld.proto
# Protobuf Python Version: 4.25.1
"""Generated protocol buffer code."""
from google.protobuf import descriptor as _descriptor
from google.protobuf import descriptor_pool as _descriptor_pool
from google.protobuf import symbol_database as _symbol_database
from google.protobuf.internal import builder as _builder
# @@protoc_insertion_point(imports)

_sym_db = _symbol_database.Default()



DESCRIPTOR = _descriptor_pool.Default().AddSerializedFile(b'\n\x10helloworld.proto\x12\
nhelloworld\"\x1c\n\x0cHelloRequest\x12\x0c\n\x04name\x18\x01 \x01(\t\"\x1d\n\nHelloReply
\x12\x0f\n\x07message\x18\x01 \x01(\t2I\n\x07Greeter\x12>\n\x08SayHello\x12\x18.
helloworld.HelloRequest\x1a\x16.helloworld.HelloReply\"\x00\x62\x06proto3')

_globals = globals()
_builder.BuildMessageAndEnumDescriptors(DESCRIPTOR, _globals)
_builder.BuildTopDescriptorsAndMessages(DESCRIPTOR, 'helloworld_pb2', _globals)
if _descriptor._USE_C_DESCRIPTORS == False:
  DESCRIPTOR._options = None
  _globals['_HELLOREQUEST']._serialized_start=32
  _globals['_HELLOREQUEST']._serialized_end=60
  _globals['_HELLOREPLY']._serialized_start=62
  _globals['_HELLOREPLY']._serialized_end=91
  _globals['_GREETER']._serialized_start=93
  _globals['_GREETER']._serialized_end=166
# @@protoc_insertion_point(module_scope)
```

helloworld_pb2_grpc. py 文件代码如下：

```
//Chapter07/helloworld_pb2_grpc.py

# Generated by the gRPC Python protocol compiler plugin. DO NOT EDIT!
"""Client and server classes corresponding to protobuf-defined services."""
import grpc

import chapter07.helloworld_pb2 as helloworld__pb2
```

```
class GreeterStub(object):
    """The greeter service definition.
    """

    def __init__(self, channel):
        """Constructor.

        Args:
            channel: A grpc.Channel.
        """
        self.SayHello = channel.unary_unary(
                '/helloworld.Greeter/SayHello',
                request_serializer = helloworld__pb2.HelloRequest.SerializeToString,
                response_deserializer = helloworld__pb2.HelloReply.FromString,
                )


class GreeterServicer(object):
    """The greeter service definition.
    """

    def SayHello(self, request, context):
        """Sends a greeting
        """
        context.set_code(grpc.StatusCode.UNIMPLEMENTED)
        context.set_details('Method not implemented!')
        raise NotImplementedError('Method not implemented!')


def add_GreeterServicer_to_server(servicer, server):
    rpc_method_handlers = {
            'SayHello': grpc.unary_unary_rpc_method_handler(
                    servicer.SayHello,
                    request_deserializer = helloworld__pb2.HelloRequest.FromString,
                    response_serializer = helloworld__pb2.HelloReply.SerializeToString,
            ),
    }
    generic_handler = grpc.method_handlers_generic_handler(
            'helloworld.Greeter', rpc_method_handlers)
    server.add_generic_rpc_handlers((generic_handler,))


# This class is part of an EXPERIMENTAL API.
class Greeter(object):
    """The greeter service definition.
    """

    @staticmethod
    def SayHello(request,
```

```
            target,
            options = (),
            channel_credentials = None,
            call_credentials = None,
            insecure = False,
            compression = None,
            wait_for_ready = None,
            timeout = None,
            metadata = None):
        return grpc.experimental.unary_unary(request, target, '/helloworld.Greeter/SayHello',
            helloworld__pb2.HelloRequest.SerializeToString,
            helloworld__pb2.HelloReply.FromString,
            options, channel_credentials,
            insecure, call_credentials, compression, wait_for_ready, timeout, metadata)
```

最后创建 gRPC 服务器端，代码如下：

```
//Chapter07/gRPC_Server.py

from concurrent import futures
import grpc
import chapter07.helloworld_pb2
import chapter07.helloworld_pb2_grpc


class Greeter(chapter07.helloworld_pb2_grpc.GreeterServicer):
    def SayHello(self, request, context):
        return chapter07.helloworld_pb2.HelloReply(message = 'Hello, {}!'.format(request.name))


def serve():
    port = "8997"
    server = grpc.server(futures.ThreadPoolExecutor(max_workers = 10))
    chapter07.helloworld_pb2_grpc.add_GreeterServicer_to_server(Greeter(), server)
    server.add_insecure_port('[::]:' + port)
    print("Server started, listening on " + port)
    server.start()
    try:
        server.wait_for_termination()
    except KeyboardInterrupt:
        server.stop(0)


if __name__ == '__main__':
    serve()
```

在 PyCharm 下运行服务器端代码，如果输出 Server started, listening on 8997 信息，则表示服务器端运行成功，如图 7-20 所示。

至此，准备工作完成。

图 7-20 启动 gRPC 服务器端

打开 Apifox 软件主窗口，选择“新建项目”按钮，项目参数的设置如图 7-21 所示。

图 7-21 创建 gRPC 项目

打开环境管理面板，新建 gRPC 环境，将服务器地址设置为 127.0.0.1:8997(端口号可以在 gRPC_Server.py 文件中进行设置)，选择当前生效环境，设置如图 7-22 所示。

图 7-22 设置环境变量

在右侧根目录下选择“添加 Proto”选项，在添加窗口中选择 helloworld.proto 文件，如图 7-23 所示。

添加成功后会自动生成目录结构，选择新生成的 SayHello 项，在“接口调试”下的 Message 选项卡下设置接口请求参数，调用服务器端的相应方法。按下“调用”按钮，Response 窗口会传回响应内容，如图 7-24 所示。

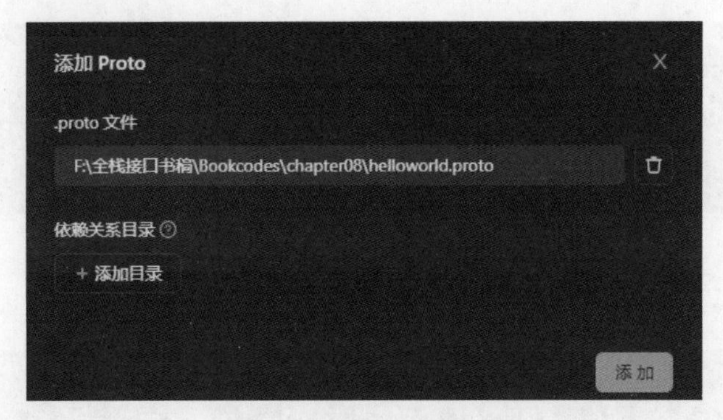

图 7-23　添加 Proto 文件

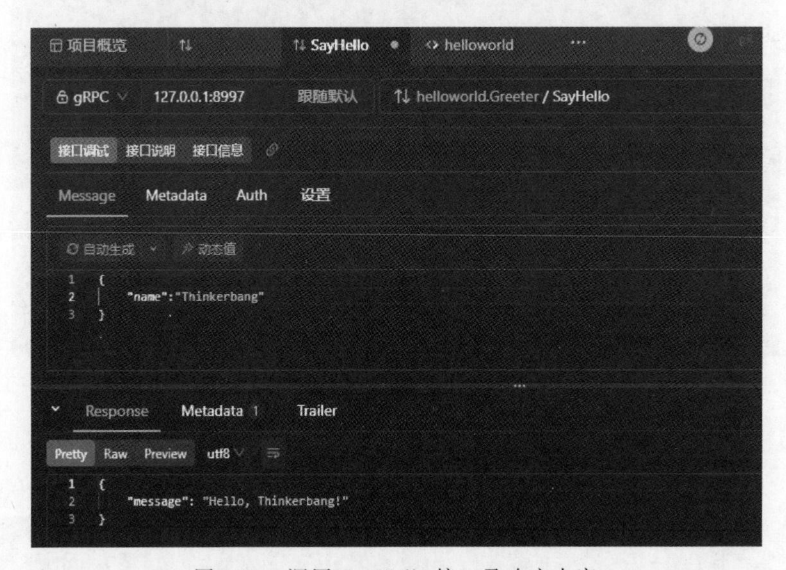

图 7-24　调用 SayHello 接口及响应内容

至此，一个基于 gRPC 协议的接口示例就完成了。示例中请求传参使用了 Unary（一元调用）方法。Apifox 还支持 Server Streaming（服务器端流）、Client Streaming（客户端流）、Bidirectional Streaming（双向流）方法的调用，读者可参考官方帮助文档（https://apifox.com/help/grpc）相应内容进行实践。

第 8 章

CHAPTER 8

接口测试工具：JMeter

JMeter 最初是为 Web 程序压力测试而开发的一款工具，后来扩展到了其他测试领域，可用于测试静态和动态资源，如静态文件、Java 小服务程序、CGI 脚本、Java 对象、数据库和 FTP 服务器等。JMeter 除了在性能测试方面的应用，在接口功能验证、程序功能的自动化回归测试方面的应用也较为广泛。本章重点讲解 JMeter 在接口测试时用到的方法。

8.1 JMeter 介绍

JMeter 是 Apache 组织基于 Java 开发的压力测试工具，用于对软件进行压力测试。官网下载网址为 https://jmeter.apache.org/，如图 8-1 所示。

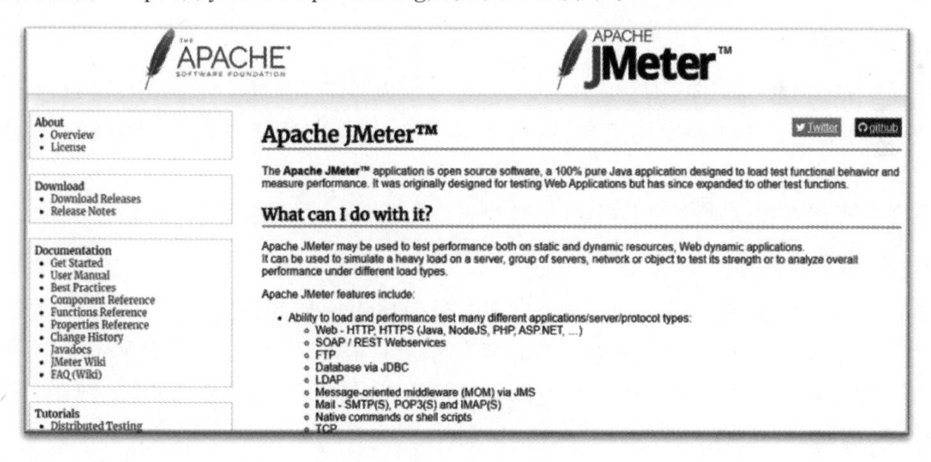

图 8-1 Apache JMeter 官网

8.1.1 JMeter 的优势

JMeter 入门简单，有图形调试界面，此工具的学习成本低。在执行脚本时可以不依赖于界面。当服务正常启动时，如果传递参数明确就可以添加测试用例，执行接口测试。测试脚本维护方便，初学者可以使用 Badboy、Fiddler 等工具录制接口测试脚本。

JMeter 断言可以验证代码中是否有需要得到的值。使用参数化及 JMeter 提供的函数功能，可以快速地完成测试数据的添加、修改等操作。

JMeter 使用 Java 语言开发，支持多操作系统平台，可以在 Windows 平台、多版本的 Linux 平台上使用。JMeter 拥有插件机制，兼容第三方定制开发插件对工具本身的功能进行扩展，拥有众多优秀的第三方插件。

8.1.2 JMeter 主要组成

1. 测试计划

在 JMeter 中一个脚本就是一个测试计划（Test Plan），也是一个管理单元。JMeter 脚本中测试计划只能有一个，测试计划是整个脚本的根节点。一个完整的测试计划元件至少需要包含一个线程组、一个取样器和一个监听器，如图 8-2 所示。

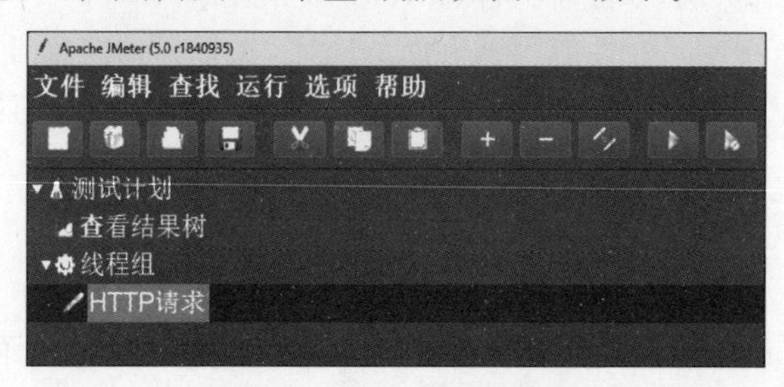

图 8-2 测试计划元件组成

2. 线程组

线程组是 JMeter 软件进行压力测试时的一个调度框架，类似 LoadRunner 中的控制器，在线程组中可以实现并发用户数、用户加载策略、持续时间等性能场景的模拟。线程组的底层实现采用 Java 线程组，所有的压力测试均是通过线程组来调度的。接口测试过程中可以使用线程组对接口脚本进行管理。线程组参数面板如图 8-3 所示。

3. 断言

JMeter 中的断言（Assertions）是在接口请求返回层面增加的判断机制。如果一个接口成功返回 200 的协议状态码，则说明在协议层面的请求是成功的，而业务层面则不一定，需要进一步判断，这是断言存在的必要性。响应断言通常位于接口请求的下级节点，如图 8-4 所示。

4. 定时器

JMeter 中使用定时器（Timer）的主要目的是模拟用户思考时间（Thinktime），主要用于性能测试场景的设置。

5. 监听器

JMeter 中的监听器（Listener）用来监听及显示接口请求返回的结果，并以图、表、数据等形式进行显示。也可以以文件方式进行保存，支持 XML 格式、CSV 格式。当以 XML 格式保存时文件后缀以.jtl 结尾。接口测试时常用监听器“查看结果树”，如图 8-5 所示。

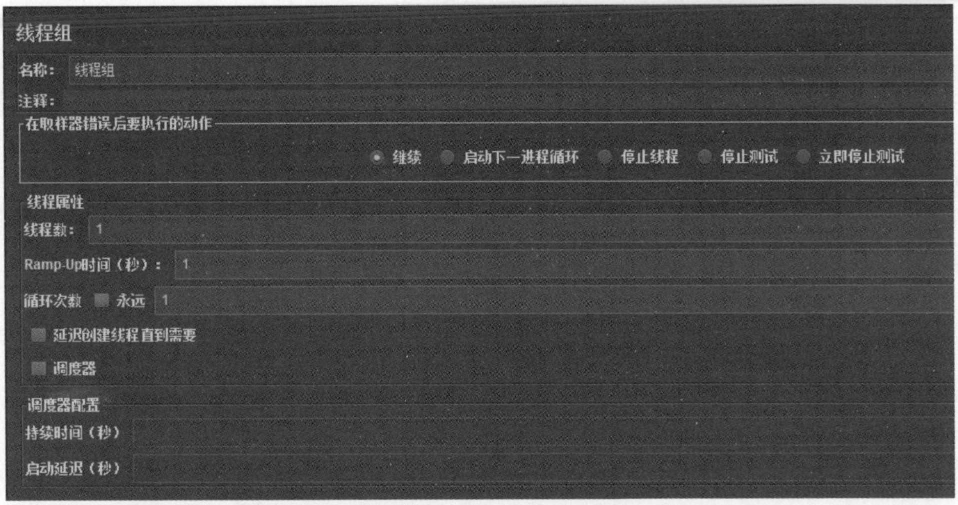

图 8-3　线程组参数面板

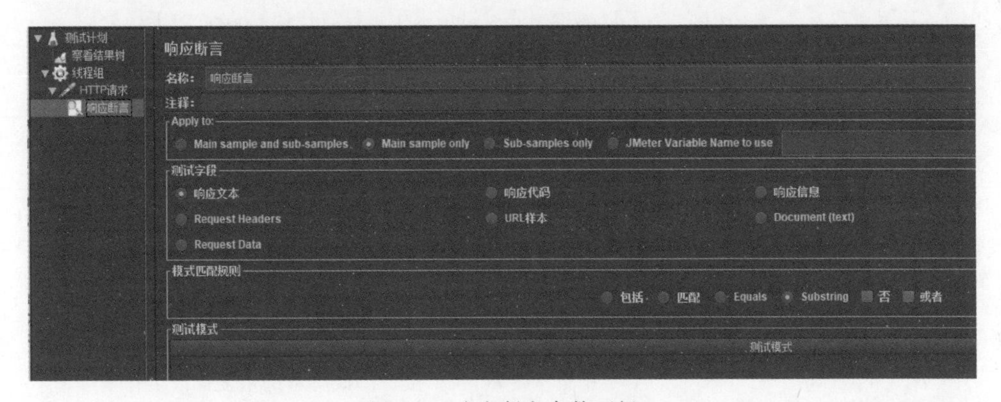

图 8-4　响应断言参数面板

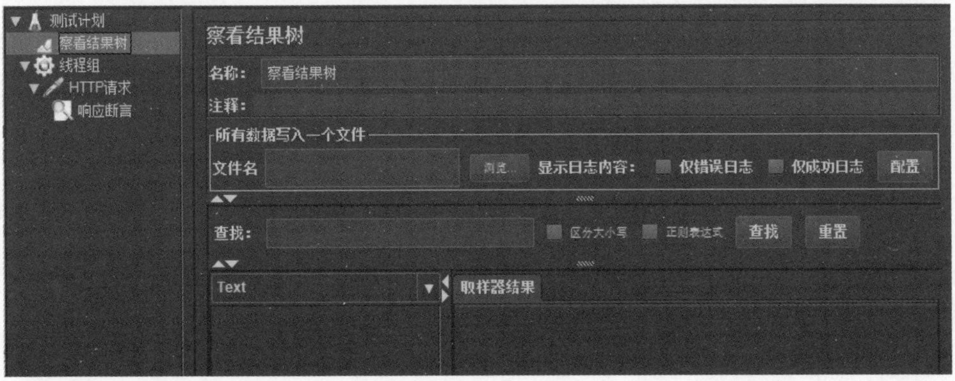

图 8-5　监听器参数面板

6. 配置元件

JMeter 配置元件(Config Element)可以用来初始化默认值和变量,读取文件数据,设置公共请求参数,以及赋予变量值等,以便后续供采样器使用。配置元件在其作用域的初始化阶段处理。配置元件提供了对静态数据配置的支持,可以为取样器设置默认值和变量。常见配置元件见表 8-1。

表 8-1 常见配置元件

序号	元件名称	作用
1	HTTP 信息头管理器	管理 HTTP 请求所用到的 Headers,随着 HTTP 请求一起发送到服务器;如果放在 HTTP 请求下面,则其作用域只针对一个 HTTP 请求。如果放在线程组下面,则对该线程组下的全部请求起作用
2	HTTP Cookie 管理器	当接口请求之间出现 Cookie 关联时,使用 Cookie 管理器对请求时生成的 Cookie 信息实现接口间的传递。请求后获取的 Cookie 信息通常来自 Response Headers,Cookie 管理器元件可以减少关联接口请求手工设置传递 Cookie 的工作量
3	HTTP 缓存管理器	可以模拟浏览器对静态资源(图片)的缓存功能,使用方法与 Cookie 管理器相同
4	CSV 数据文件配置	可以从 CSV 文件中导入测试数据,实现测试数据参数化,常用于模拟发送并发请求等场景
5	HTTP 授权管理器	HTTP 授权管理器可以为使用服务器身份验证限制的接口请求指定账号和密码。在接口请求需要登录授权时,JMeter 可通过 HTTP 授权管理器发送登录信息
6	用户自定义变量	常用于一些需要大量使用却需要变更的场景,例如测试环境变更,导致的服务器端口、地址等信息发生变更,在用户自定义变量中设置变量,减少接口测试脚本的重复修改工作量

7. 前置处理器

JMeter 的前置处理器可以用来在取样器执行前做一些数据准备工作,例如设置一些参数、修改取样器的设置、脚本预处理等。常用的前置处理器有用户参数、BeanShell 预处理器、JDBC 预处理器。

8. 后置处理器

JMeter 的后置处理器可以用来在取样器执行后做一些数据提取工作,例如一个接口的请求参数是另一个接口的响应结果,这时就需要用到后置处理器来处理参数。常用的提取器是正则表达式提取器,如图 8-6 所示。

9. 逻辑控制器

在 JMeter 中逻辑控制器(Logic Controllers)的作用是控制取样器的执行顺序。逻辑控制器可以分为两种使用类型,第 1 种是控制测试计划在执行过程中节点的逻辑执行顺序,例如循环控制器、if控制器等；第2种是对测试计划中的脚本进行分组，方便JMeter统计执行结果及进行脚本的运行时控制等，例如事务控制器等。

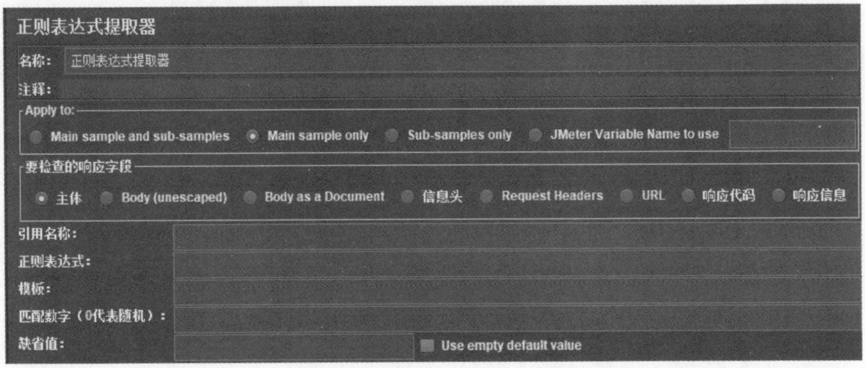

图8-6　正则表达式提取器参数面板

10. 取样器

JMeter中的取样器(Sampler)是用来模拟用户操作的，向服务器发送请求及接收服务器的响应数据。取样器是在线程组内部的元件，只能在线程组中添加。JMeter的取样器有HTTP请求、JDBC请求、BeanShell取样器、调试取样器、JSR223取样器、FTP请求、GraphQL HTTP请求、TCP请求、Java请求等，接口测试中最常用的是HTTP请求取样器，如图8-7所示。

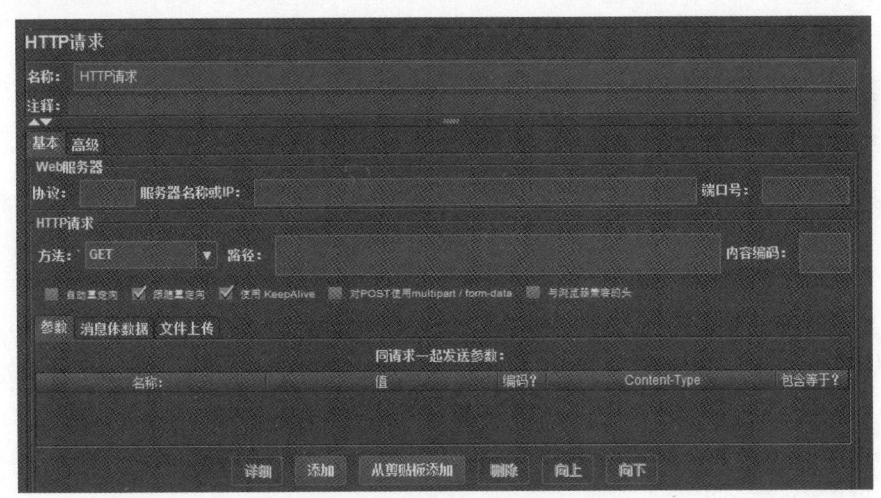

图8-7　HTTP请求取样器参数面板

8.1.3 JMeter接口测试流程

JMeter首先从线程组开始执行，当有多个线程组时可以在测试计划中设置线性执行或并发执行。一个完整的JMeter接口执行场景中脚本执行将按照以下顺序进行，如图8-8所示。

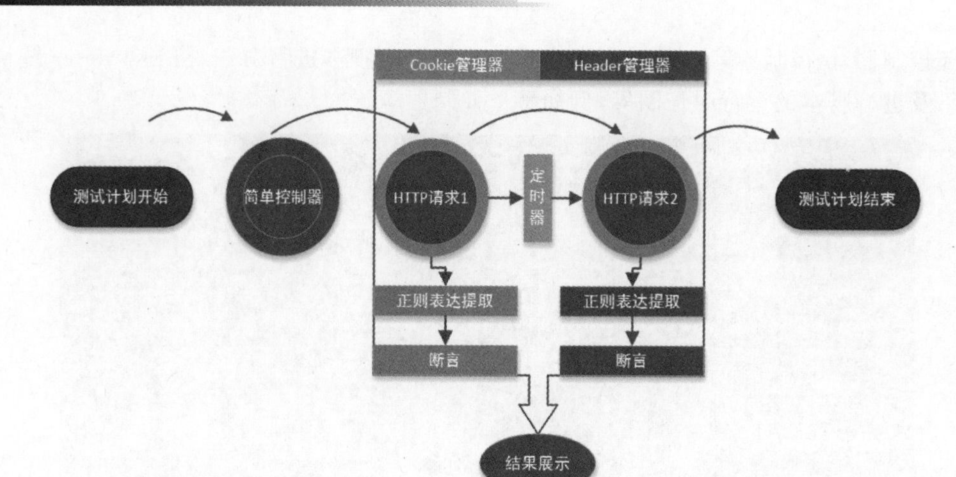

图 8-8　JMeter 元件执行流程图

JMeter 创建一个基本测试计划的基本流程如下：

(1) 创建测试计划，并且保存成功。

(2) 添加线程组。

(3) 添加 Header 管理器、Cookie 管理器。

(4) 在线程组下添加取样器，设置接口参数。

(5) 在取样器下添加断言，设置断言参数。

(6) 添加"查看结果树"。

8.1.4　使用 Fiddler 录制接口脚本

接口脚本通常是参考 API 文档中对应接口信息转换而来的。在实际接口测试工作中，可能会缺失开发团队的 API 文档，此时可以通过抓包工具获取接口信息。使用 JMeter 做接口测试的初学者还可以通过录制的方式直接将结果转换为接口脚本，从而降低工具的使用难度。接口的录制实际上就是抓包的过程，常见工具如 Badboy、Fiddler、Charles 等。以 Fiddler 为例对孔夫子旧书网首页展示、图书搜索两个接口进行抓包转换。

首先打开 Fiddler 工具，使之处于录制状态，打开 Filters 筛选器选项卡，勾选 Use Filters 开启网址筛选，在 Hosts 下选择 Show only Internet Hosts（仅显示互联网主机）和 Show only the following Hosts（仅显示以下主机），在输入框中输入 www.kongfz.com、search.kongfz.com，如图 8-9 所示。

然后打开 Chrome 浏览器，输入 http://www.kongfz.com 进入网站，在首页搜索《全栈 UI 自动化测试实战》，Fiddler 录制的结果如图 8-10 所示。

关闭 Fiddler 录制功能，按 Shift 键，在视图中选择所需接口数据，如图 8-11 所示。

在菜单栏选择 File→Export Sessions→Selected Sessions 选项，在弹窗中选择 JMeter Script 选项，将选中接口数据导出，如图 8-12 和图 8-13 所示。

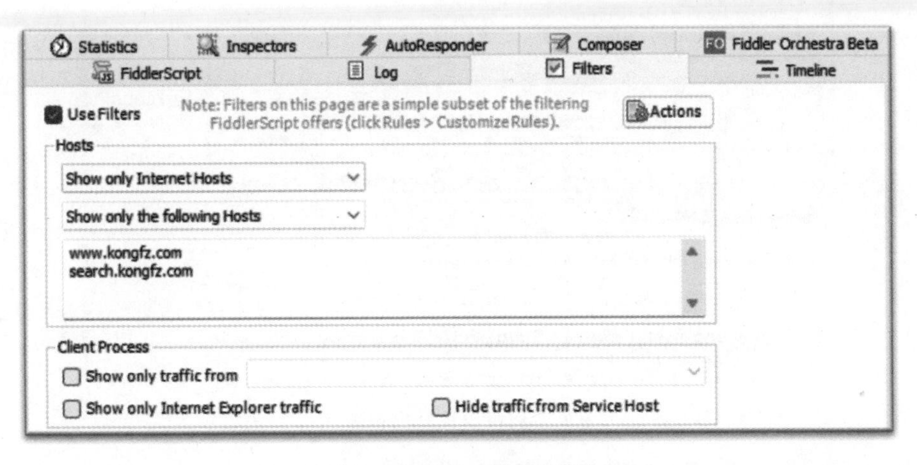

图 8-9 Fiddler 筛选器设置

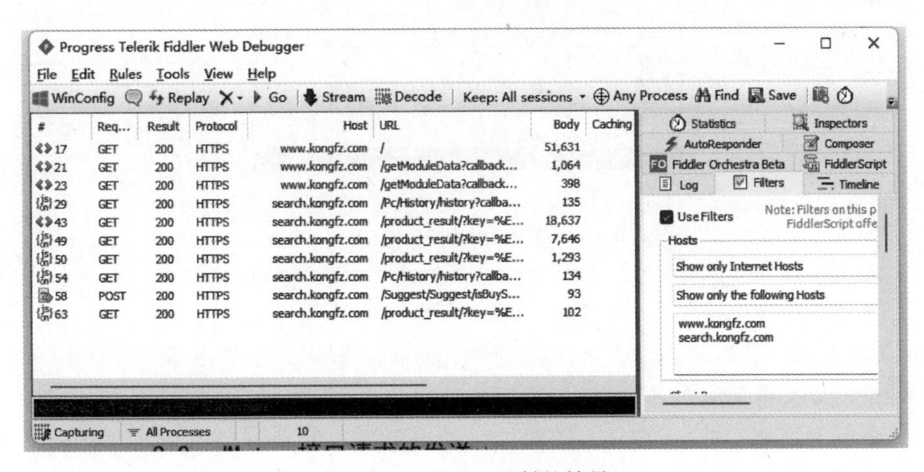

图 8-10 Fiddler 录制的结果

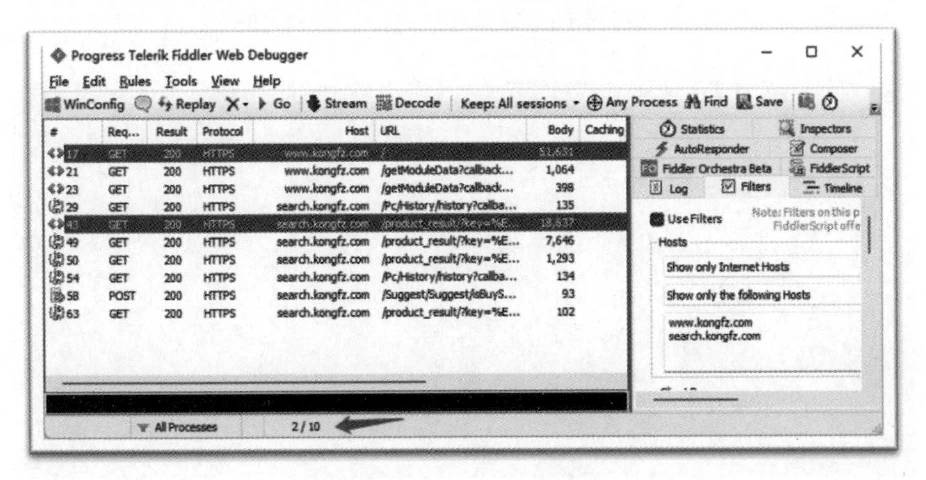

图 8-11 选择接口数据

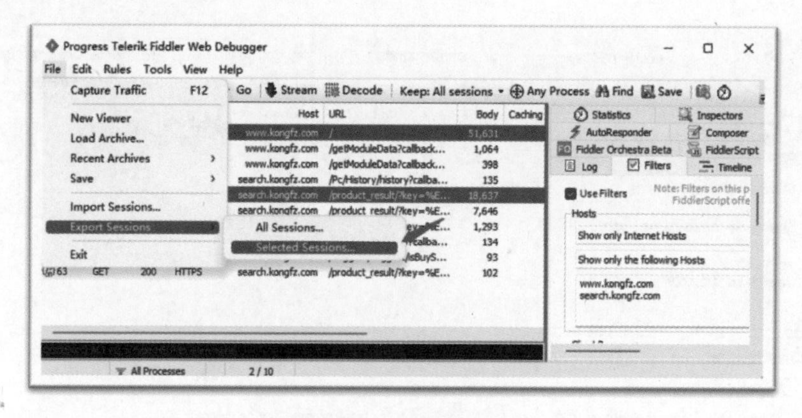

图 8-12 选择导出选项

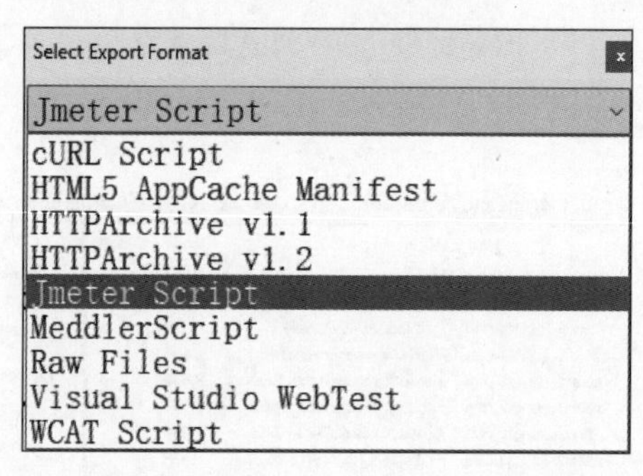

图 8-13 选择 JMeter Script 选项

在默认情况下 Fiddler 无法直接导出 JMeter 脚本，需要下载一个第三方插件 JmeterExport.dll，将其放在 Fiddler 安装目录下的 ImportExport 文件夹下，重启 Fiddler 即可在导出弹窗中找到 JMeter Script 选项。读者也可以在配套资料下的 Chapter08 目录下找到此插件。

在 JMeter 下打开 Fiddler 所导出的首页及查询接口脚本，如图 8-14 所示。

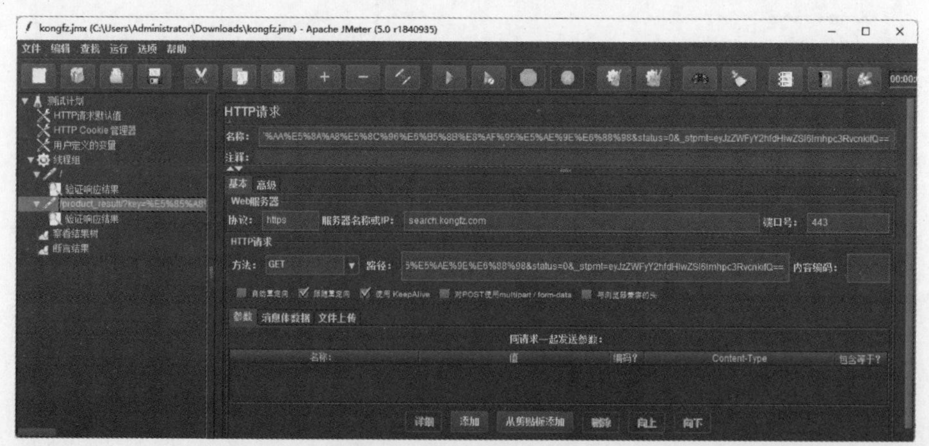

图 8-14 JMeter 导入脚本

导入脚本不能直接使用，需要进行后期整理。例如取样器名称是以 URL 进行命名的，名字不够直观。

8.2　JMeter 接口请求的发送

JMeter 脚本的设置主要由取样器、HTTP 信息头管理器、断言、查看结果树、断言结果 5 部分构成。本节 3 个请求实例均依此进行展示。

8.2.1　GET 请求发送实例

以孔夫子旧书网首页查询为例。首先设置 Request Header 参数，本实例中 Header 非必需，依照完整接口测试内容，需要进行设置（脚本文件 Chapter08/get_kongfz.jmx），如图 8-15 所示。

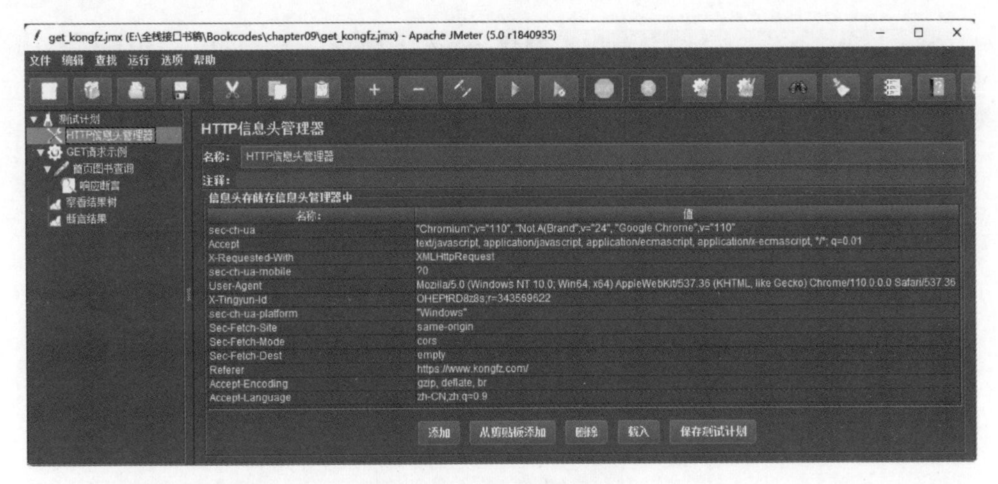

图 8-15　JMeter 导入脚本

设置取样器内容，按标准方式设置的取样器参数如下。

（1）协议：https。

（2）服务器名称或 IP：search.kongfz.com。

（3）端口号：443。

（4）方法：GET。

（5）路径：/product_result/。

将 URL 所携带的 3 个参数移至参数选项卡中，如图 8-16 所示。

在取样器下添加响应断言元件，参数的设置如图 8-17 所示。

保存脚本，执行脚本，在“查看结果树”和“断言结果”中查看返回的内容，如图 8-18 和图 8-19 所示。

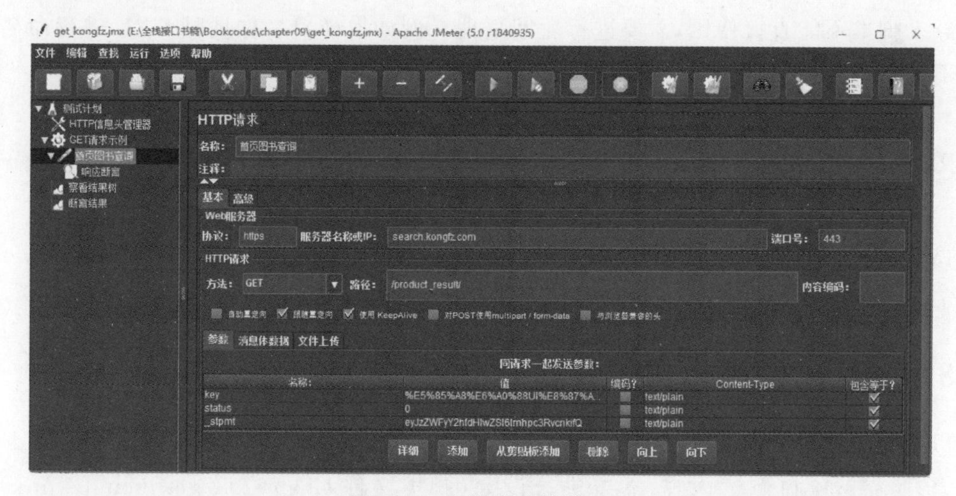

图 8-16 取样器参数设置

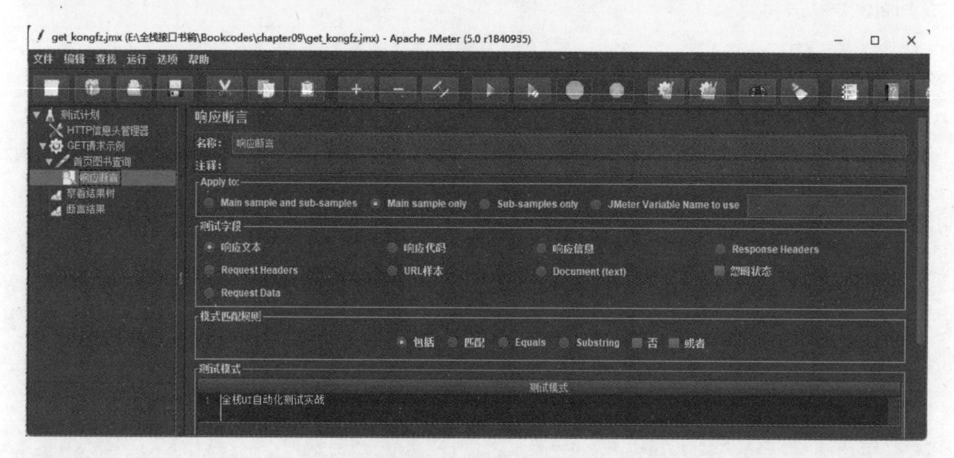

图 8-17 设置断言

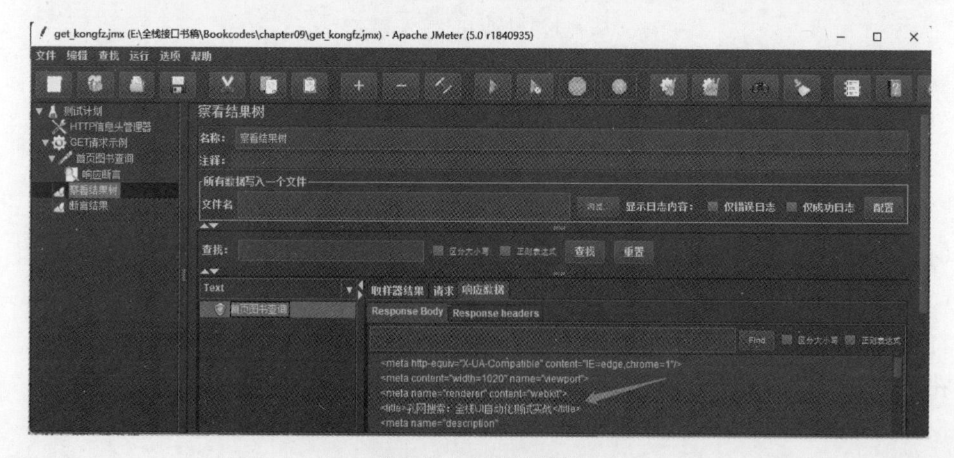

图 8-18 查看结果树

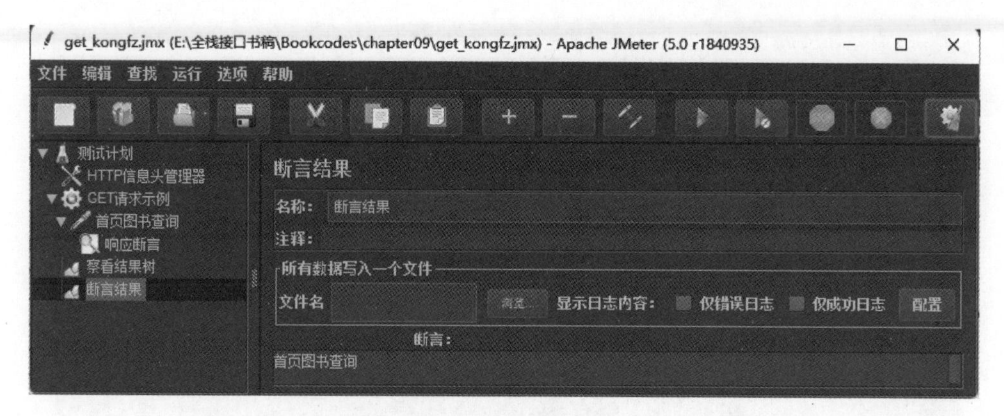

图 8-19　断言结果

8.2.2　POST 请求发送实例

POST 请求以使用孔夫子旧书网为例，由用户登录、个人中心查看两个关联接口请求组成。此处仅展示两个取样器参数是如何设置的，其他参数可参见脚本文件，用户登录接口、个人中心查看接口取样器参数设置(脚本文件 Chapter08/post_kongfz.jmx)，如图 8-20 和图 8-21 所示。

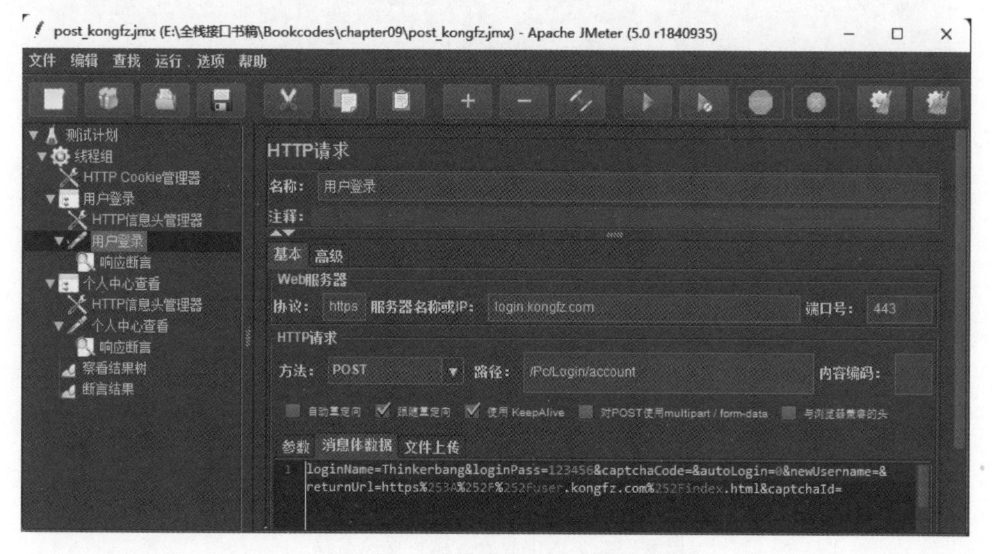

图 8-20　用户登录接口参数设置

在“用户登录”接口响应断言结果中查看是否存在"email":"hushengqiang_btest@126.com"数据，在“个人中心查看”接口响应断言结果中查看是否存在"status":true 数据。脚本执行结束后，可以在“断言结果”元件中查看断言执行的结果。

用户登录接口和个人中心查看接口执行后查看结果树内容，如图 8-22 和图 8-23 所示。

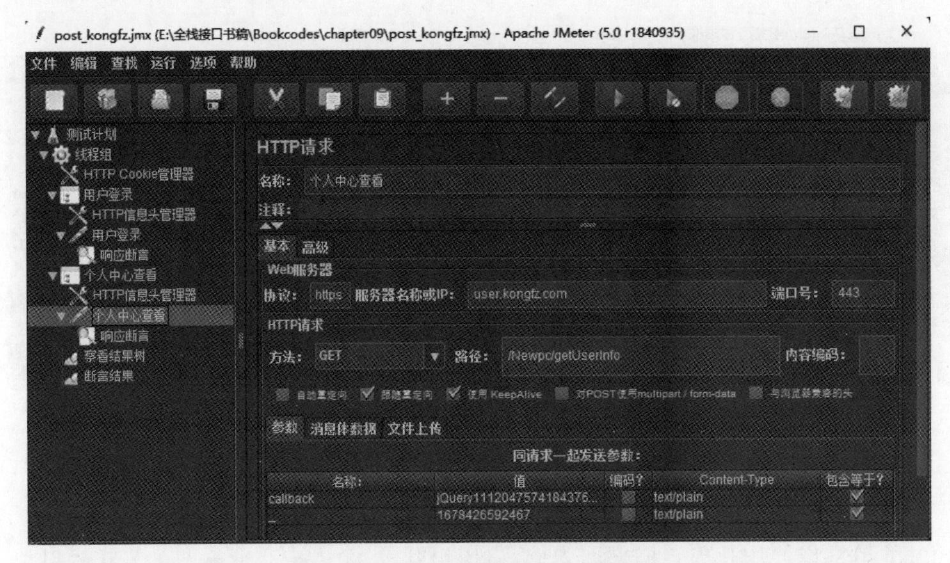

图 8-21 个人中心查看接口参数设置

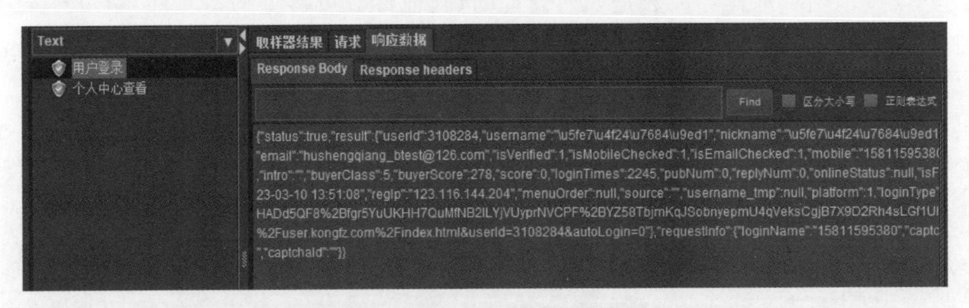

图 8-22 用户登录接口返回参数

图 8-23 个人中心查看接口返回参数

8.2.3 FTP 请求发送实例

FTP 接口属于非 HTTP 服务，在测试服务器之间文件传输延时场景下会用到。FTP 请求文件上传示例的其他接口请求可以在 JMeter 工具中实现。FTP 文件上传取样器参数配置（脚本文件 Chapter08/ftp_file.jmx）如图 8-24 所示。

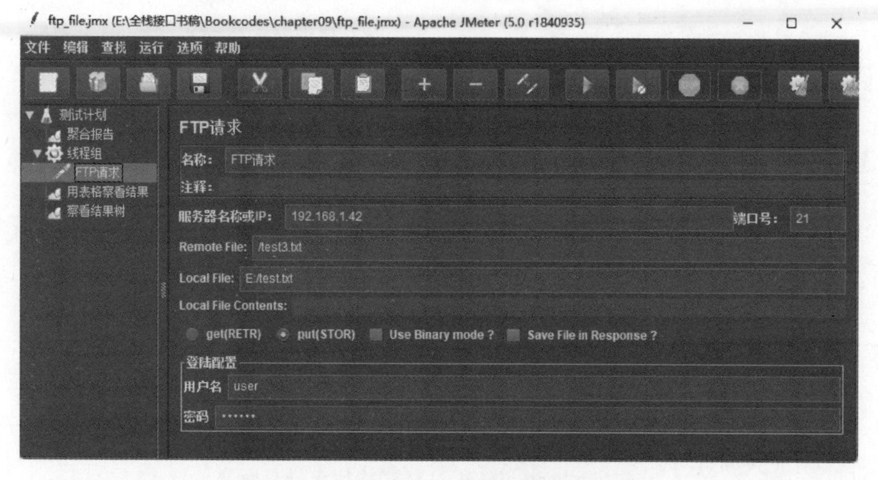

图 8-24 FTP 文件上传取样器参数配置

（1）服务器名称或 IP：填写 FTP 服务器的 IP 地址。

（2）远程文件：上传或从 FTP 服务器上下载的文件路径。

（3）本地文件：本地要上传或下载的文件路径。

（4）选项 get(RETR)：下载操作；put(STOR)：上传操作。

如果服务器有账户密码，则需要填写 FTP 服务器的用户名和密码。

FTP 接口脚本执行的结果如图 8-25 和图 8-26 所示。

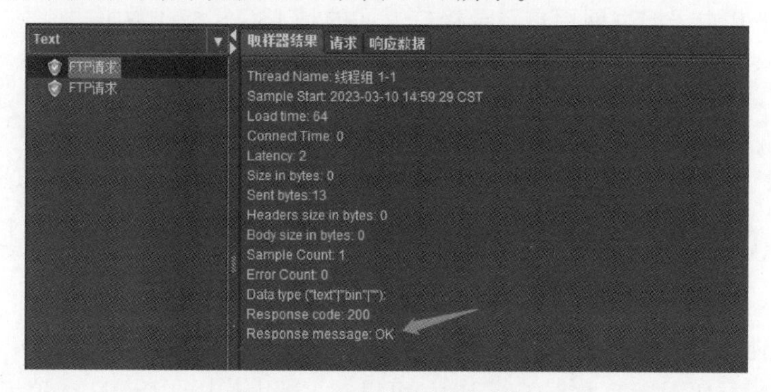

图 8-25 查看结果树返回结果

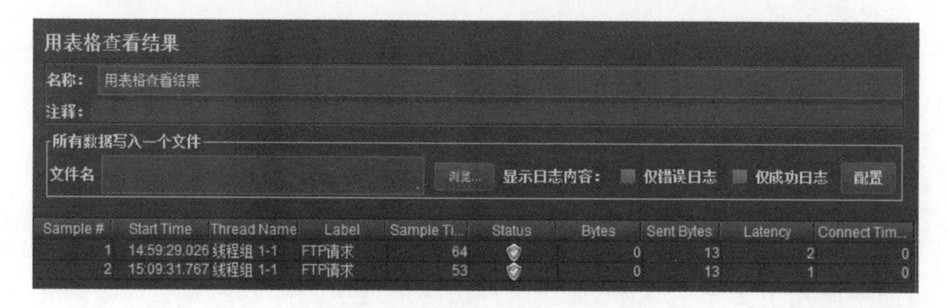

Sample #	Start Time	Thread Name	Label	Sample Ti...	Status	Bytes	Sent Bytes	Latency	Connect Tim...
1	14:59:29.026	线程组 1-1	FTP请求	64		0	13	2	0
2	15:09:31.767	线程组 1-1	FTP请求	53		0	13	1	0

图 8-26 用表格查看结果记录

8.3 JMeter 的断言与参数化

8.3.1 JMeter 断言

JMeter 工具自带的断言方法有很多，根据接口返回结果的类型和实际判断需要，可以选用相应的断言方法。常用的断言方法见表 8-2。

表 8-2 常用的断言方法

序号	断言名称	作用
1	响应断言	判断返回内容与预期结果是否一致
2	JSON 断言	接口测试中经常用的一种断言方法，只能针对响应结果是 application/JSON 格式的请求进行断言
3	大小断言	判断响应结果是否包含正确数量的 byte。可定义（=，!=，>，<，>=，<=）
4	XPath 断言	当返回值是 XML 时可以使用此断言。使用方法和 JSON 类似，通过层级的筛选，选出对应的值
5	断言持续时间	判断是否在给定的时间内返回响应结果
6	BeanShell 断言	BeanShell 断言支持各种开发语言，使用 BeanShell 断言可以通过相应编程语言脚本自定义断言规则及断言后结果的处理方式

8.2.2 节中孔夫子旧书网用户登录接口返回的是 JSON 格式数据，如图 8-27 所示。

{"status":true,"result":{"userId":3108284,"username":"\u5fe7\u4f24\u7684\u9ed1","nickname":"\u5fe7\u4f24\u7684\u9ed1","password":null,"question":"7","answer":"eb0243c28b3ba865180cdbbcdc502ca5","sex":"man","birthday":"","email":"hushengqiang_btest@126.com","isVerified":1,"isMobileChecked":1,"isEmailChecked":1,"mobile":"15811595380","qqNum":359407130,"userType":"bookstaller","area":0,"sign":"Thinkerbang2","pic":"8284%2F3108284.jpg","intro":"","buyerClass":5,"buyerScore":278,"score":0,"loginTimes":2249,"pubNum":0,"replyNum":0,"onlineStatus":null,"isForbidden":0,"isDelete":0,"regTime":"2012-06-29 13:54:21","lastLogin":"2023-03-14 10:44:42","lastActive":"2023-03-14 10:44:42","regIp":"123.116.144.204","menuOrder":null,"source":"","username_tmp":null,"platform":1,"loginType":1},"extInfo":{"action":"redirect","url":"https:\/\/login.kongfz.com\/Pc\/Session\/rsync?tCode=dg0AVKYI%2FBkULNF409Mxe0IGqVGTzwFWEUiNK%2FK0ysYTcn0OeEU7P%2BuYhmhVdpMpsieftwHObpVECwUJT7nyj9JPB6zKMpYviwedEOAYswUCTEcccV5Q7abHar9xQBgx7QVdkGIEvPf%2B6U%2FCOx4sPQ%3D%3D&returnUrl=https%3A%2F%2Fuser.kongfz.com%2Findex.html&userId=3108284&autoLogin=0"},"requestInfo":{"loginName":"15811595380","captchaCode":"","autoLogin":"0","newUsername":"","returnUrl":"https%3A%2F%2Fuser.kongfz.com%2Findex.html","captchaId":""}}

图 8-27 用户登录接口返回的 JSON 数据

可以分别使用响应断言和 JSON 断言对返回结果进行判断，其中 JSON 断言参数设置中可根据 JSON 层级对断言数据进行取值，可以在 Fiddler 中的 JSON 选项卡下查看 JSON 层级，如图 8-28 所示。

选择需要断言的参数，根据参数所在 JSON 层级设置 JSON 断言（脚本文件 Chapter08/assert_kongfz.jmx），如图 8-29 所示。

8.3.2 JMeter 的参数化

在 JMeter 中实现数据的参数化，本质上是对特定数据的变量化操作，常用的有 4 种实现方式。访问中图网中的一本具体的图书，将访问地址中的部分内容实现参数化（脚本文件 Chapter08/params_bookschina.jmx）。

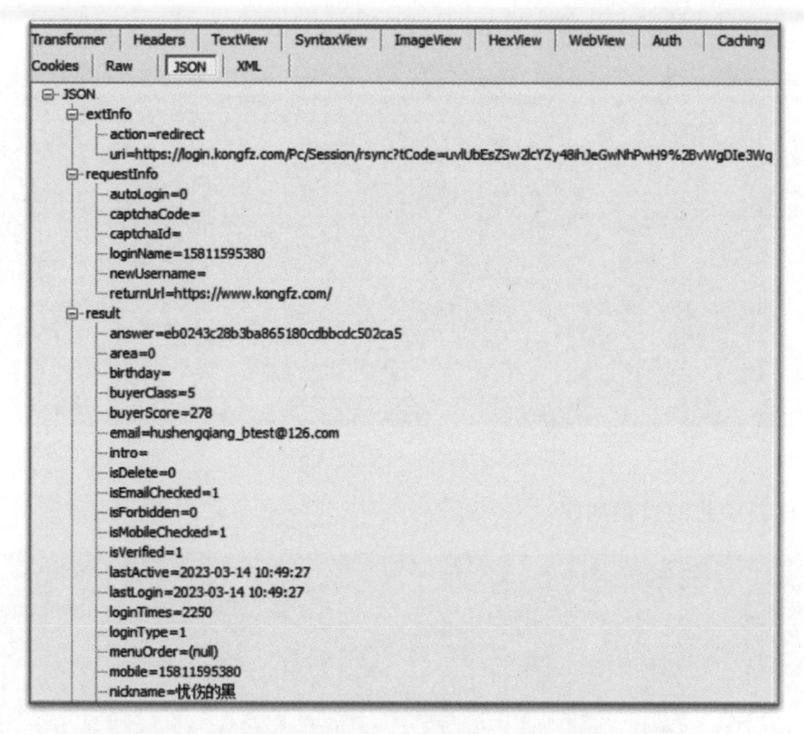

图 8-28　Fiddler 下展示用户登录接口返回的 JSON 数据

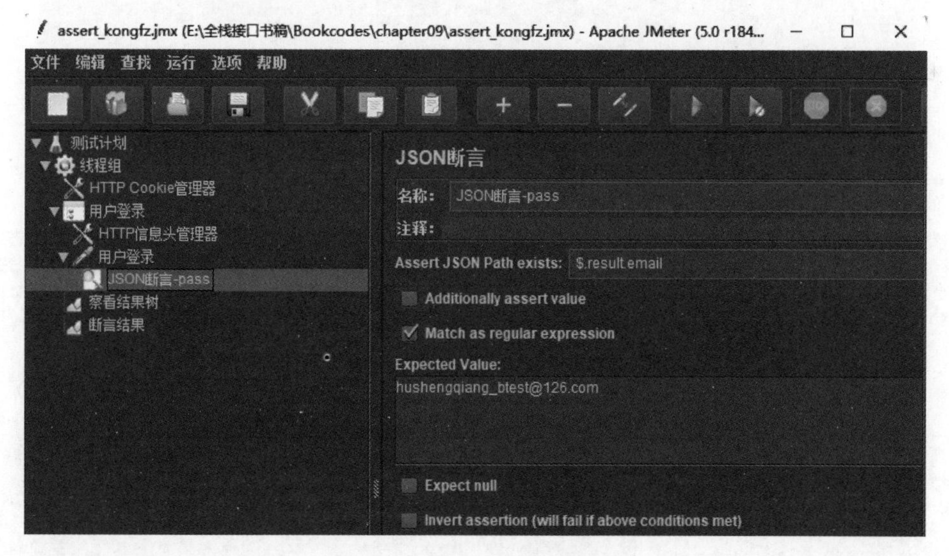

图 8-29　JSON 断言参数设置

1. HTTP 请求默认值

当被测件为某一特定产品且所有接口 URL 中包含的服务器名称或 IP 值为固定值时，可以使用 HTTP 请求默认值元件来完成接口测试脚本，为后面所执行的取样器接口参数的默认值留空。HTTP 请求默认值配置如图 8-30 所示。

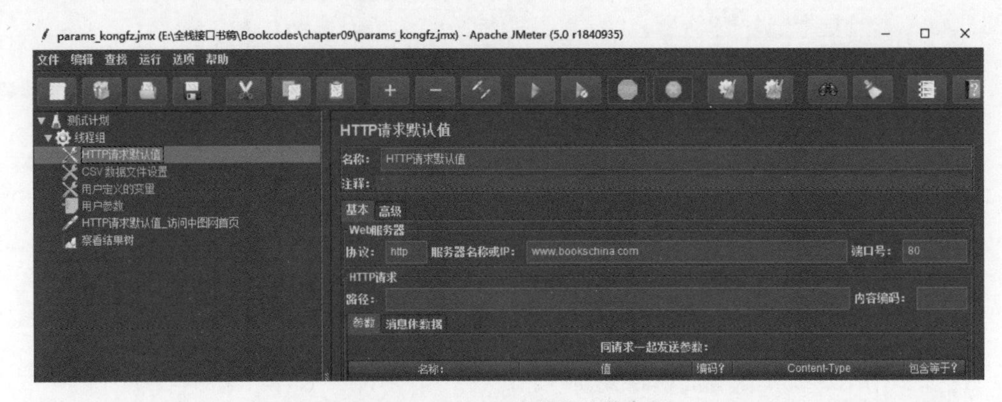

图 8-30　HTTP 请求默认值配置

示例取样器参数的设置如图 8-31 所示。

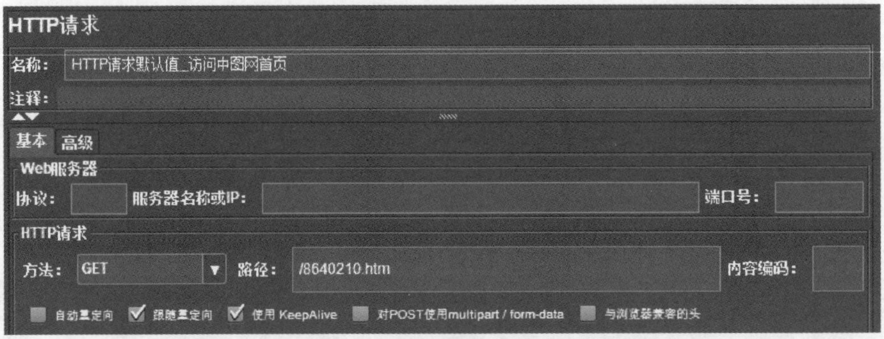

图 8-31　示例取样器的参数设置

执行脚本，返回的结果如图 8-32 所示。

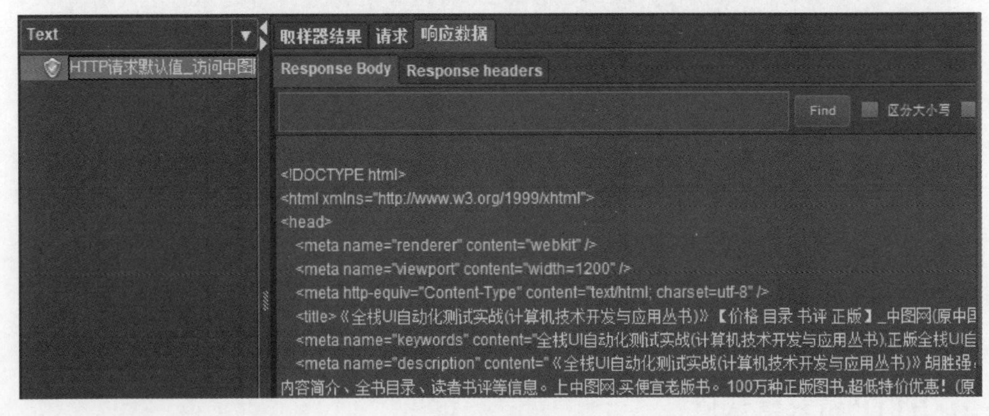

图 8-32　返回的结果

2. CSV 数据文件设置

CSV 数据文件设置元件中的 CSV 称为逗号分隔值(字符分隔值)，文件以纯文本的形式存储表格数据。在 JMeter 中可以使用 XLS、CSV、TXT 文本类型文件提供的数据作为参数化导入的文件。CSV 文件的内容如图 8-33 所示。

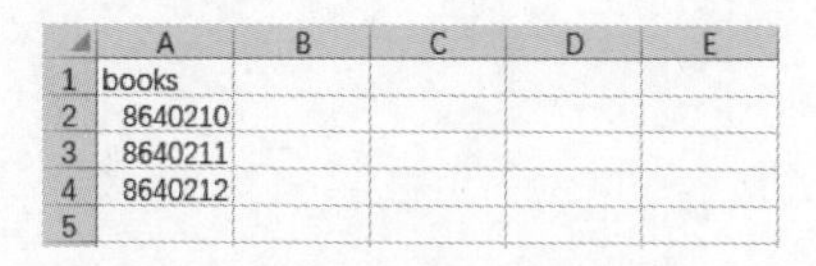

	A	B	C	D	E
1	books				
2	8640210				
3	8640211				
4	8640212				
5					

图 8-33　CSV 文件的内容

CSV 数据文件设置的参数如图 8-34 所示。

CSV 数据文件设置
名称：CSV 数据文件设置
注释：
设置 CSV 数据文件
文件名：E:/全栈接口书稿/Bookcodes/chapter09/books.params.csv　浏览...
文件编码：
变量名称(西文逗号间隔)：books
忽略首行(只在设置了变量名称后才生效)：True
分隔符(用'\t'代替制表符)：,
是否允许带引号？：False
遇到文件结束符再次循环？：True
遇到文件结束符停止线程？：False
线程共享模式：所有现场

图 8-34　CSV 数据文件设置的参数

执行脚本，返回的结果如图 8-35 所示。

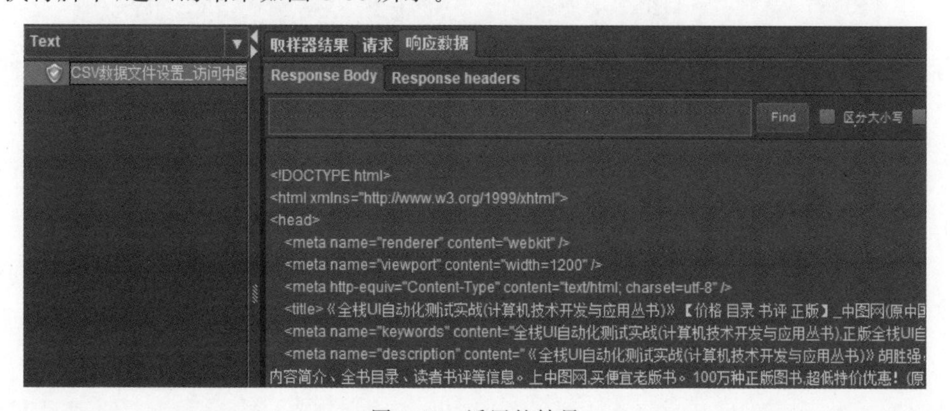

图 8-35　返回的结果

3. 用户定义的变量

当使用 JMeter 进行接口测试时，可以将一些常用的配置值放置到用户定义的变量元件中,方便统一管理。当需要使用时通过 ${变量名} 的方式进行引用。用户定义的变量元件适用于特定参数在接口脚本的不同位置被引用,例如用户登录后产生的 Token 值,在关联接口请求主体中被使用。示例中用户定义的变量元件参数设置如图 8-36 所示。

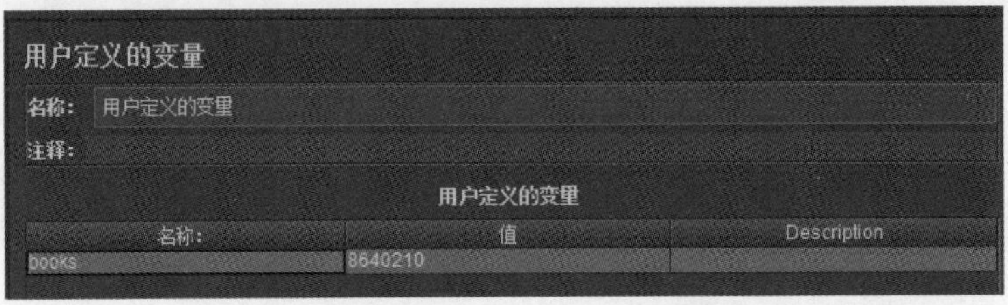

用户定义的变量
名称: 用户定义的变量
注释:
用户定义的变量
名称: 值 Description
books 8640210

图 8-36 用户定义的变量元件参数设置

示例取样器参数的设置如图 8-37 所示。

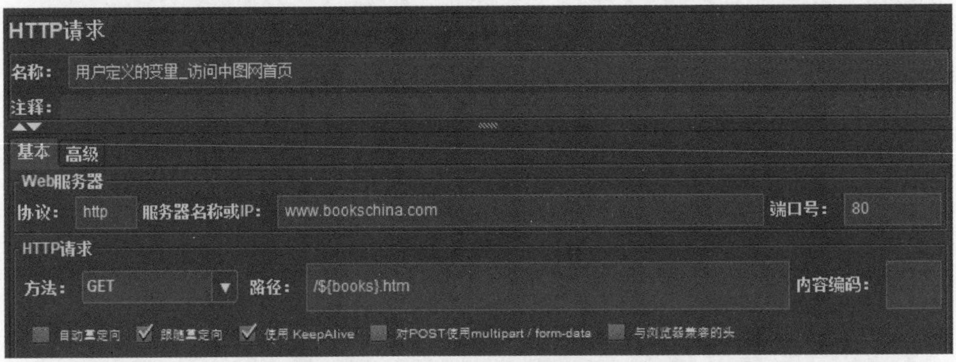

HTTP请求
名称: 用户定义的变量_访问中图网首页
注释:
基本 高级
Web服务器
协议: http 服务器名称或IP: www.bookschina.com 端口号: 80
HTTP请求
方法: GET 路径: /${books}.htm 内容编码:
自动重定向 跟随重定向 使用 KeepAlive 对POST使用multipart / form-data 与浏览器兼容的头

图 8-37 示例取样器参数的设置

执行脚本,返回的结果如图 8-38 所示。

Text
用户定义的变量_访问中图网
取样器结果 请求 响应数据
Response Body Response headers
Find 区分大小写
<!DOCTYPE html>
<html xmlns="http://www.w3.org/1999/xhtml">
<head>
<meta name="renderer" content="webkit" />
<meta name="viewport" content="width=1200" />
<meta http-equiv="Content-Type" content="text/html; charset=utf-8" />
<link href="//o.bookschina.com/css/reset.css?id=2" rel="stylesheet" type="text/css" />

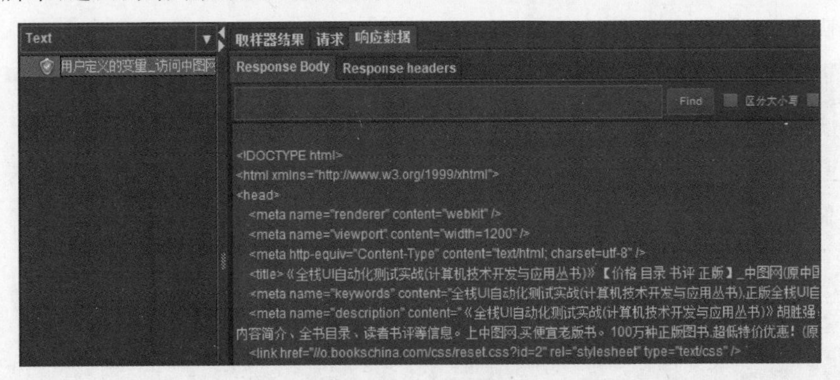

图 8-38 返回的结果

4. 用户参数

用户参数元件与用户定义变量元件的使用方法基本相同,不同的是 1 个参数变量可以定义多个用户取值,当脚本出现迭代执行时,不同用户可依次取值。此元件适用于性能测试过程中取值不能重复的参数化设置，例如系统用户登录时有单点登录限制，以用户参数元件对登录用户名进行参数化可以解决此问题。用户参数元件参数设置如图 8-39 所示。

图 8-39 用户参数元件参数设置

示例取样器参数设置如图 8-40 所示。

图 8-40 示例取样器参数设置

执行脚本时，将线程组元件中的线程数设置为 3，其他设置如图 8-41 所示。

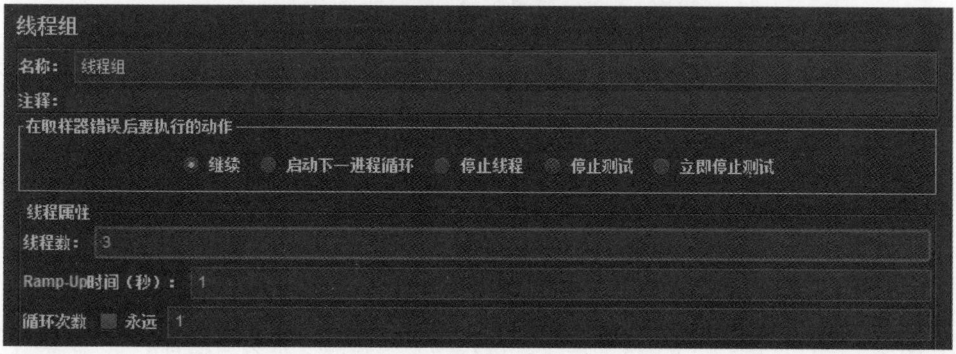

图 8-41 线程组参数设置

从执行结果可以看出，脚本每次执行后所返回的图书内容均不相同，第 2 次执行结果如图 8-42 所示。

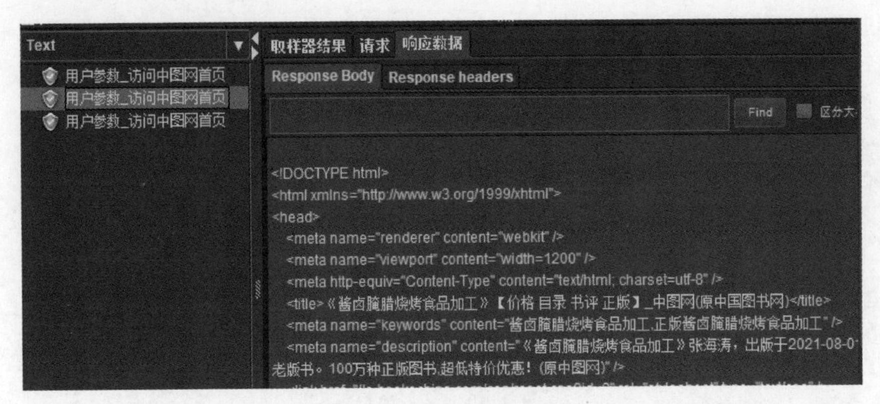

图 8-42 返回结果查看

8.4 JMeter 结果输出

图形界面下 JMeter 脚本执行完成后，执行结果主要通过“查看结果树”“断言结果”“汇总报告”等元件进行数据展示。每个元件可以将展示结果以 JTL 格式文件进行输出并保存，需要时可以导入 JMeter 进行查看。当将此方法所展示的结果转换成测试报告时数据不直观。可以通过 JMeter 命令行执行方式将测试结果导出成 HTML 文件。

首先准备一个可执行的 JMeter 脚本（脚本文件 Chapter08/report_html.jmx），配置如图 8-43 所示。

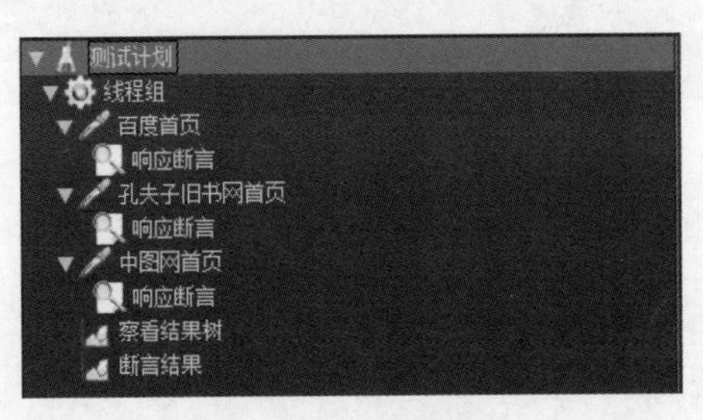

图 8-43 脚本结构图

8.4.1 JMeter 内置结果输出

JMeter 在启动后会显示提示信息，在命令提示行窗口中提到可以在非 GUI 模式下以命令行的方式执行 JMeter 脚本文件，如图 8-44 所示。

从图 8-44 中可以看出使用命令行方式执行脚本需指明 3 个参数信息。

（1）jmx file：指明脚本文件名称及存放位置，通常会将命令行切换至脚本所在目录。

（2）results file：执行脚本后，为生成的 jtl 文件命名并指定存放位置。

（3）Path to web report folder：为生成的 Web 报告指明存放位置。

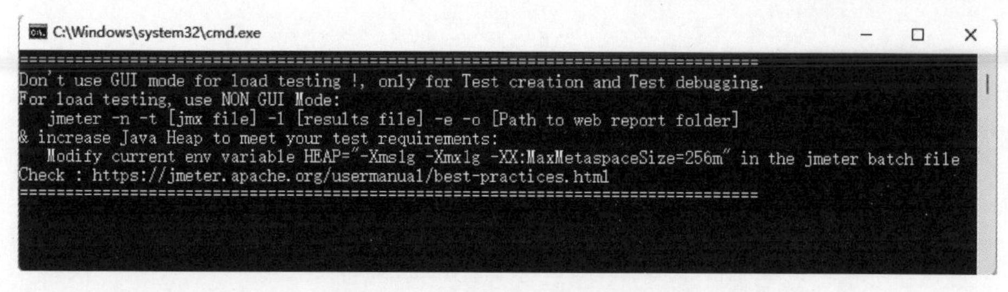

图 8-44　JMeter 启动提示信息

从第 3 个参数可以看出，在非 GUI 模式下，JMeter 内置了将执行结果输出为报告。

打开命令行提示符窗口，切换至 chapter08 目录下，输入 jmeter -n -t report_html.jmx -l test01.jtl -e -o ./report/命令，按 Enter 键执行，执行结果如图 8-45 所示。

```
管理员: C:\Windows\system32\cmd.exe

E:\全栈接口书稿\Bookcodes\chapter09>jmeter -n -t report_html.jmx -l test01.jtl -e -o ./report/
Creating summariser <summary>
Created the tree successfully using report_html.jmx
Starting the test @ Wed Mar 15 15:34:11 CST 2023 (1678865651416)
Waiting for possible Shutdown/StopTestNow/Heapdump message on port 4445
summary =      3 in 00:00:03 =    1.0/s Avg:   905 Min:    59 Max:  2505 Err:     0 (0.00%)
Tidying up ...    @ Wed Mar 15 15:34:14 CST 2023 (1678865654850)
... end of run
E:\全栈接口书稿\Bookcodes\chapter09>
```

图 8-45　JMeter 命令行模式执行结果

命令中所涉及的参数释义见表 8-3。

表 8-3　JMeter 命令行模式参数

序　号	参　数	命　令	功　　能
1	-n	--nongui	指定以 nongui 模式运行 JMeter
2	-t	--testfile	指定要运行的 JMeter 脚本名称及所在位置
3	-l	--logfile	指定生成记录取样器 Log 文件名称及存放位置
4	-e	--report	设置测试完成后生成测试报表
5	-o	--output	指定测试报告输出目录

执行完成后，进入 report 文件夹，打开 index.html 文件，查看执行结果报告，报告中以图文方式展示接口执行结果，如图 8-46 所示。

8.4.2　与 Ant 配合输出测试报告

1. 搭建 Ant 环境

在配套资源 Chapter08 目录下找到 apache-ant-1.10.5bin.zip 文件，解压至 C 盘根目录。将文件夹名称修改为 ant。将 C:\ant\bin 存入环境变量 Path 下面，如图 8-47 所示。

2. 配置 JMeter 环境

进入 JMeter 主目录下的 extras 文件夹，找到 ant-jmeter-1.1.1.jar 文件，把此文件复制至 Ant 的 apache-ant-1.10.0\lib 目录下。

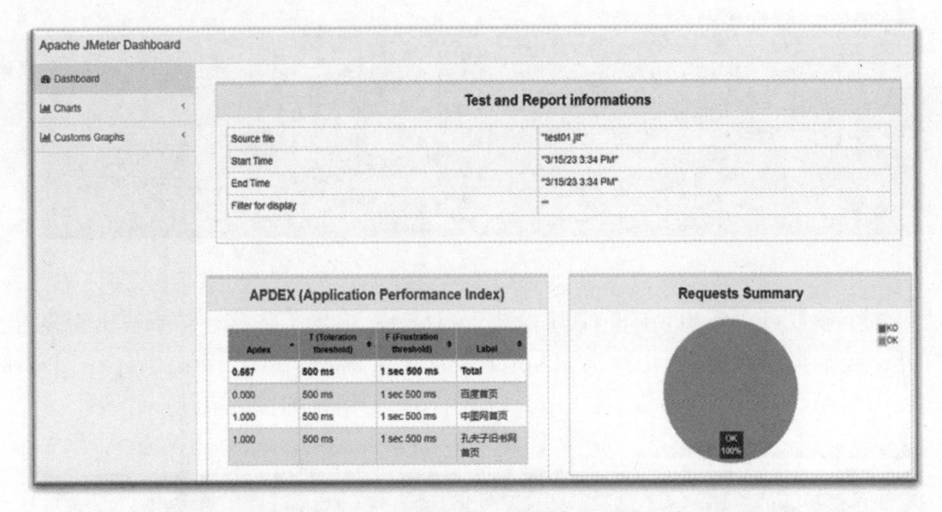

图 8-46　JMeter 命令行模式生成报告

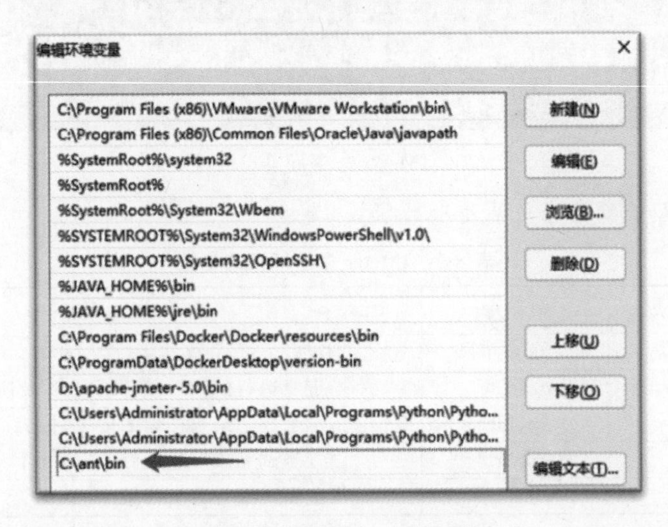

图 8-47　配置 Ant 环境变量

然后打开 JMeter 安装路径 bin 目录下的 jmeter.properties 文件，把 477 行 jmeter.save.saveservice.output_format=csv 向下复制一行，并修改为 jmeter.save.saveservice.output_format=xml，保存文件，如图 8-48 所示。

3. 配置测试套件环境

在 JMeter 根目录下新建 TestSuite 目录，将配套资源 Chapter08 下的 build.xml 文件放在目录中，然后在 TestSuite 下新建 Script 和 Report 两个子目录，将脚本文件 Chapter08/report_html.jmx 保存至 Script 目录下。最后在 Report 子目录下新建 html 和 jtl 两个二级子目录，分别用来保存 HTML 报告和 jtl 运行日志。

```
469 #-----------------------------------------------------------------------
470 # Results file configuration
471 #-----------------------------------------------------------------------
472
473 # This section helps determine how result data will be saved.
474 # The commented out values are the defaults.
475
476 # legitimate values: xml, csv, db.  Only xml and csv are currently supported.
477 #jmeter.save.saveservice.output_format=csv
478 jmeter.save.saveservice.output_format=xml
479 jmeter.save.saveservice.output_format=csv
480 # The below properties are true when field should be saved; false otherwise
481 #
482 # assertion_results_failure_message only affects CSV output
483 #jmeter.save.saveservice.assertion_results_failure_message=true
```

图 8-48 修改 JMeter 配置文件

将 JMeter 工具的 extrs 目录下的 collapse. png 和 expand. png 两张图片复制至 TestSuite→Report→html 目录下，作为生成测试报告的辅助文件。

4. 配置 build. xml 文件

打开 build. xml 文件，在第 39 行 includes 后指定执行脚本文件，如图 8-49 所示。

```
32
33     <!--执行接口测试-->
34     <target name="test">
35         <echo>执行接口自动化测试</echo>
36         <taskdef name="jmeter" classname="org.programmerplanet.ant.taskdefs.jmeter.JMeterTask" />
37         <jmeter jmeterhome="${jmeter.home}" resultlog="${jmeter.result.jtlName}">
38             <!--要执行的测试脚本-->
39             <testplans dir="${jmeterPath}\TestSuite\script" includes="report_html.jmx" />
40             <property name="jmeter.save.saveservice.output_format" value="xml"/>
41         </jmeter>
42     </target>
```

图 8-49 修改 build. xml 配置文件

5. 执行及查看测试报告

打开命令提示符窗口，切换至报告配置脚本（build. xml）所在目录，输入 ant 命令，按 Enter 键执行命令，如图 8-50 所示。

```
管理员: C:\Windows\system32\cmd.exe

D:\apache-jmeter-5.0\TestSuite>ant
Buildfile: D:\apache-jmeter-5.0\TestSuite\build.xml

run:

test:
     [echo] 执行接口自动化测试
   [jmeter] Executing test plan: D:\apache-jmeter-5.0\TestSuite\script\report_html.jmx ==> D:\apache-jmeter-5.0\TestSuit
e\report\jtl\TestReport202303150521.jtl
   [jmeter] Creating summariser <summary>
   [jmeter] Created the tree successfully using D:\apache-jmeter-5.0\TestSuite\script\report_html.jmx
   [jmeter] Starting the test @ Wed Mar 15 17:21:31 CST 2023 (1678872091000)
   [jmeter] Waiting for possible Shutdown/StopTestNow/Heapdump message on port 4445
   [jmeter] summary +      1 in 00:00:03 =    0.4/s Avg:  2526 Min:  2526 Max:  2526 Err:     0 (0.00%) Active: 1 Starte
d: 1 Finished: 0
   [jmeter] summary +      2 in 00:00:00 =    8.8/s Avg:   102 Min:    51 Max:   153 Err:     0 (0.00%) Active: 0 Starte
d: 1 Finished: 1
   [jmeter] summary =      3 in 00:00:03 =    1.0/s Avg:   910 Min:    51 Max:  2526 Err:     0 (0.00%)
   [jmeter] Tidying up ...    @ Wed Mar 15 17:21:34 CST 2023 (1678872094329)
   [jmeter] ... end of run

report:
     [echo] 生成接口自动测试报告
     [xslt] Processing D:\apache-jmeter-5.0\TestSuite\report\jtl\TestReport202303150521.jtl to D:\apache-jmeter-5.0\Test
Suite\report\html\TestReport202303150521.html
     [xslt] Loading stylesheet D:\apache-jmeter-5.0\extras\jmeter-results-detail-report_21.xsl
```

图 8-50 执行 ant 命令

进入 TestSuite→Report→html 目录下，打开生成的报告，查看接口测试执行情况，如图 8-51 所示。

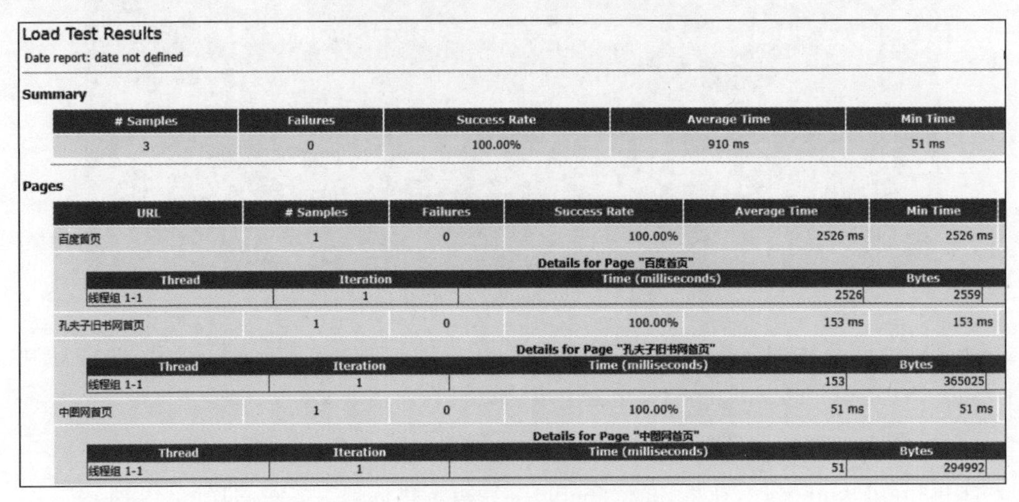

图 8-51 生成 HTML 格式结果报告

8.5 基于 JMeter 的接口测试实例

JMeter 做接口测试用到的相关知识至此就全部结束了，本节以一个接口测试实例为例将使用 JMeter 做接口测试的流程串联起来，作为一个完整的 JMeter 工具实例练习。

8.5.1 测试思路

工作中基于 HTTP 的接口测试工作主要根据开发人员提供的 API 文档将被测接口转换成相应工具的脚本，执行结束后查看结果。这个过程本身并不涉及测试思路问题，实际上所谓测试思路，大多在设计与工具相关测试框架时才会有所考虑。

作为一个 JMeter 工具综合练习实例，还是以孔夫子旧书网为例。计划选择“首页展示”“首页搜索”“用户登录”“个人订单查看”4 个接口场景进行演示。

8.5.2 脚本设计

根据选择的接口，在 JMeter 中编写对应的取样器，具体参数设置见资源文件 Chapter08 目录下的 case_kongfz.jmx 文件，脚本设计结构如图 8-52 所示。

8.5.3 结果输出

将调试完成后的 JMeter 脚本文件复制至 TestSuite→Script 目录下，打开 build.xml 文件，将脚本文件名称替换至相应位置，可参考 8.4.2 节的配置过程。

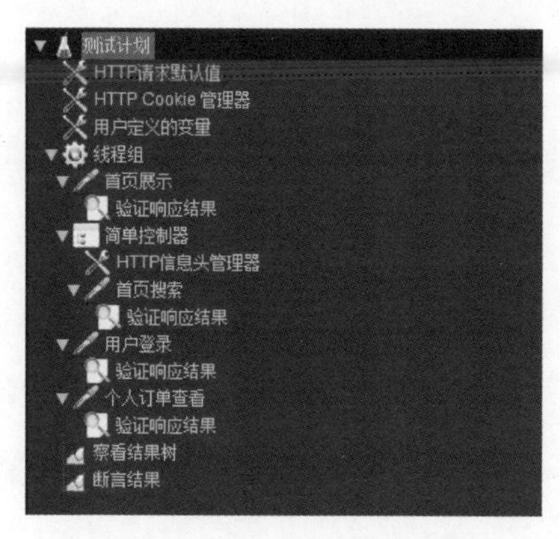

图 8-52 JMeter 实例结构图

打开命令提示符窗口，切换至 build. xml 文件所在目录节点下，输入 ant 命令，按 Enter 键执行命令，如图 8-53 所示。

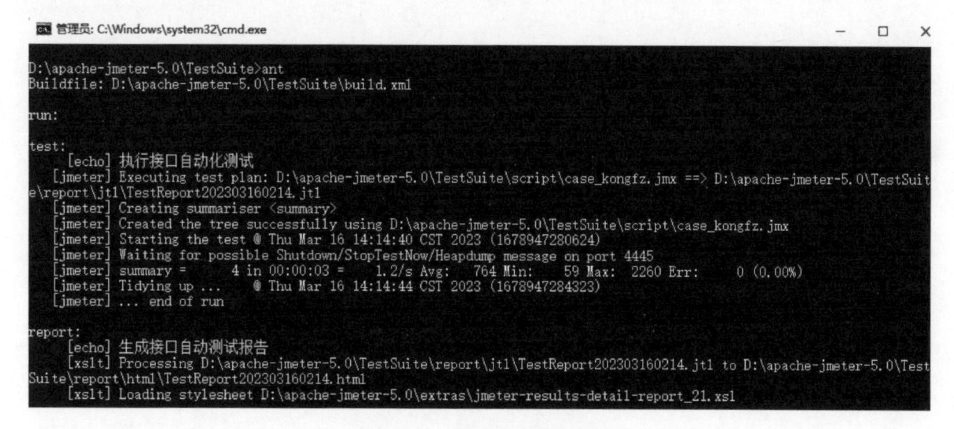

图 8-53 脚本执行过程

进入 TestSuite→Report→html 目录下，打开最新生成的结果报告，如图 8-54 所示。

Load Test Results

Date report: date not defined

Designed for use with JMeter and Ant.

Summary

# Samples	Failures	Success Rate	Average Time	Min Time	Max Time
4	0	100.00%	764 ms	59 ms	2260 ms

Pages

URL	# Samples	Failures	Success Rate	Average Time	Min Time	Max Time	
首页展示	1	0	100.00%	2260 ms	2260 ms	2260 ms	+
首页搜索	1	0	100.00%	616 ms	616 ms	616 ms	+
用户登录	1	0	100.00%	123 ms	123 ms	123 ms	+
个人订单查看	1	0	100.00%	59 ms	59 ms	59 ms	+

图 8-54 执行结果报告

框 架 篇

基于 HTTP 的接口测试，在第三方工具包 Requests 的协助下，可以完成大多数项目中的接口测试工作。Requests 最初是用来做网站爬虫测试的，对于传统接口测试用例的管理及输出不够友好。本篇引入 unittest 和 pytest 两个单元测试框架，再加入数据驱动相关知识，最终完成一个自定义接口测试框架，覆盖接口测试过程中的输入、执行、输出及常规用例管理等功能。

第9章 unittest 的使用

CHAPTER 9

本章重点介绍 unittest 测试框架的使用。在接口自动化测试过程中，线性脚本可维护性差，函数化测试脚本在批量用例时维护较麻烦。unittest 自动化测试框架提供了一整套的用例管理和维护的方法，也提供了对辅助功能扩展的支持。用户可以在 unittest 框架的基础上融入更多实用功能，如 Requests＋unittest 框架。

9.1 unittest 介绍

unittest 是众多 Python 单元测试框架中的一种。作为 Python 的标准库，被广泛地用到很多项目中。unittest 主要有以下几种特性：

（1）批量运行与管理测试用例。

（2）丰富的测试固件。

（3）第三方辅助插件的支持。

（4）可扩展性强。

9.1.1 unittest 框架的构成

unittest 框架由 4 个重要的功能模块组成。

（1）TestFixture：测试固件。

（2）TestCase：测试用例管理。

（3）TestSuite：测试套件。

（4）TestRunner：测试运行器。

这 4 部分在 unittest 框架运行的过程中各自负责一块自动化测试流程中的功能模块。

TestFixture 部分主要负责对一个测试用例环境进行搭建和销毁，主要由 setUp()和 tearDown()方法来完成，也相当于测试用例在执行过程中的前置条件和后置处理。

TestCase 部分是一个完整的测试单元，提供了测试用例在执行过程中所需的基本规则和辅助方法，例如用例函数、断言等。

TestSuite 部分是一个用例管理模块，其功能建立在 TestCase 模块的测试用例之上。

主要实现用例的批量添加、用例套件的管理等功能。

TestRunner 部分提供了 run()方法，用来运行 TestCase 或 TestSuite 部分的内容，并提供了测试执行结果的返回功能。

unittest 的这 4 个主要组成模块的关系如图 9-1 所示。

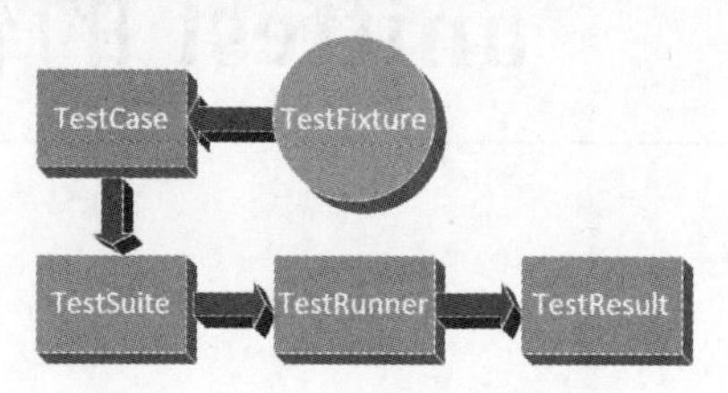

图 9-1　unittest 中模块间的关系

9.1.2　第 1 个 unittest 接口示例

unittest 的运行需要 3 个基本点。首先测试类需要继承 TestCase 类，其次测试类中至少有一个可执行用例，最后需要有一个执行入口函数，代码如下：

```
//chapter09/api_test.py
# 导入 unittest 包
import unittest

# 测试类需继承 unittest.TestCase
class MyTestCase(unittest.TestCase):
    # 以 test 开头的测试用例
    def test_something(self):
    # unittest 自带的断言方法
        self.assertEqual(True,False)


if __name__ == '__main__':
    # 用例执行入口
    unittest.main()
```

当在 PyCharm 中使用 unittest 方式执行用例时，不写 unittest.main()用例也可以，因为此方法默认存在，其中，main()方法使用 TestLoader 类来搜索所有包含在该模块中并以 test 命名开头的测试方法，然后自动执行它们。执行方法的默认顺序是：根据 ASCII 码的顺序加载测试用例，数字与字母的顺序为 0～9，A～Z，a～z，所以以 A 开头的测试用例方法会优先执行，以 a 开头的测试用例方法会后执行。

以搜狗关键字搜索接口请求为例，演示在本章之前所写的测试脚本如何在 unittest 框架中使用，代码如下：

```
//chapter09/api_sogou.py
import unittest,requests
```

```
class MyTestCase(unittest.TestCase):

    # 测试用例方法名以 test 开头,输入英文搜索内容
    def test_sogou_en(self):

    # Headers 中保留必要参数,此处仅存放 User - Agent 参数
        headers = {
            "User - Agent": "Mozilla/5.0 (Windows NT 6.1; Win64; x64) AppleWebKit / 537.36
(KHTML, like Gecko) Chrome / 100.0.4896.75 Safari / 537.36"
            }
    # 将 URL 存入变量
        url = "https://www.sogou.com/web?query = Thinkerbang"
        response = requests.get(url = url,headers = headers)

    # 对搜索结果进行断言
        self.assertIn("Thinkerbang",response.text)

    # 测试用例方法名以 test 开头,输入中文搜索内容
    def test_sogou_cn(self):
        headers = {
            "User - Agent": "Mozilla/5.0 (Windows NT 6.1; Win64; x64) AppleWebKit / 537.36
(KHTML, like Gecko) Chrome / 100.0.4896.75 Safari / 537.36"
            }
        url = "https://www.sogou.com/web?query = 思课帮"
        response = requests.get(url = url,headers = headers)
        self.assertIn("思课帮",response.text)


if __name__ == '__main__':
    unittest.main()
```

9.2 TestCase 与 TestFixture 的应用

TestFixture 可以看作 TestCase 的一项辅助功能。主要体现在用例执行时的前置执行函数和后置执行函数上。

9.2.1 TestCase 的执行顺序

在 9.1.2 节提到过,unittest 中测试用例需要以 test_作为开头,否则 unittest.main()在运行时无法正确地获取执行用例。test_后面的命名决定了测试用例运行的顺序。通常以 ASCII 码表里的顺序执行,规则如下:

(1) 优先级从高到低,按首字母 0～9、A～Z、a～z 的顺序执行。

(2) 如果首字母相同,则比对第 2 个字母,以此类推。

以上规则建立在所有用例都写在一个文件的基础上。若用例分布在多个文件下,则无法

直接执行所有用例，需要 TestSuite 先加载为用例集，再使用 TestRunner 中的 run()方法执行。

9.2.2 TestFixture 的使用

1. setUp()与 tearDown()方法

在 api_sogou.py 文件中，可以看到两个搜索用例在执行时，每个用例都有 Headers 参数的设定。当在相同平台需要执行多条此类用例时，就会有大量 Headers 冗余代码产生。在 unittest 框架中提供了 1 组函数级的方法来解决这个问题，这就是 setUp()与 tearDown()方法。

setUp()在每个用例执行前运行 1 次，单个用例运行结束后执行 tearDown()方法，代码如下：

```
//chapter09/Fixture_example.py
import untitest

class MyTestCase(unittest.TestCase):
    def setUp(self):
            print('这是函数级 setUp()')

    def tearDown(self):
            print('这是函数级 tearDown()')

    def test_one(self):
            print('这是第 1 个用例')

    def test_two(self):
            print('这是第 2 个用例')


if __name__ == '__main__':
    unittest.main()
```

执行结果如图 9-2 所示。

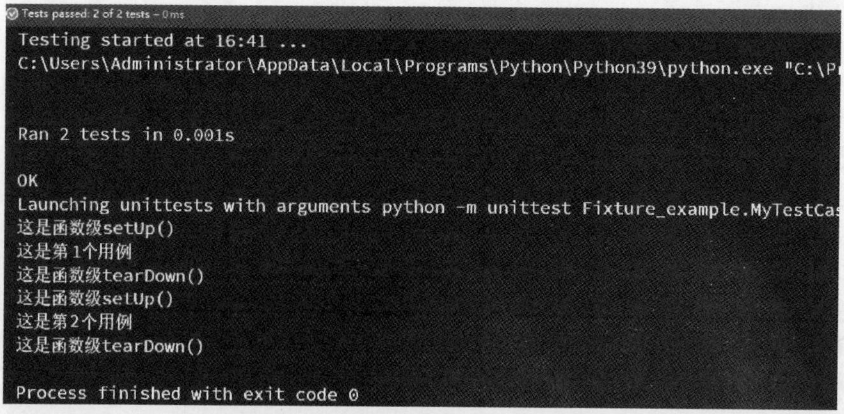

```
Tests passed: 2 of 2 tests – 0 ms
Testing started at 16:41 ...
C:\Users\Administrator\AppData\Local\Programs\Python\Python39\python.exe "C:\Pr

Ran 2 tests in 0.001s

OK
Launching unittests with arguments python -m unittest Fixture_example.MyTestCas
这是函数级setUp()
这是第1个用例
这是函数级tearDown()
这是函数级setUp()
这是第2个用例
这是函数级tearDown()

Process finished with exit code 0
```

图 9-2　Fixture_example.py 执行结果

接下来对代码 api_sogou.py 进行优化，把 setUp()和 tearDown()加入进来，优化后的代码如下：

```
//chapter09/api_sogou1.py

import unittest,requests

class MyTestCase(unittest.TestCase):

    def setUp(self):
        self.headers = {
            "User-Agent": "Mozilla/5.0 (Windows NT 6.1; Win64; x64) AppleWebKit/537.36
(KHTML, like Gecko) Chrome/100.0.4896.75 Safari/537.36"
        }

    def tearDown(self):
        pass

    def test_sogou_en(self):

        url = "https://www.sogou.com/web?query=Thinkerbang"
        response = requests.get(url=url,headers=self.headers)
        self.assertIn("Thinkerbang",response.text)

    def test_sogou_cn(self):
        url = "https://www.sogou.com/web?query=思课帮"
        response = requests.get(url=url,headers=self.headers)
        self.assertIn("思课帮",response.text)


if __name__ == '__main__':
    unittest.main()
```

2. setUpClass()与 tearDownClass()方法

在 unittest 框架下，还有一组 setUpClass()和 tearDownClass()类级方法。setUpClass()在每个测试类运行前执行 1 次，tearDownClass()在测试类中所有用例执行结束后执行 1 次，示例代码如下：

```
//chapter09/Fixture_example1.py

import unittest

class MyTestCase(unittest.TestCase):
    @classmethod
    def setUpClass(cls):
            print('这是类级 setUpClass()')

    @classmethod
```

```
    def tearDownClass(cls):
        print('这是类级 tearDownClass()')

    def setUp(self):
        print('这是函数级 setUp()')

    def tearDown(self):
        print('这是函数级 tearDown()')

    def test_one(self):
        print('这是第 1 个用例')

    def test_two(self):
        print('这是第 2 个用例')

if __name__ == '__main__':
    unittest.main()
```

执行结果如图 9-3 所示。

```
Tests passed: 2 of 2 tests – 0 ms
Testing started at 16:48 ...
C:\Users\Administrator\AppData\Local\Programs\Python\Python39\python.exe "C:\Pr

Ran 2 tests in 0.001s

OK
Launching unittests with arguments python -m unittest E:/全栈接口书稿/Bookcodes/c
这是类级setUpClass()这是函数级setUp()
这是第1个用例
这是函数级tearDown()
这是函数级setUp()
这是第2个用例
这是函数级tearDown()
这是类级tearDownClass()
Process finished with exit code 0
```

图 9-3 Fixture_example1. py 执行结果

setUpClass()和 tearDownClass()类级方法将在框架实例中使用。在 api_sogou. py 文件中也可以将 Headers 参数放在类级方法中,代码如下:

```
//chapter09/api_sogou2.py

import unittest,requests

class MyTestCase(unittest.TestCase):

    @classmethod
    def setUpClass(self):
        self.headers = {
```

```
            "User-Agent": "Mozilla/5.0 (Windows NT 6.1; Win64; x64) AppleWebKit / 537.36
(KHTML, like Gecko) Chrome / 100.0.4896.75 Safari / 537.36"
        }
    @classmethod
    def tearDownClass(cls):
        pass

    def setUp(self):
        self.url = "https://www.sogou.com/web?query="

    def tearDown(self):
        pass

    def test_sogou_en(self):

        response = requests.get(url=self.url+"Thinkerbang",headers=self.headers)

        self.assertIn("Thinkerbang",response.text)

    def test_sogou_cn(self):

        response= requests.get(url=self.url+"思课帮",headers=self.headers)

        self.assertIn("思课帮",response.text)


if __name__=='__main__':
    unittest.main()
```

9.3 TestSuite 的应用

TestSuite 是用来创建测试套件的。随着用例数的增加,不同功能模块的用例初始条件也会各不相同,这时将所有用例放在一个文件里显然不合适。PyCharm 下的 unittest 默认只能运行单个文件中的用例。如果要运行多个文件中的用例,则需要先将待运行用例添加到 TestSuite 测试套件中,再使用 TestRunner 类中的 run()方法批量运行。

9.3.1 测试套件的创建

当执行多个包含测试类文件中的用例时,需要单独创建并运行文件,在运行文件中创建测试套件。向测试套件中添加用例的方法有两种,即 addTest()、addTests()。

首先,创建一个测试包 Case_example,其中包含两个用例文件,第 1 个用例文件用于定义 TestExample01 用例类,代码如下:

```
//chapter09/Case_example/test_Suite_case1.py

import unittest

class TestExample01(unittest.TestCase):

    def test_exam01(self):
            print('TestExample01 类下的 test_exam01 用例')

    def test_exam02(self):
            print('TestExample01 类下的 test_exam02 用例')
```

第 2 个用例文件用于定义 TestExample02 用例类，代码如下：

```
//chapter09/Case_example/test_Suite_case2.py

import unittest


class TestExample02(unittest.TestCase):
    def test_exam03(self):
        print('TestExample02 类下的 test_exam03 用例')

    def test_exam04(self):
        print('TestExample02 类下的 test_exam04 用例')

if __name__ == '__main__':
    unittest.main()
```

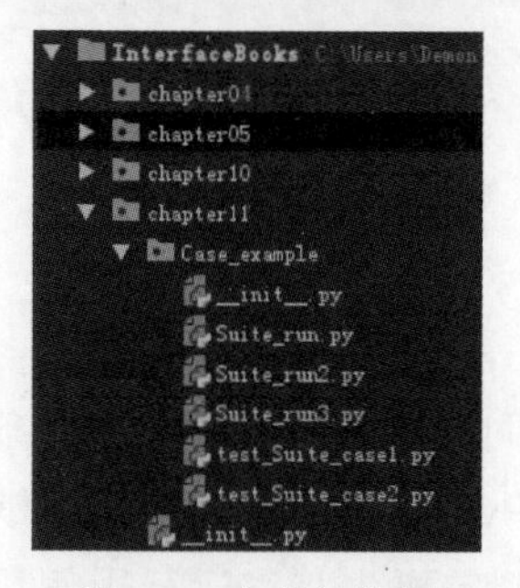

图 9-4　文件结构图

项目的文件结构如图 9-4 所示。

1. addTest()方法

从图 9-4 可以看到，4 个用例分布在不同文件中，此时需要新建一个运行文件 Suite_run.py，然后在其中创建测试套件对象，使用 addTest()方法逐条地将用例添加进测试套件。最后使用 run()方法运行测试套件。此时用例执行的顺序与用例函数的名称无关，而与使用 addTest()方法添加进测试套件的顺序有关，代码如下：

```
//chapter9/Case_example/Suite_run.py

import unittest
from chapter09.Case_example.test_Suite_case1 import TestExample01
from chapter09.Case_example.test_Suite_case2 import TestExample02

#创建测试套件 suite
suite = unittest.TestSuite()
```

```
#使用 addTest()方法依次添加用例
suite.addTest(TestExample01("test_exam01"))
suite.addTest(TestExample02("test_exam03"))
suite.addTest(TestExample01("test_exam02"))
suite.addTest(TestExample02("test_exam04"))

if __name__ == '__main__':
    #创建测试套件运行器
    runner = unittest.TextTestRunner()
    #调用 run()方法运行 suite 测试套件中的用例
    runner.run(suite)
```

运行结果如图 9-5 所示。

```
C:\Users\Demon\AppData\Local\Programs\Python\Python38\python.exe
TestExample01类下的test_exam01用例
TestExample02类下的test_exam03用例
TestExample01类下的test_exam02用例
TestExample02类下的test_exam04用例
....
----------------------------------------------------------------------
Ran 4 tests in 0.000s

OK

Process finished with exit code 0
```

图 9-5 Suite_run.py 运行结果

从图 9-5 的运行结果可以看出,用例执行的顺序与 addTest()方法添加的顺序一致。

2. addTests()方法

当一个用例文件中的用例数过多时,逐个使用 addTest()方法进行添加过于烦琐,这时可以采用 addTests()方法进行用例添加,代码如下:

```
//chapter09/Case_example/ Suite_run2.py

import unittest
from chapter09.Case_example.test_Suite_case1 import TestExample01
from chapter09.Case_example.test_Suite_case2 import TestExample02

#创建测试套件 suite
suite = unittest.TestSuite()

#使用 addTests()方法批量添加用例
#使用 map()方法对数据做映射处理
suite.addTests(map(TestExample01, ['test_exam01', 'test_exam02']))
suite.addTests(map(TestExample02, ['test_exam03', 'test_exam04']))

if __name__ == '__main__':
    #创建测试套件运行器
    runner = unittest.TextTestRunner()
    #调用 run()方法运行 suite 测试套件中的用例
    runner.run(suite)
```

9.3.2 discover 执行更多用例

在 9.3.1 节所讲到的两种用例添加方法,适合小规模自动化测试用例的执行。可以使用 addTest()或 addTests()方法在用例文件中挑选用例来合成测试套件。当迭代运行所有测试用例时,用例文件和用例函数都会大幅度增加,此时上述两种方法均不再适合向测试套件中添加用例。

TestLoader 类中的 discover()方法在这种情况下是最适合的选择。现在对 Suite_run2.py 文件使用 discover()方法进行改写,代码如下:

```
//chapter09/Case_example/Suite_run3.py

import unittest

dir = './'
#创建测试套件 suite
suite = unittest.TestLoader().discover(start_dir = dir, pattern = 'test_ * .py')

if __name__ == '__main__':
    #创建测试套件运行器
    runner = unittest.TextTestRunner()
    #调用 run()方法运行 suite 测试套件中的用例
    runner.run(suite)
```

从代码 Suite_run3.py 可以看出,discover 的主要参数有两个:start_dir 参数用来指明用例文件所在的位置。这个位置通常指向用例所在目录即可;pattern 参数用来指定添加用例所在文件,可以使用通配符进行模糊定位。

9.3.3 批量执行用例

本节简单介绍用例的批量执行。通常自动化用例的执行会有若干套备选方案,例如对一个功能模块进行用例的批量执行,或者对系统所有用例进行批量执行。这时可以新建多个 run 文件,根据需求执行不同的 run 文件即可,无须每次都在 run 文件中修订用例的执行范围。

接口自动化测试的用例在实际运行的过程中,由于接口请求组成的相似性,通常是以参数化方式完成多个接口用例的执行操作的,具体实现方法会在 9.5 节中进行演示。

9.4 TestRunner 的应用

最后要讲解的是 TestRunner。在 unittest 的最常用到的 TestRunner 类下的运行方法是 run()。用例运行后需要出结果,这需要每个用例都有合适的断言,以便进行输出。本节以断言、装饰器、测试报告 3 部分对测试执行结果的输出进行讲解。

9.4.1 断言的使用

unittest 中断言主要有 3 种类型：布尔断言、比较断言、复杂断言。

在 unittest 中这 3 类断言下都有若干种可用方法，见表 9-1。

表 9-1 unittest 中的断言方法

断言方法		断言描述
布尔断言	assertEqual()	验证两参数是否相等
	assertNotEqual()	验证两参数是否不相等
	assertTrue()	验证参数的返回值是否为 True
	assertFalse()	验证参数的返回值是否为 False
	assertIs()	验证两个参数的指向是否为同一个对象
	assertIsNot()	验证两个参数的指向是否不是同一个对象
	assertIsNone()	验证参数的指向是否为空对象
	assertIsNotNone()	验证参数的指向是否为非空对象
	assertIn()	验证是否包含子串
	assertNotIn()	验证是否不包含子串
	assertIsInstance()	验证参数对象是否为参数类实例
	assertNotIsInstance()	验证参数对象是否不是参数类实例
比较断言	assertAlmostEqual()	比较两个参数值是否约等于，可以指定精确小数位数
	assertNotAlmostEqual()	比较两个参数值是否不约等于，可以指定精确小数位数
	assertGreater()	比较两个参数值是否为大于关系(>)
	assertGreaterEqual()	比较两个参数值是否为大于或等于关系(>=)
	assertLess()	比较两个参数值是否为小于关系(<)
	assertLessEqual()	比较两个参数值是否为小于或等于关系(<=)
	assertRegexpMatches()	比较正则表达式搜索结果是否匹配参照文本
	assertNotRegexpMatches()	比较正则表达式搜索结果是否不匹配参照文本
复杂断言	assertListEqual()	验证两个 list 列表对象是否相等
	assertTupleEqual()	验证两个 tuple 元组对象是否相等
	assertSetEqual()	验证两个 set 集合对象是否相等
	assertDictEqual()	验证两个 dict 字典对象是否相等

在接口自动化测试用例中，第一类布尔断言使用频率比较高，其他断言方法可视具体情况选择使用。有少数与对象相关的断言主要用在单元测试过程中。此处不再一一举例，在后续章节的示例中会有选择地在测试用例中使用其中一部分断言。

9.4.2 装饰器的使用

用例在执行过程中,有时需要在特定情况下使某些用例跳过执行,可以使用装饰器来解决这个问题。unittest 提供了以下 4 种针对用例执行的装饰器。

(1) @unittest.expectedFailure:将测试结果设置为失败,与断言结果无关。

(2) @unittest.skipUnless(condition, reason):条件成立时执行。

(3) @unittest.skipIf(condition, reason):条件成立时跳过不执行。

(4) @unittest.skip(reason):直接跳过不执行用例。

下面通过一个示例分别对 4 种装饰器进行演示说明,代码如下:

```
//chapter09/Decorator_example.py

import unittest
import sys
import requests

class DecExam(unittest.TestCase):

    #在此装饰器下用例无论断言结果如何,直接统计为失败
    @unittest.expectedFailure
    def test_Failure(self):
            print('expectedFailure():用例运行后统计为执行失败')
            #断言结果优先级低于装饰器结果
            self.assertTrue(True)

    #此装饰器可用于判断当前用例执行系统环境是否为 Windows 环境,否则跳过
    @unittest.skipUnless(sys.platform.startswith("win"), "条件成立时执行")
    def test_skipUnless(self):
            print('skipUnless():条件成立时执行用例')
            self.assertFalse(False)

    #当一个用例出现 Bug 后被标记 expectedFailure 时,后续依赖用例可标记为 skip
    @unittest.skip("此用例为阻塞用例")
    def test_skip(self):
            print('skip():无条件跳过')
            self.assertEqual('A', 'A')

    @unittest.skipIf(requests.__version__ == '2.25.1', "条件成立时跳过")
    def test_skipIf(self):
            print('skipIf():条件成立时跳过用例')
            self.assertNotEqual('A', 'B')

if __name__ == '__main__':
    unittest.main()
```

9.4.3 生成测试报告

unittest 运行结束后的结果通常在输出窗口展示。执行结果以以下符号表示。

(1) . 表示断言成功。

(2) F 表示断言失败。

(3) S 表示跳过用例。

(4) E 表示用例执行抛出异常。

下面对代码 Decorator_example. py 进行优化，设计一段用例，让 4 种情况依次出现，代码如下：

```
//chapter09/Decorator_example2.py

import unittest
import sys

class DecExam(unittest.TestCase):
    '''此类为测试用例执行输出结果'''

    def test_Failure(self):
            '''此条为断言失败用例'''
            #断言结果的优先级低于装饰器结果
            self.assertTrue(False)

    @unittest.skipUnless(sys.platform.startswith("win"), "条件成立时执行")
    def test_skipUnless(self):
            '''此条为断言成功用例'''
            self.assertFalse(False)

    @unittest.skip("此用例为阻塞用例")
    def test_skip(self):
            '''此条为无条件跳过用例'''
            self.assertEqual('A', 'A')

    def test_skipIf(self):
            '''此条为抛出异常用例'''
            print(5/0)
            self.assertNotEqual('A', 'B')

if __name__ == '__main__':
    unittest.main()
```

接下来再创建一个用例运行文件，将 4 个用例置入测试套件后运行，代码如下：

```
//chapter09/Decorator_run.py

import unittest
```

```
dir = './'
suite = unittest.TestLoader().discover(start_dir = dir, pattern = 'Decorator_example2.py')

if __name__ == '__main__':
    runner = unittest.TextTestRunner()
    runner.run(suite)
```

执行结果如图 9-6 所示。

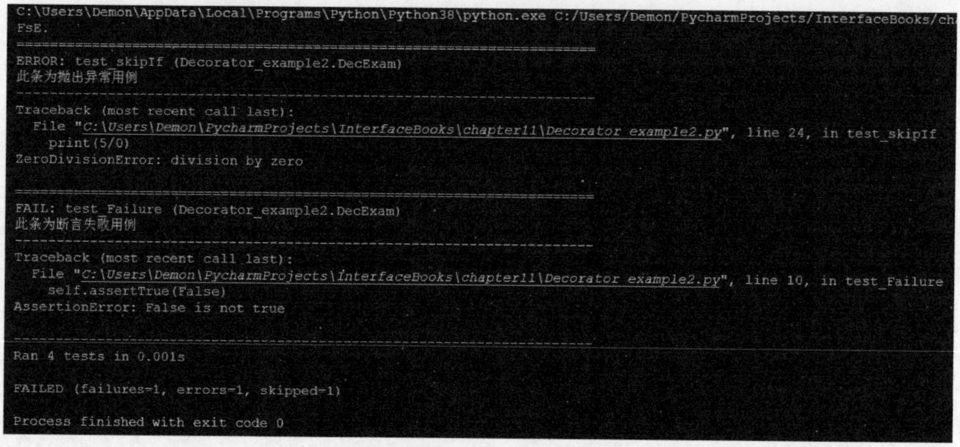

```
C:\Users\Demon\AppData\Local\Programs\Python\Python38\python.exe C:/Users/Demon/PycharmProjects/InterfaceBooks/ch
FsE.
======================================================================
ERROR: test_skipIf (Decorator_example2.DecExam)
此条为抛出异常用例
----------------------------------------------------------------------
Traceback (most recent call last):
  File "C:\Users\Demon\PycharmProjects\InterfaceBooks\chapter11\Decorator_example2.py", line 24, in test_skipIf
    print(5/0)
ZeroDivisionError: division by zero

======================================================================
FAIL: test_Failure (Decorator_example2.DecExam)
此条为断言失败用例
----------------------------------------------------------------------
Traceback (most recent call last):
  File "C:\Users\Demon\PycharmProjects\InterfaceBooks\chapter11\Decorator_example2.py", line 10, in test_Failure
    self.assertTrue(False)
AssertionError: False is not true

----------------------------------------------------------------------
Ran 4 tests in 0.001s

FAILED (failures=1, errors=1, skipped=1)

Process finished with exit code 0
```

图 9-6 Decorator_run. py 文件的执行结果

从图 9-6 中可以看出，在执行过程中断言失败和抛出异常的用例会给出提示信息。这种结果展示作为最终的测试输出显然不够直观。此时可借助第三方插件来完成最终测试结果的整理。

html-testRunner 插件是基于 unittest 框架 TextTestRunner 类衍生出来的一款扩展插件，它可以将自动化运行结果整理生成 HTML 格式的独立页面。html-testRunner 插件于 2017 年发布了 1.0 版，目前最新版本为 1.2.1 版。html-testRunner 在接口测试执行时配合 unittest 生成测试报告是不错的选择方案。

1. html-testRunner 的安装

html-testRunner 的下载网址为 https://pypi.org/project/html-testRunner/#files，下载页面如图 9-7 所示。

在本书配套资源中有对应的安装程序。将 chapter09 下的 HtmlTestRunner-master.zip 文件解压至 D 盘根目录下，如图 9-8 所示。

html-testRunner 安装时会提示缺少 Jinja2 插件，在配套安装包中已置入此插件，打开命令提示符工具，切换至 D:\HtmlTestRunner-master 目录，输入 pip3 install Jinja2-2.10.1-py2.py3-none-any.whl 命令，按下 Enter 键进行安装，如图 9-9 所示。

安装完成后，在命令提示符工具中输入 python setup.py install 命令，按 Enter 键进行主程序的安装，如图 9-10 所示。

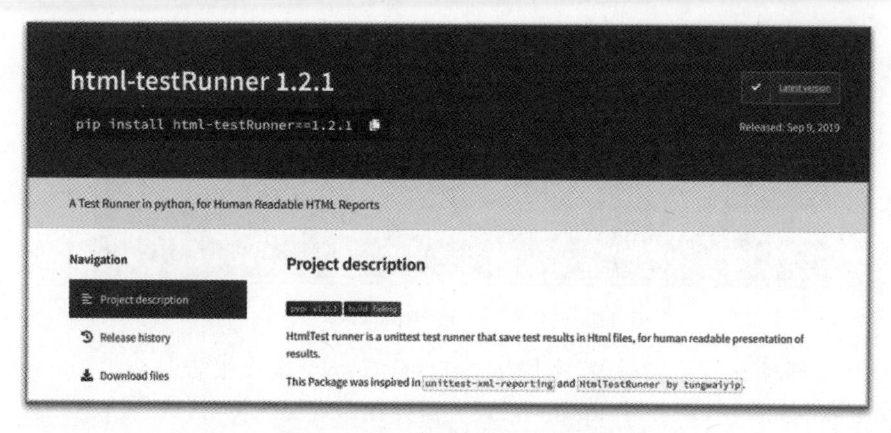

图 9-7 html-testRunner 下载页面

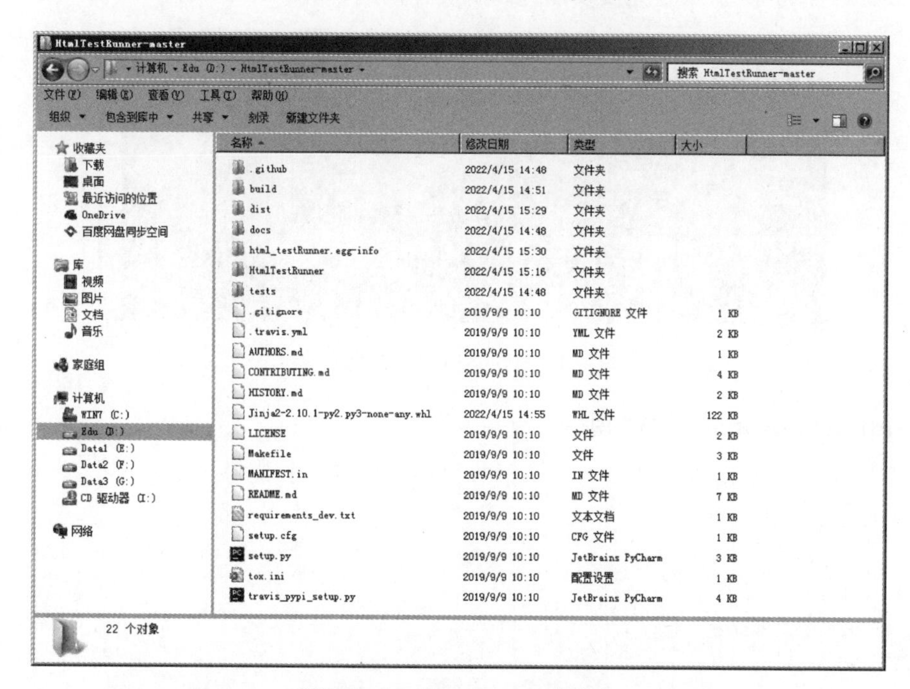

图 9-8 html-testRunner 安装包

```
C:\Windows\system32\cmd.exe
Microsoft Windows [版本 6.1.7601]
版权所有 (c) 2009 Microsoft Corporation。保留所有权利。

C:\Users\Demon>d:

D:\>cd HtmlTestRunner-master

D:\HtmlTestRunner-master>pip3 install Jinja2-2.10.1-py2.py3-none-any.whl
```

图 9-9 Jinja2 插件安装

```
C:\Windows\system32\cmd.exe

D:\HtmlTestRunner-master>python setup.py install
running install
running bdist_egg
running egg_info
writing html_testRunner.egg-info\PKG-INFO
writing dependency_links to html_testRunner.egg-info\dependency_links.txt
writing requirements to html_testRunner.egg-info\requires.txt
writing top-level names to html_testRunner.egg-info\top_level.txt
adding license file 'LICENSE' (matched pattern 'LICENICS]E*')
adding license file 'AUTHORS.md' (matched pattern 'AUTHORS*')
reading manifest file 'html_testRunner.egg-info\SOURCES.txt'
```

图 9-10　html-testRunner 安装

部分测试环境安装完成后，在调用 HtmlTestRunner 生成报告时会报 cannot import name 'soft_unicode' from 'markupsafe'错误。需要在命令提示符窗口输入 pip install --user --upgrade aws-sam-cli 命令补充安装插件以解决此问题，如图 9-11 所示。

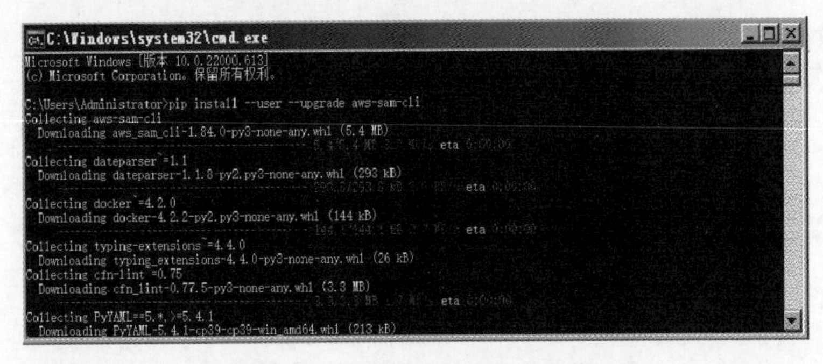

图 9-11　解决运行异常补充安装

2. html-testRunner 的使用

在 HTML_Demo.py 文件中使用 HtmlTestRunner 来替换 unittest 框架中原有的 TextTestRunner，代码如下：

```
//chapter09/HTML_Demo.py

import HtmlTestRunner
import unittest


case_dir = './'
suite = unittest.TestLoader().discover(start_dir = case_dir, pattern = 'Decorator_example.py')


if __name__ == '__main__':

    runner = HtmlTestRunner.htmlTestRunner(
            #指定测试结果 HTML 文件存放位置
            output = "./Case_example/"
            )
    runner.run(suite)
```

运行结果如图 9-12 所示。

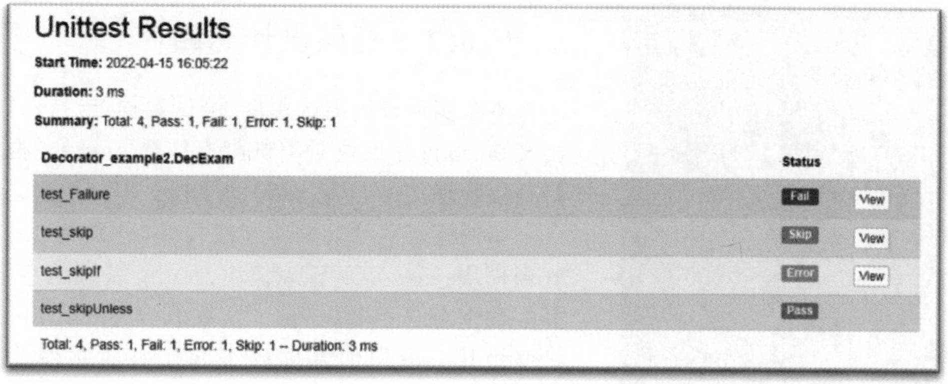

图 9-12 生成 HTML 测试结果

3. html-testRunner 的解析

本节安装及使用的 html-testRunner 是 1.2.1 版。与《全栈 UI 自动化测试实战》一书中使用的 0.8.7 版相比，本书所使用版本更适合做接口自动化测试结果的展示。新版本中的程序包在使用时，具体使用参数有一些变化，参数的使用方法见表 9-2。

表 9-2 HTMLTestRunner 中的参数

参 数	使用描述
output	设置生成的 HTML 报告的输出路径，默认输出位置为./reports/
verbosity	用例执行结果在控制台的显示方式，默认值为 2，即展示用例执行详情 verbosity=0：只展示用例成功和失败个数； verbosity=1：执行用例结果，如果成功，则用句号展示，如果失败，则用 F 展示； verbosity=2：展示用例执行详情
stream	执行结果输出路径，sys.stdout：结果输出在控制台上；sys.stderr：错误信息输出在控制台上
report_title	设置生成 HTML 报告标题内容，默认不设置，显示为 Unittest Results
report_name	设置生成 HTML 报告文件名称，默认文件名称是由“report_title+用例文件名+执行时间戳”组成的，设置 report_name 值后，设置内容替换 report_title 部分内容，默认值为 None
add_timestamp	在生成报告名称中添加执行时间戳，默认值为 True
open_in_browser	在系统默认浏览器中打开 HTML 报告，默认值为 False，需要时可设置为 True

9.5 Requests 与 unittest 框架整合应用

Requests 作为接口测试的实现，其功能的完整程度是没有问题的。当在生产环境中需要批量执行接口测试用例时，以用例方法的方式实现显然是不合适的。Requests 与

unittest 框架结合使用可以有效地解决这一问题。

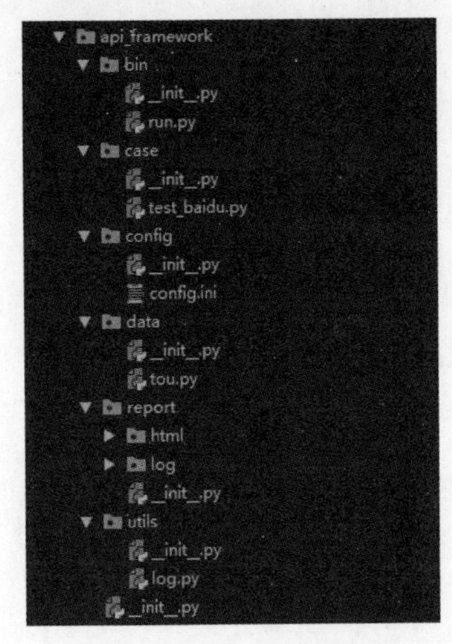

图 9-13　接口框架构成

9.5.1　框架设计思路

本节实例按照测试用例、测试数据、支持功能、输出文本、运行等模块对测试脚本结合 unittest 框架进行分层管理。

示例框架共分为 6 个组成模块，分别是 bin 运行管理模块、case 用例管理模块、config 基础信息模块、data 数据存储模块、report 结果返回模块、utils 功能扩展模块。框架的具体层级和代码的文件关系如图 9-13 所示。

9.5.2　case 模块用例

case 模块实现思路：本节以百度网页搜索接口为例，分别以中文、英文、拼音为搜索内容进行接口请求。实现百度搜索接口测试用例，代码如下：

```
//chapter09/api_framework/case/test_baidu.py

import unittest,requests
from chapter09.api_framework.data.tou import Header_lei
import configparser
from chapter09.api_framework.utils.log import *

class Test_baidu(unittest.TestCase):
    @classmethod
    def setUpClass(self):
        self.head = Header_lei()
        self.conf = configparser.ConfigParser()
        self.conf.read('./../config/config.ini')
        self.ip = self.conf.get('tongyong','ip')
    def test_baidu_en(self):
        url = 'http://%s/s' %(self.ip)
        params = {
            'wd':'demon'
        }
        r = requests.get(url = url,params = params,headers = self.head.header_get())
        try:
            #此处 text[0:100]表示取响应结果前 100 字节
            self.assertIn('laohu',r.text[0:100])
        except AssertionError as e:
            #err_log('demon','hehe')
            logging.info('搜索 \' %r\',期望 \' %r\',失败' % ('laohu', 'hehe'))
```

```
            self.assertIn('laohu', r.text[0:100])

    def test_baidu_cn(self):
        url = 'http:// % s/s' % (self.ip)
        print(url)
        params = {
            'wd': '思课帮'
        }
        r = requests.get(url = url, params = params,headers = self.head.header_get())
        self.assertIn('思课帮', r.content.decode('utf - 8'))

    def test_baidu_sp(self):
        url = 'http:// % s/s' % (self.ip)
        params = {
            'wd': 'laohu'
        }
        r = requests.get(url = url, params = params,headers = self.head.header_get())
        self.assertIn('laohu_百度搜索', r.text)


if __name__ == '__main__':
    unittest.main()
```

9.5.3 data 模块数据

data 模块实现思路：将接口请求用例中通用的请求头信息提取为有参方法。case 模块接口用例在接口请求时通过调用请求头实现请求头的参数化。本节示例中对接口请求中的 URL、请求主体的参数化未实现，在本书第 13 章接口测试框架案例中实现。请求头模块的实现，代码如下：

```
//chapter09/api_framework/data/tou.py

class Header_lei():
    def header_get(self):
        header = {
            'User - Agent': 'Mozilla/5.0 (Windows NT 6.1; Win64; x64; rv:67.0) Gecko/20100101
Firefox/67.0'
        }
        return header

    def header_post(self,zhuti):
        header = {
            'User - Agent': 'Mozilla/5.0 (Windows NT 6.1; Win64; x64; rv:67.0) Gecko/20100101
Firefox/67.0',
            'content - type':zhuti
        }
        return header
```

9.5.4 config 模块

config 模块实现思路：将接口请求用例中的通用可变参数提取到 config 模块所在的配置文件中，通过调用方式使用。当测试环境中的变量发生变更时，例如测试环境中的 IP 地址或域名发生变化，框架可以通过修改配置文件中对应的参数快速地响应变化。实现代码如下：

```
//chapter09/api_framework/config/config.ini

[tongyong]

ip = www.baidu.com
```

9.5.5 utils 模块

utils 模块实现思路：当接口用例执行失败时，将执行结果记录在日志文件中以方便查找，使用 logging 的日志功能实现执行失败用例记录功能。实现代码如下：

```
//chapter09/api_framework/utils/log.py

import logging,time

now = time.strftime("%Y-%m-%d %H_%M_%S")

logging.basicConfig(
    #日志级别
    level = logging.INFO,
    #日志格式
    #时间、代码所在文件名、代码行号、日志级别名字、日志信息

    format = '%(asctime)s %(filename)s[line:%(lineno)d] %(levelname)s %(message)s',
    #打印日志的时间
    datefmt = '%a, %d %b %Y %H:%M:%S',
    #日志文件存放的目录(目录必须存在)及日志文件名
    filename = './../report/log/' + now + 'report.log',
    #打开日志文件的方式
    filemode = 'w'
)

def err_log(yu,shi):
    logging.info('搜索\'%r\',期望\'%r\',失败' % (yu, shi))
```

9.5.6 bin 运行模块

bin 模块实现思路：将可执行用例生成测试套件，通过 9.4.3 节 html-testRunner 工具

完成测试套件的执行，以及执行后测试报告的生成功能。实现代码如下：

```
//chapter09/api_framework/bin/run.py

import unittest,HtmlTestRunner

#从以 test 开头的文件中导入接口用例
suite = unittest.defaultTestLoader.discover('./../case/',pattern = 'test*.py')

if __name__ == '__main__':
    #生成运行器，将结果输出至 report 子目录下
    runner = HtmlTestRunner.htmlTestRunner( output = "./../report/")
    #运行测试套件
    runner.run(suite)
```

9.5.7 report 输出模块

report 模块实现思路：report 模块中主要存放了两种返回数据，第 1 种为执行过程日志记录，如图 9-14 所示。第 2 种为 HTML 执行结果页面，如图 9-15 所示。

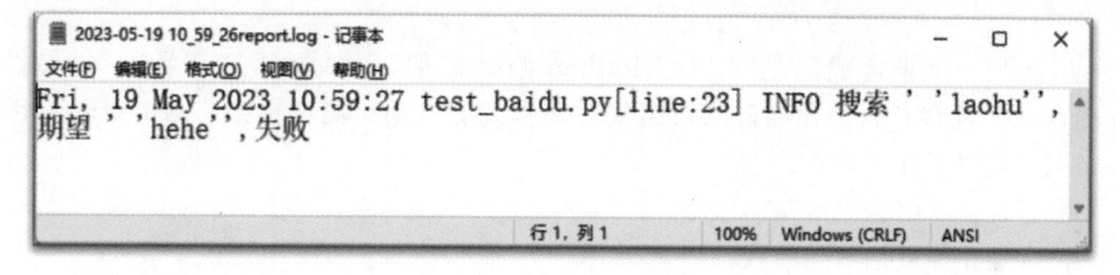

图 9-14 错误日志内容

Unittest Results

Start Time: 2023-05-19 10:59:26

Duration: 1.72 s

Summary: Total: 3, Pass: 2, Fail: 1

test_baidu.Test_baidu	Status	
test_baidu_cn	Pass	View
test_baidu_en	Fail	View
test_baidu_sp	Pass	

Total: 3, Pass: 2, Fail: 1 -- Duration: 1.72 s

图 9-15 执行结果内容

第10章 pytest的使用

CHAPTER 10

本章重点介绍Python下的另一款第三方单元测试框架pytest。与unittest相比，最早pytest是Python 2.x下的一款默认单元测试工具，Python 3.0以后从Python中剥离出来。pytest的使用更加简洁和好用。本章将学习pytest框架的基本使用方法。

10.1 pytest介绍

pytest是一个非常成熟的全功能Python测试框架，简单灵活且容易上手，能够与Requests等主流接口自动化测试工具组成功能强大的自动化测试框架。与unittest相比，pytest主要有以下几个特点。

(1) 断言提示信息更清楚。

(2) 自动化加载函数与模块。

(3) 支持运行由unittest编写的测试用例。

(4) 丰富的插件及社区支持。

(5) 自带参数化功能支持。

(6) 用例失败重运行机制。

(7) 多线程运行用例机制。

10.1.1 框架构成

与unittest相仿，pytest框架的功能也可以直观地划分为以下4部分。

(1) TestFixture：测试固件。

(2) TestCase：测试用例管理。

(3) TestSuite：测试套件。

(4) TestRunner：测试运行器。

TestFixture是pytest框架中功能最强大的部分。与unittest中的固件相比，TestFixture可以按模块化的方式实现，并且每个Fixture可以相互调用。每个Fixture都可以有自己的命名，并且可以通过声明的方式进行激活。

TestCase 部分可以使用两种方式对自动化用例进行管理，一种是与 unittest 中类似的类与方法的方式管理用例；另一种是通过函数与模块的方式管理用例。两种方式还可以根据用例执行的优先级来搭配使用。当用例数量较多时，还可以多进程运行自动化用例。

TestSuite 与 unittest 中的套件管理差异较大。pytest 中可以通过指定运行用例范围来确定套件内容，也可以通过配置 pytest.ini 文件的方式指定测试套件内容。

TestRunner 有两种方式触发用例的运行，一种是通过与 unittest 中类似的 run()方法开启用例运行；另一种是通过命令行的方式运行。相比之下，命令行触发运行是 pytest 框架中较有优势的方式。

10.1.2 软件安装

打开命令提示符，输入 pip install pytest 命令，按 Enter 键进行安装。本次安装的版本是 6.0.1。安装过程如图 10-1 所示。

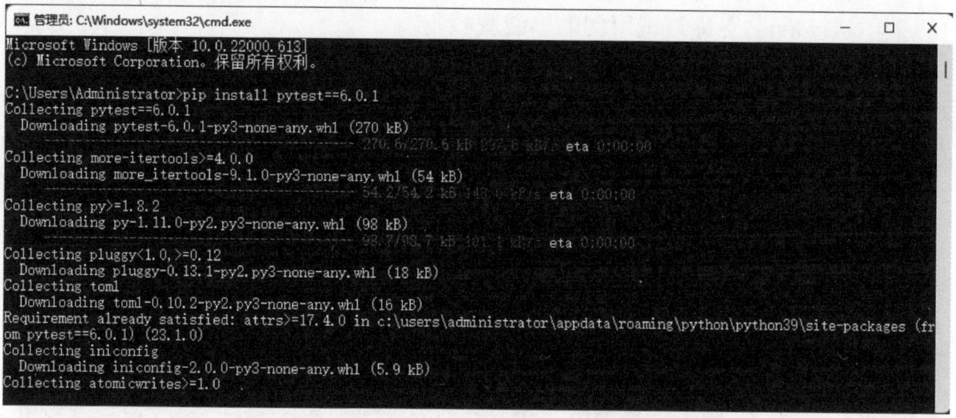

```
管理员: C:\Windows\system32\cmd.exe
Microsoft Windows [版本 10.0.22000.613]
(c) Microsoft Corporation。保留所有权利。

C:\Users\Administrator>pip install pytest==6.0.1
Collecting pytest==6.0.1
  Downloading pytest-6.0.1-py3-none-any.whl (270 kB)
Collecting more-itertools>=4.0.0
  Downloading more_itertools-9.1.0-py3-none-any.whl (54 kB)
Collecting py>=1.8.2
  Downloading py-1.11.0-py2.py3-none-any.whl (98 kB)
Collecting pluggy<1.0,>=0.12
  Downloading pluggy-0.13.1-py2.py3-none-any.whl (18 kB)
Collecting toml
  Downloading toml-0.10.2-py2.py3-none-any.whl (16 kB)
Requirement already satisfied: attrs>=17.4.0 in c:\users\administrator\appdata\roaming\python\python39\site-packages (fr
om pytest==6.0.1) (23.1.0)
Collecting iniconfig
  Downloading iniconfig-2.0.0-py3-none-any.whl (5.9 kB)
Collecting atomicwrites>=1.0
```

图 10-1 pytest 安装过程

安装完成后，准备一个基于 pytest 的单元测试脚本，代码如下：

```
//Chapter10/test_Demo.py

#被测函数
def add(x, y):
    return x + y

#测试用例
def test_add():
    assert add(2, 3) == 5
```

运行 pytest 脚本流程：准备源码文件 test.py，在命令提示行窗口中切换至源文件所在目录。pytest 的 3 种运行方式：运行 pytest 命令、运行 py.test 命令、运行 python -m pytest 命令。

在命令提示行窗口中 pytest 脚本运行的结果如图 10-2 所示。

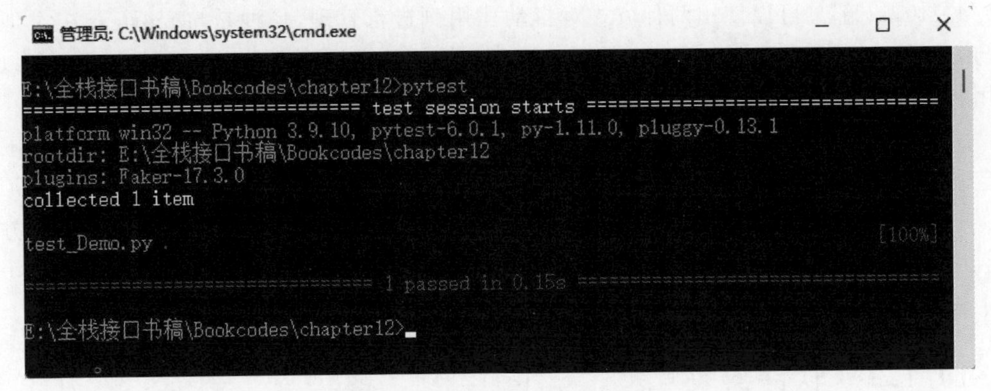

图 10-2　pytest 脚本运行结果

pytest 框架中还有一些功能强大的插件作为支撑，常用的几款插件如下。

（1）pytest-html：可以生成简易的 HTML 报告。

（2）pytest-xdist：支持测试用例的多线程执行。

（3）pytest-ordering：可以手动定义测试用例的执行顺序。

（4）pytest-rerunfailures：失败用例重新执行，可设定重试执行次数。

（5）pytest-base-url：管理测试环境中的基础路径。

（6）allure-pytest：可以生成 allure 报告。

当批量安装插件时，可将插件名称保存至文本文件中，使用递归方式进行安装，安装过程如图 10-3 所示。

```
管理员: C:\Windows\system32\cmd.exe - pip install -r pytest_plugin
E:\全栈接口书稿\Bookcodes\chapter12>pip install -r pytest_plugin
Collecting pytest-html
  Downloading pytest_html-3.2.0-py3-none-any.whl (16 kB)
Collecting pytest-xdist
  Downloading pytest_xdist-3.3.1-py3-none-any.whl (41 kB)
     ---------------------------------------- 41.0/41.0 kB 663.3 kB/s eta 0:00:00
Collecting pytest-ordering
  Downloading pytest_ordering-0.6-py3-none-any.whl (4.6 kB)
Collecting pytest-rerunfailures
  Downloading pytest_rerunfailures-11.1.2-py3-none-any.whl (12 kB)
Collecting pytest-base-url
  Downloading pytest_base_url-2.0.0-py3-none-any.whl (4.6 kB)
Collecting allure-pytest
  Downloading allure_pytest-2.13.2-py3-none-any.whl (10 kB)
Requirement already satisfied: py>=1.8.2 in c:\users\administrator\appdata\local\programs\python\python39\lib\site-packa
ges (from pytest-html->-r pytest_plugin (line 1)) (1.11.0)
Collecting pytest-metadata
  Downloading pytest_metadata-3.0.0-py3-none-any.whl (10 kB)
Requirement already satisfied: pytest!=6.0.0,>=5.0 in c:\users\administrator\appdata\local\programs\python\python39\lib\
site-packages (from pytest-html->-r pytest_plugin (line 1)) (6.0.1)
Collecting pytest!=6.0.0,>=5.0
  Downloading pytest-7.3.1-py3-none-any.whl (320 kB)
     ---------------------------------------- 320.5/320.5 kB 275.9 kB/s eta 0:00:00
```

图 10-3　pytest-plugin 安装过程

10.1.3　运行规则

在默认情况下，pytest 运行脚本时会首先查找当前目录及其子目录下以 test_开头或以_test 结尾的 Python 脚本文件。找到文件后会自动找到并运行以 test 开头的函数。下面使用多目录多用例文件来示例上述运行规则，3 个用例文件的分布情况如图 10-4 所示。

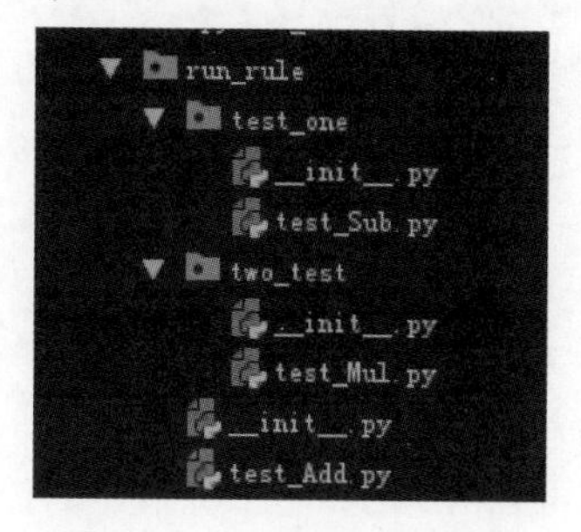

图 10-4　用例文件分布

实现加法测试用例文件，代码如下：

```
//Chapter10/run_rule/test_Add.py

# 被测函数
def add(x, y):
    return x + y

# 测试用例
def test_add():
    assert add(2, 3) == 5

# 测试用例
def test_add2():
    assert add(5, 7) == 12
```

实现减法测试用例文件，代码如下：

```
//Chapter10/run_rule/test_one/test_Sub.py

# 被测函数
def sub(x, y):
    return x - y

# 测试用例
def test_sub():
    assert sub(2, 3) == -1

# 无法执行用例
def sub_test():
    assert sub(15, 7) == 8
```

实现乘法测试用例文件，代码如下：

```
//Chapter10/run_rule/two_test/test_Mul.py

# 被测函数
def mul(x, y):
```

```
    return x * y

#测试用例
def test_mul():
    assert mul(2, 3) == 6

#无法执行用例
def mul_test():
    assert mul(5, 7) == 35
```

运行结果如图 10-5 所示。可以看到 test_Add.py 文件中有两个用例可以正常运行，占运行用例数的一半，显示为 50%。

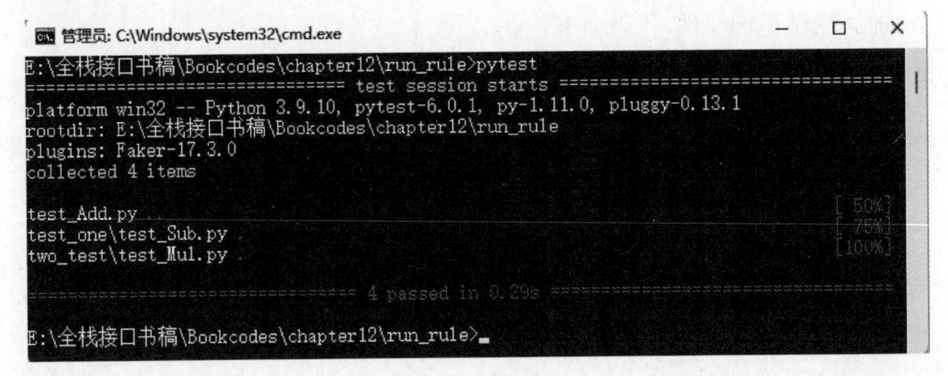

图 10-5 运行结果

10.1.4 测试用例

当测试用例的数量增多时，为了方便管理，通常会引入测试类来对用例进行管理。当运行用例在测试类之外时，称为用例函数，当运行用例在测试类里面时，称为用例方法。关于这点在 Fixture 部分会讲解。实现函数与方法方式的测试用例，代码如下：

```
//Chapter10/run_rule/two_test/test_Dev.py

#被测函数
def div(x, y):
    return x / y

class TestDiv():

    #测试用例
    def test_div(self):
        assert div(6, 3) == 2

    #测试用例
    def test_div2(self):
        assert div(15, 5) == 3
```

总体来讲,测试用例在读取和运行时有以下几点需要注意。

(1) 用例文件名以 test_开头或以 test 结尾。

(2) 测试类以 Test 开头,并且不能带有 init 方法。

(3) 未包含在测试类中的以 test_开头的函数为可执行测试用例。

(4) 以 Test 开头的类为可执行测试类。

(5) 测试类中以 test_开头的方法为可执行测试用例。

(6) 所有的包 package 必须有__init__. py 文件。

(7) 断言使用 assert 实现,与 unittest 差异较大。

测试用例在执行时较 unittest 灵活很多,可以有多种执行方法。

1. 执行某个目录下所有的用例

语法: pytest 目录名/。

在本章 14.1.3 节中,如果在 run_rule 上级目录,则可输入 pytest run_rule/执行。

2. 执行某个 py 文件下用例

语法: pytest 脚本名称. py。

在本章 10.1.3 节中,执行 test_Add. py 文件,可输入 pytest run_rule/test_Add. py 执行。

3. 按节点运行运行用例

在这种运行方法中用例函数或方法与模块通常以::进行分隔,有以下两种运行情况。

(1) 运行. py 模块里面的某个函数。以代码 test_Add. py 为例,运行其中的 test_add()用例函数,在命令行中输入 pytest run_rule/test_Add. py::test_add,按 Enter 键执行。

(2) 运行. py 模块中测试类里面的某种方法。以代码 test_Dev. py 为例,运行类中的 test_Div()用例方法,在命令行中输入 pytest test_Dev. py::TestClass::test_method 命令,按 Enter 键执行。

4. 标记表达式

语法: pytest -m slow。

将运行用@ pytest. mark. slow 装饰器修饰的所有测试。本章后面会讲到自定义标记 mark 的功能。

10.2 Fixture 与参数化

在第 9 章讲解过 unittest 中的两套测试固件,分别是用例级的 setup()和 teardown(),以及需配合@classmethod 装饰器一起使用的 setupClass() 和 teardownClass()。pytest 框架也有与之相似的固件。

10.2.1 Fixture的优势

pytest下的Fixture与unittest相比，在使用过程中的优点主要有以下几点。

(1) 命名方式灵活，不限于setup和teardown这几个命名。

(2) conftest.py配置文件里可以实现数据共享，不需要import就能自动找到一些配置。

(3) scope="module"可以实现多个.py跨文件共享前置。

(4) scope="session"以实现多个.py跨文件使用一个session来完成多个用例。

10.2.2 用例运行的级别

在pytest框架中两套管理用例方法是并存的。一套是以模块/函数模式管理用例的，另一套是以类/方法模式管理用例的。多数情况下这两套模式是独立运行的，有时也可以进行交互。

1. 用例运行级别

Fixture部分基于用例运行层的固件部分可以分为以下5个级别。

(1) 模块级(setup_module/teardown_module)开始于模块始末，是全局的。

(2) 函数级(setup_function/teardown_function)只对类外函数级用例生效。

(3) 类级(setup_class/teardown_class)只在类运行前后运行一次。

(4) 方法级1(setup_method/teardown_method)在类中测试用例的前后运行一次。

(5) 方法级2(setup/teardown)在类中测试用例的前后运行一次。

可以看到模块级是全局的，作用于函数和方法这两种用例模式中，方法级和函数级用例在各自范围内运行，代码如下：

```
//Chapter10/fixture_demo.py

def setup_module():
    print('\nmodule模块级:全局开始')

def teardown_module():
    print('\nmodule模块级:全局结束')

def setup_function():
    print('\nfunction函数级:函数级用例前运行一次')

def teardown_function():
    print('\nfunction函数级:函数级用例后运行一次')

class TestFixture:
    @classmethod
    def setup_class(self):
```

```
        print('\nclass 类级:在类开始位置运行一次')

    @classmethod
    def teardown_class(self):
        print('class 类级:在类结束位置运行一次')

    def setup_method(self):
        print('method 方法级:在类中测试用例前运行')

    def teardown_method(self):
        print('method 方法级:在类中测试用例后运行')

    def setup(self):
        print('setup 方法')

    def teardown(self):
        print('\nteardown 方法')
```

2. 模块/函数级用例

当模块/函数级用例运行时，module 级固件与 unittest 中的 classmethod 级一样，只在所有用例运行前后各运行一次。function 级固件与 unittest 中的 setup、teardown 一样，在每个函数级用例运行前后运行一次，代码如下：

```
//Chapter10/test_module_demo.py

#被测函数
def add(x, y):
    return x + y

def setup_module():
    print('\nmodule 模块级:全局开始')

def teardown_module():
    print('\nmodule 模块级:全局结束')

def setup_function():
    print('\nfunction 函数级:函数级用例前运行一次')

def teardown_function():
    print('\nfunction 函数级:函数级用例后运行一次')

#函数级:用例
def test_add1():
    print('函数级用例 1')
    assert add(3, 6) == 9
```

运行结果如图 10-6 所示。

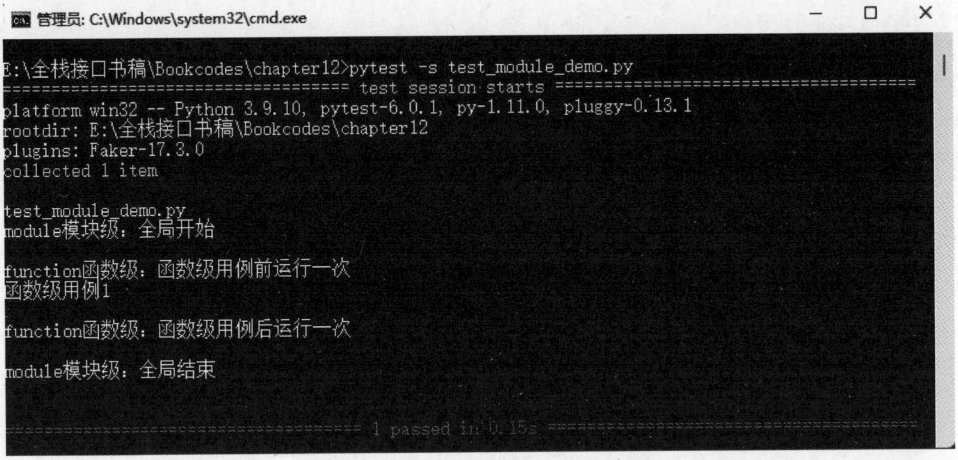

```
管理员: C:\Windows\system32\cmd.exe

E:\全栈接口书稿\Bookcodes\chapter12>pytest -s test_module_demo.py
=================================== test session starts ===================================
platform win32 -- Python 3.9.10, pytest-6.0.1, py-1.11.0, pluggy-0.13.1
rootdir: E:\全栈接口书稿\Bookcodes\chapter12
plugins: Faker-17.3.0
collected 1 item

test_module_demo.py
module模块级：全局开始

function函数级：函数级用例前运行一次
函数级用例1

function函数级：函数级用例后运行一次

module模块级：全局结束


=================================== 1 passed in 0.15s ===================================
```

图 10-6　模块/函数级用例运行

3. 类/方法级用例

类/方法级用例运行与 unittest 框架中的 Fixture 固件的使用方法相仿，其中 setup_method、teardown_method 与 setup、teardown 效果相同，如果二者出现在同一个测试类中，则前者的运行优先级较高，代码如下：

```
//Chapter10/test_class_demo.py

#被测函数
def add(x, y):
    return x + y

class TestFixture:
    @classmethod
    def setup_class(self):
            print('\nclass 类级:在类开始位置运行一次')

    @classmethod
    def teardown_class(self):
            print('class 类级:在类结束位置运行一次')

    def setup_method(self):
            print('method 方法级:在类中测试用例前运行')

    def teardown_method(self):
            print('method 方法级:在类中测试用例后运行')

    def setup(self):
            print('setup 方法')
```

```
    def teardown(self):
        print('\nteardown 方法')

    def test_add2(self):
        print('方法级用例 1')
        assert add(6, 6) == 10
```

运行结果如图 10-7 所示。

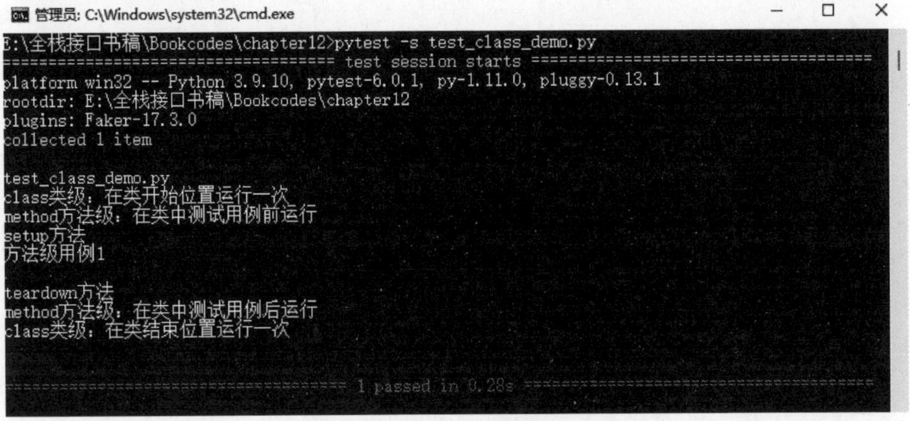

```
管理员: C:\Windows\system32\cmd.exe
E:\全栈接口书稿\Bookcodes\chapter12>pytest -s test_class_demo.py
==================================== test session starts ====================================
platform win32 -- Python 3.9.10, pytest-6.0.1, py-1.11.0, pluggy-0.13.1
rootdir: E:\全栈接口书稿\Bookcodes\chapter12
plugins: Faker-17.3.0
collected 1 item

test_class_demo.py
class类级：在类开始位置运行一次
method方法级：在类中测试用例前运行
setup方法
方法级用例1

teardown方法
method方法级：在类中测试用例后运行
class类级：在类结束位置运行一次

==================================== 1 passed in 0.28s ====================================
```

图 10-7 类/方法级用例运行

4. 混合使用

将以上两种模式合在一起使用，相同级别的测试固件会出现运行优先级关系，代码如下：

```
//Chapter10/test_fixture_demo.py

#被测函数
def add(x, y):
    return x + y

def setup_module():
    print('\nmodule 模块级:全局开始')

def teardown_module():
    print('\nmodule 模块级:全局结束')

def setup_function():
    print('\nfunction 函数级:函数级用例前运行一次')

def teardown_function():
    print('\nfunction 函数级:函数级用例后运行一次')

#函数级:用例
def test_add1():
```

```
    print('函数级用例 1')
    assert add(3, 6) == 9

class TestFixture:
    @classmethod
    def setup_class(self):
            print('\nclass 类级:在类开始位置运行一次')

    @classmethod
    def teardown_class(self):
            print('class 类级:在类结束位置运行一次')

    def setup_method(self):
            print('method 方法级:在类中测试用例前运行')

    def teardown_method(self):
            print('method 方法级:在类中测试用例后运行')

    def setup(self):
            print('setup 方法')

    def teardown(self):
            print('\nteardown 方法')

    def test_add2(self):
            print('方法级用例 1')
            assert add(6, 6) == 10
```

运行结果如图 10-8 所示。

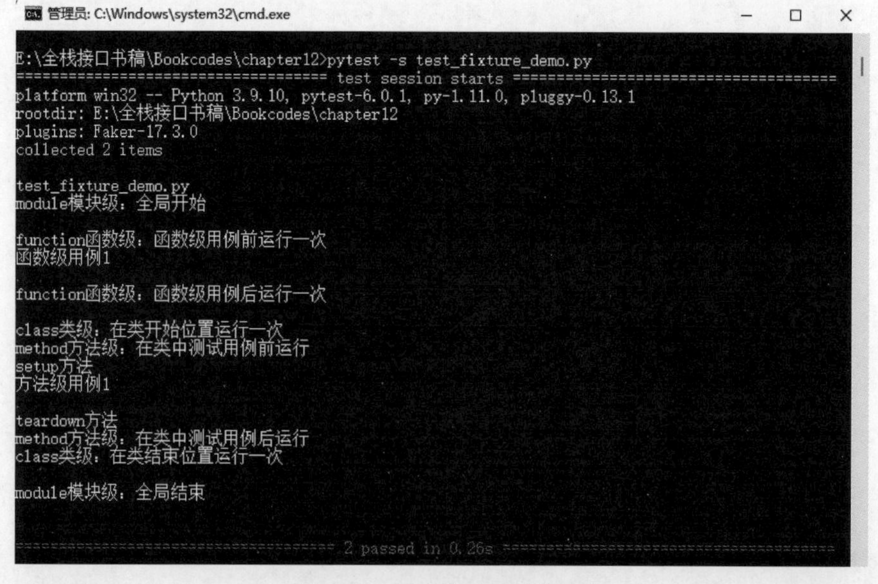

图 10-8　混合使用运行结果

通过运行结果可以得到以下几条优先级关系。

(1) Setup_module > setup_class > setup_method > setup >测试用例。

(2) 测试用例> teardown > teardown_method > teardown_class > teardown_module。

(3) 在混合场景中,运行优先级与两种模式代码位置无关。

(4) setup_module/teardown_module 的优先级最高。

(5) 函数里面用到的 setup_function/teardown_function 和类里面的 setup_class/teardown_class 互不干涉。

10.2.3 conftest.py 配置文件

在 10.2.2 节讲解的 Fixture 固件是框架自身设定好的,下面来讲解自定义 Fixture 固件的用法。首先来看自定义 Fixture 固件装饰器的语法。

Fixture 语法:

```
fixture(scope = "function", params = None, autouse = False, ids = None, name = None)
```

Fixture 参数解析如下:

(1) scope 有 4 个级别的参数: function、class、module、session,主要用来指定 Fixture 的作用范围。

(2) params: 可选的参数列表,用来做 Fixture 的参数化。

(3) autouse: 使 Fixture 作用域内的测试用例都使用该 Fixture,默认值为 False 状态。

(4) name: 重命名 Fixture。

1. 无参 Fixture 的使用

当 Fixture 装饰器中不带任何参数时,默认装饰函数为 function 级别,代码如下:

```
//Chapter10/test_fixture_params.py

import pytest

#被测函数
def add(x, y):
    return x + y

#无参时,scope 默认为 function
@pytest.fixture()
def beforeMsg():
    print('用例运行前的初始化')

def test_add1():
    print('\n 测试用例 1 执行')
    assert add(3, 3) == 6

def test_add2(beforeMsg):
    print('测试用例 2 执行')
    assert add(3, 5) == 8
```

在运行的过程中，当运行至引用自定义 Fixture 函数用例执行时会首先执行自定义前置函数。执行结果如图 10-9 所示。

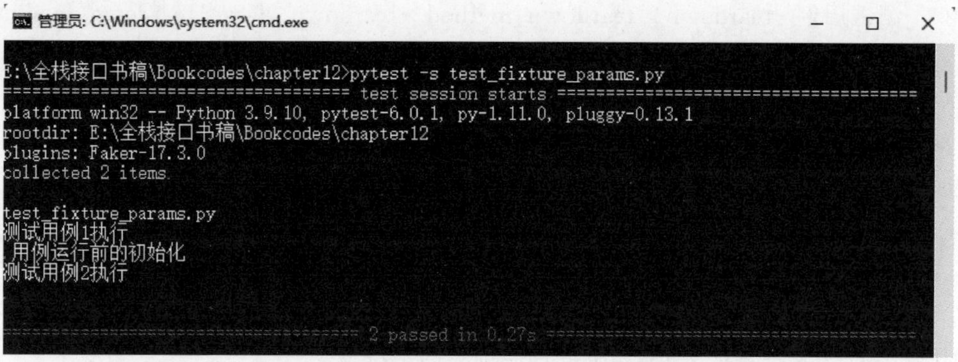

```
管理员: C:\Windows\system32\cmd.exe

E:\全栈接口书稿\Bookcodes\chapter12>pytest -s test_fixture_params.py
=================================== test session starts ===================================
platform win32 -- Python 3.9.10, pytest-6.0.1, py-1.11.0, pluggy-0.13.1
rootdir: E:\全栈接口书稿\Bookcodes\chapter12
plugins: Faker-17.3.0
collected 2 items

test_fixture_params.py
测试用例1执行
.用例运行前的初始化
测试用例2执行
.

=================================== 2 passed in 0.27s ===================================
```

图 10-9　自定义无参 Fixture 的执行结果

2. 带 scope 参数的 Fixture 的使用

除了 function 级 Fixture，module 级 Fixture 也比较常用，代码如下：

```
//Chapter10/test_fixture_params2.py

import pytest

#被测函数
def add(x, y):
    return x + y

#当 scope 参数是 module 时，在所有用例前运行一次
@pytest.fixture(scope = 'module')
def beforeModuleMsg():
    print('所有用例开始前的初始化')

#无参时，scope 默认为 function
@pytest.fixture()
def beforeMsg():
    print('\n 用例运行前的初始化')

def test_add1():
    print('\n 测试用例 1 执行')
    assert add(2, 3) == 5

def test_add2(beforeModuleMsg):
    print('\n 测试用例 2 执行')
    assert add(3, 3) == 6

#当一个用例需要引入不同的自定义 Fixture 时，以逗号间隔
def test_add3(beforeModuleMsg,beforeMsg):
    print('测试用例 3 执行')
    assert add(3, 5) == 8
```

无论是 function 级还是 module 级自定义 Fixture 都无法影响未引用它的函数用例，执行结果如图 10-10 所示。

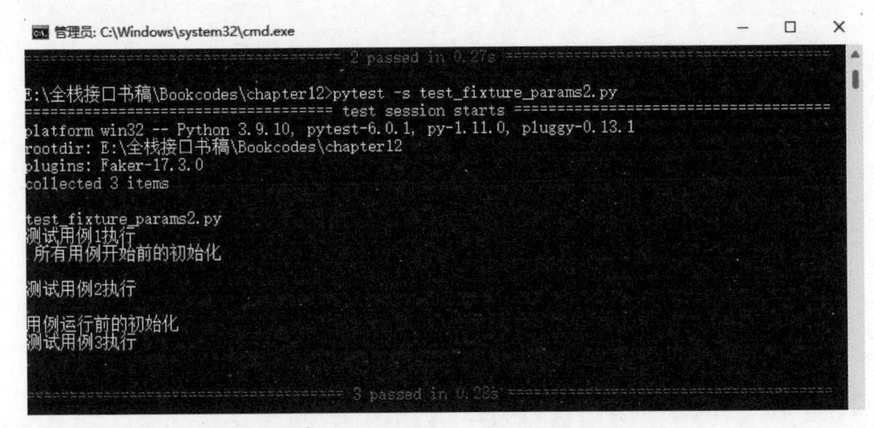

图 10-10 带多个自定义 Fixture 用例的执行结果

3. 使用 conftest.py 文件配置 Fixture 的使用

很多时候，自定义的 Fixture 前置条件都会有一定的作用范围。

当一组前置条件仅适用于某一测试用例文件时，将 Fixture 前置条件置于用例文件中是一个稳妥的做法。

当一组前置条件适用于一个以上的测试用例文件时，需要将其提取出来单独存放在 conftest.py 文件中，这样可以让与 conftest.py 文件同目录或子目录下的测试用例文件共享相同的前置条件。

在使用 conftest.py 文件时需要注意以下几点。

(1) conftest.py 配置脚本名称是固定的，不能随意更改名称。

(2) conftest.py 和运行的用例要在同一个包下。

(3) conftest.py 所在目录需要有__init__.py 文件。

(4) 不需要通过 import 导入 conftest.py，pytest 用例运行时会自动加载。

下面将 test_fixture_params2.py 文件中的自定义 Fixture 分离出来，代码如下：

```
//Chapter10/conftest.py

import pytest

#当 scope 参数是 module 时，在所有用例前运行一次
@pytest.fixture(scope = 'module')
def beforeModuleMsg():
    print('所有用例开始前的初始化')

#无参时，scope 默认为 function
@pytest.fixture()
def beforeMsg():
    print('\n 用例运行前的初始化')
```

测试用例文件中的代码如下：

```
//Chapter10/test_none_fixture.py

#被测函数
def add(x, y):
    return x + y

def test_add1():
    print('\n测试用例1执行')
    assert add(2, 3) == 5

def test_add2(beforeModuleMsg):
    print('\n测试用例2执行')
    assert add(3, 3) == 6

#当一个用例需要引入不同的自定义 Fixture 时,以逗号间隔
def test_add3(beforeModuleMsg,beforeMsg):
    print('测试用例3执行')
    assert add(3, 5) == 8
```

脚本运行结果参考图10-10。此方法在测试框架中对用例前置条件管理较为适用。

10.2.4 测试数据的参数化

pytest框架中自带了参数化实现的功能，不借助第三方插件就可以轻松地实现测试用例参数化。与unittest框架相比实用性更强。

pytest中的参数化实现是使用@pytest.mark.parametrize()装饰器来完成的。parametrize参数信息如下。

语法：@pytest.mark.parametrize(paramsList, paramsValue)。

paramsList：接收参数变量列表，以逗号间隔，变量数量与参数的个数保持一致。

paramsValue：参数化数值列表，多组值以逗号间隔。

参数化可以作用于一个用例函数，代码如下：

```
//Chapter10/test_mark_func.py

import pytest

#被测函数
def add(x, y):
    return x + y

@pytest.mark.parametrize('one,two,result', [(3, 5, 8), (5, 7, 12)])
def test_add(one,two,result):
    print('\n测试用例执行')
    assert add(one, two) == result
```

运行结果如图 10-11 所示。

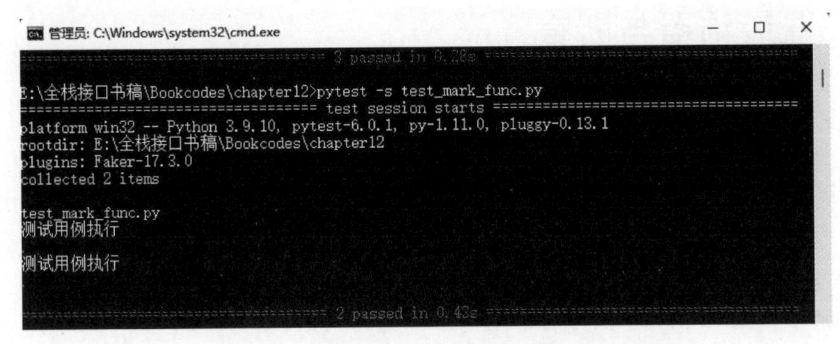

图 10-11　参数化作用于用例函数的运行结果

当测试用例以类/方法的模式存在时，可以直接将参数化作用于测试类上，此时参数化作用域为整个测试类，类中用例方法可共用参数，代码如下：

```
//Chapter10/test_mark_class.py

import pytest

#被测函数
def add(x, y):
    return x + y

@pytest.mark.parametrize('one,two,result', [(3, 5, 8), (5, 7, 12)])
class TestAdd:

    def test_add1(self,one, two, result):
        print('\n 测试用例 1 执行')
        assert add(one, two) == result

    def test_add2(self,one, two, result):
        print('\n 测试用例 2 执行')
        assert add(one, two) == result
```

执行结果如图 10-12 所示。

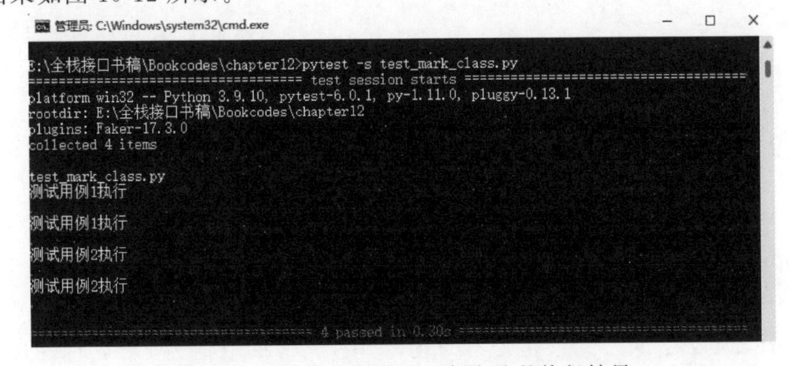

图 10-12　参数化作用于用例方法的执行结果

10.3 装饰器与断言

10.3.1 装饰器的使用

在 pytest 框架下装饰器的使用与 unittest 相仿，主要分为以下几种情况。

(1) pytest.mark.skip：执行时跳过本用例。

(2) pytest.mark.skipif：条件不满足时跳过本用例。

(3) pytest.mark.xfail：执行时本用例被标记为失败。

在 pytest 框架下装饰器的使用与 unittest 非常相似，代码如下：

```
//Chapter10/test_decorator.py

import pytest
import sys

#被测函数
def add(x, y):
    return x + y

@pytest.mark.skip('跳过用例 1')
def test_add1():
    print('测试用例 1')
    assert add(3, 5) == 8

@pytest.mark.skipif(sys.version_info < (3, 9), reason = "Python 版本小于 3.9 时跳过用例 2")
def test_add2():
    print('测试用例 2')
    assert add(3, 4) == 7

@pytest.mark.xfail          #将用例 3 标记为失败
def test_add3():
    print('\n 测试用例 3')
    assert add(3, 3) == 6
```

运行结果如图 10-13 所示。1 个用例被跳过，另 1 个用例被标记为失败。

10.3.2 断言的使用

在 pytest 框架中未设计自己的断言语法，基本与 Python 共用 assert 断言关键字，主要有以下几种形式。

(1) assert xx：断言结果是否为真，其中 xx 的取值为 True 或 False。

(2) assert not xx：断言结果是否不为真，其中当 xx 的取值为 False 时视为通过。

(3) assert a in b：判断 b 是否包含 a。

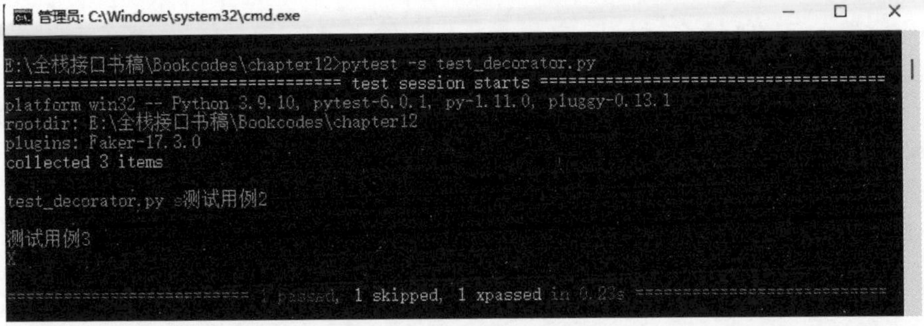

```
管理员: C:\Windows\system32\cmd.exe

E:\全栈接口书稿\Bookcodes\chapter12>pytest -s test_decorator.py
==================================== test session starts ====================================
platform win32 -- Python 3.9.10, pytest-6.0.1, py-1.11.0, pluggy-0.13.1
rootdir: E:\全栈接口书稿\Bookcodes\chapter12
plugins: Faker-17.3.0
collected 3 items

test_decorator.py s测试用例2

测试用例3
X

========================= 1 passed, 1 skipped, 1 xpassed in 0.23s =========================
```

图 10-13 装饰器的使用

(4) assert a == b：判断a是否等于b。

(5) assert a !=b：判断a是否不等于b。

断言使用示例，代码如下：

```
//Chapter10/test_assert.py

import pytest

#被测函数
def add(x, y):
    return x + y

#断言是否相等
def test_add1():
    assert add(3, 5) == 8

#断言是否为真
def test_add2():
    bool = add(3, 5) == 8
    assert bool

#断言是否包含
def test_add3():
    results = [3, 8, 12]
    assert add(3, 5) in results
```

运行结果如图10-14所示。

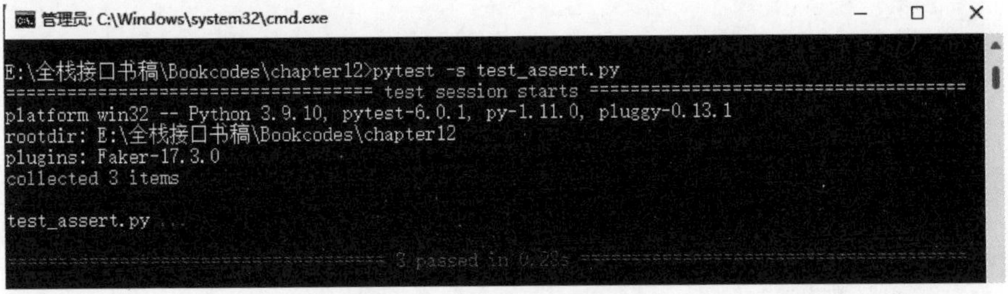

```
管理员: C:\Windows\system32\cmd.exe

E:\全栈接口书稿\Bookcodes\chapter12>pytest -s test_assert.py
==================================== test session starts ====================================
platform win32 -- Python 3.9.10, pytest-6.0.1, py-1.11.0, pluggy-0.13.1
rootdir: E:\全栈接口书稿\Bookcodes\chapter12
plugins: Faker-17.3.0
collected 3 items

test_assert.py ...

==================================== 3 passed in 0.28s ====================================
```

图 10-14 断言运行结果

10.3.3 用例执行的顺序

在 pytest 框架中，以文件为单位的多用例执行顺序默认是按自上而下的顺序执行的。当接口用例在业务层面有执行顺序要求时，可以通过引入 pytest-ordering 插件来改变用例的执行顺序。基础接口的示例代码如下：

```
//Chapter10/test_order_Demo.py

class TestOrders():

    def test_web_search(self):
        print("站内搜索")

    def test_web_login(self):
        print("网站登录")
```

默认执行结果如图 10-15 所示。

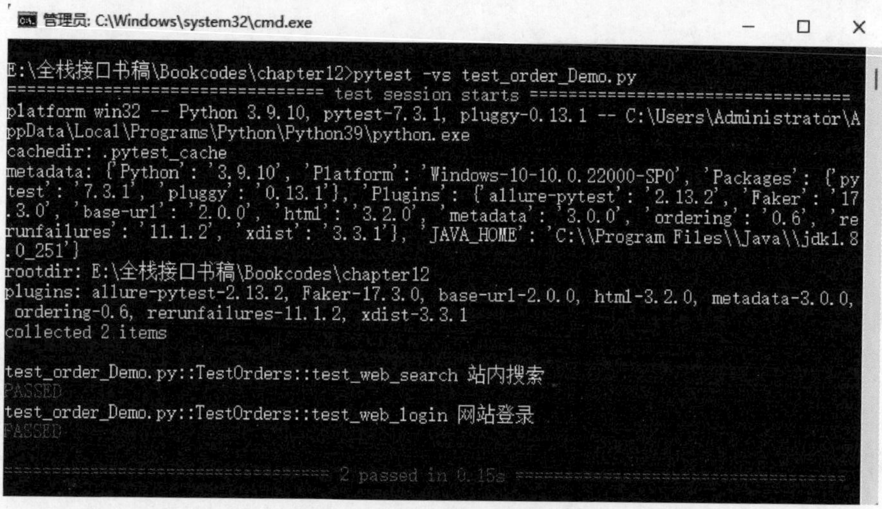

```
管理员: C:\Windows\system32\cmd.exe
E:\全栈接口书稿\Bookcodes\chapter12>pytest -vs test_order_Demo.py
================================ test session starts ================================
platform win32 -- Python 3.9.10, pytest-7.3.1, pluggy-0.13.1 -- C:\Users\Administrator\AppData\Local\Programs\Python\Python39\python.exe
cachedir: .pytest_cache
metadata: {'Python': '3.9.10', 'Platform': 'Windows-10-10.0.22000-SP0', 'Packages': {'pytest': '7.3.1', 'pluggy': '0.13.1'}, 'Plugins': {'allure-pytest': '2.13.2', 'Faker': '17.3.0', 'base-url': '2.0.0', 'html': '3.2.0', 'metadata': '3.0.0', 'ordering': '0.6', 'rerunfailures': '11.1.2', 'xdist': '3.3.1'}, 'JAVA_HOME': 'C:\\Program Files\\Java\\jdk1.8.0_251'}
rootdir: E:\全栈接口书稿\Bookcodes\chapter12
plugins: allure-pytest-2.13.2, Faker-17.3.0, base-url-2.0.0, html-3.2.0, metadata-3.0.0, ordering-0.6, rerunfailures-11.1.2, xdist-3.3.1
collected 2 items

test_order_Demo.py::TestOrders::test_web_search 站内搜索
PASSED
test_order_Demo.py::TestOrders::test_web_login 网站登录
PASSED

================================= 2 passed in 0.15s =================================
```

图 10-15　默认用例的执行顺序

引入 pytest-ordering 插件，使用装饰器定义用例的执行顺序，代码如下：

```
//Chapter10/test_order_Demo2.py


import pytest

class TestOrders():

    def test_web_search(self):
        print("站内搜索")
```

```
    #将本用例的执行优先级定义为 1
    @pytest.mark.run(order = 1)
    def test_web_login(self):
        print("网站登录")
```

执行结果如图 10-16 所示。可以看到示例用例代码中的网站登录用例首先被执行。

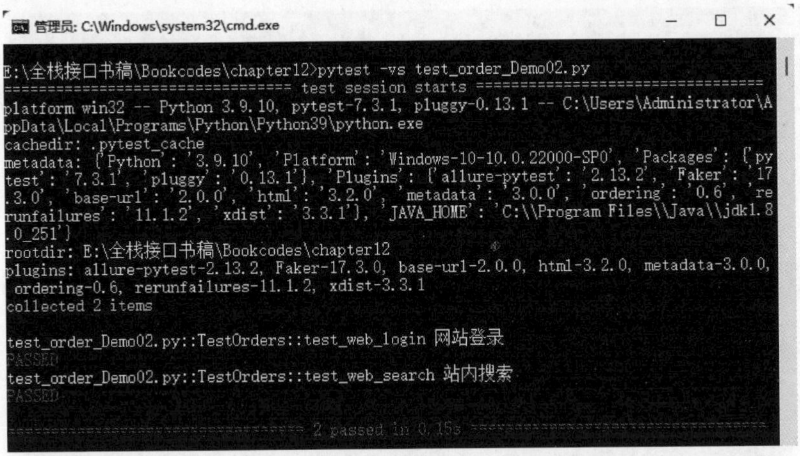

```
管理员: C:\Windows\system32\cmd.exe

E:\全栈接口书稿\Bookcodes\chapter12>pytest -vs test_order_Demo02.py
================================= test session starts =================================
platform win32 -- Python 3.9.10, pytest-7.3.1, pluggy-0.13.1 -- C:\Users\Administrator\A
ppData\Local\Programs\Python\Python39\python.exe
cachedir: .pytest_cache
metadata: {'Python': '3.9.10', 'Platform': 'Windows-10-10.0.22000-SP0', 'Packages': {'py
test': '7.3.1', 'pluggy': '0.13.1'}, 'Plugins': {'allure-pytest': '2.13.2', 'Faker': '17
.3.0', 'base-url': '2.0.0', 'html': '3.2.0', 'metadata': '3.0.0', 'ordering': '0.6', 're
runfailures': '11.1.2', 'xdist': '3.3.1'}, 'JAVA_HOME': 'C:\\Program Files\\Java\\jdk1.8
.0_251'}
rootdir: E:\全栈接口书稿\Bookcodes\chapter12
plugins: allure-pytest-2.13.2, Faker-17.3.0, base-url-2.0.0, html-3.2.0, metadata-3.0.0,
 ordering-0.6, rerunfailures-11.1.2, xdist-3.3.1
collected 2 items

test_order_Demo02.py::TestOrders::test_web_login 网站登录
PASSED
test_order_Demo02.py::TestOrders::test_web_search 站内搜索
PASSED

================================== 2 passed in 0.15s ==================================
```

图 10-16 定义用例的执行顺序

10.3.4 执行异常的用例处理

接口用例在执行时失败有可能是由接口响应异常引起的，也有可能是偶发的。特别是在执行过程中偶发失败的用例与后续用例存在耦合关系时会影响后续用例的执行，例如用户登录接口用例，因此在用例执行失败时，可以设定重复执行当前用例的次数。执行的代码如下：

```
//Chapter10/test_fail_Demo.py

import pytest

class TestOrders():

    def test_web_search(self):
        print("站内搜索")

    #将本用例的执行优先级定义为 1
    @pytest.mark.run(order = 1)
    def test_web_login(self):
        print("网站登录")
        #使用断言将本用例设置为 False
        assert False
```

针对执行结果为失败的用例，在命令行执行时，有以下几种处理方式。

(1) --reruns：用例执行失败时重运行，可以指定重运行的次数。

(2) -x：在执行过程中如果出现一个用例失败，则终止测试。

(3) --maxfail：在执行过程中如果出现指定次数的错误，则终止测试。

本节示例设置用例执行失败时重运行，将重运行的次数设置为 2 次，执行结果如图 10-17 所示。

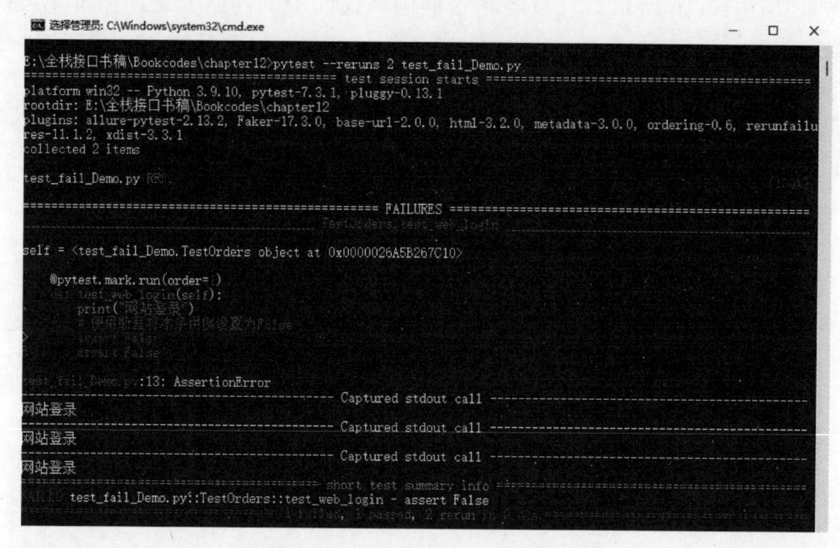

图 10-17　当用例执行失败时重运行

10.3.5　用例执行后的输出

pytest 框架配合 pytest-html 插件使用，在用例执行完成后，可以生成简易的测试报告。使用 10.3.4 节中的 test_fail_Demo.py 代码进行示例。执行情况如图 10-18 所示。

```
管理员: C:\Windows\system32\cmd.exe
E:\全栈接口书稿\Bookcodes\chapter12>pytest -s --html=./report.html test_fail_Demo.py
============================== test session starts ==============================
platform win32 -- Python 3.9.10, pytest-7.3.1, pluggy-0.13.1
rootdir: E:\全栈接口书稿\Bookcodes\chapter12
plugins: allure-pytest-2.13.2, Faker-17.3.0, base-url-2.0.0, html-3.2.0, metadata-3.0.0, ordering-0.6, rerunfailu
res-11.1.2, xdist-3.3.1
collected 2 items

test_fail_Demo.py 网站登录
站内搜索

=================================== FAILURES ===================================

self = <test_fail_Demo.TestOrders object at 0x00000173289200A0>

    @pytest.mark.run(order=
        print("网站登录")

:13: AssertionError
- generated html file: file:///E:/%E5%85%A8%E6%A0%88%E6%8E%A5%E5%8F%A3%E4%B9%A6%E7%A8%BF/Bookcodes/chapter12/repo
rt.html -
============================ short test summary info ============================
test_fail_Demo.py::TestOrders::test_web_login - assert False
```

图 10-18　用例执行结果

输出 HTML 简易报告，如图 10-19 所示。

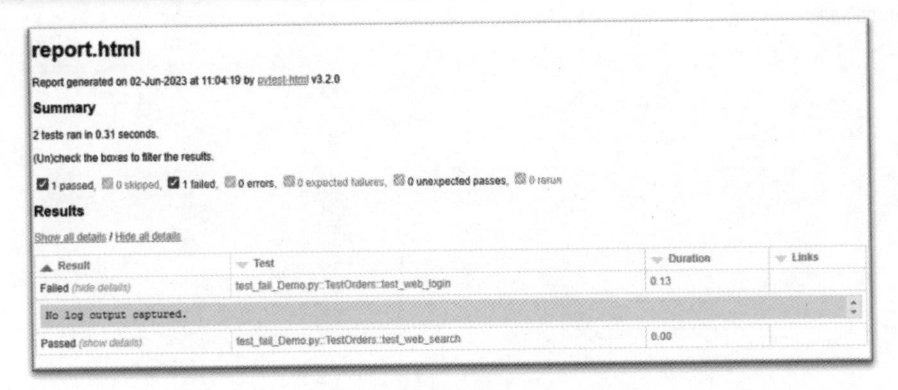

图 10-19 输出 HTML 简易报告

10.4 Requests 与 pytest 的整合实例

10.4.1 框架整体设计思路

本节框架以测试用例、配置文件、结果输出、框架运行 4 部分进行构建。测试数据的参数化在第 13 章数据驱动之后再整合进测试框架。整体框架如图 10-20 所示。

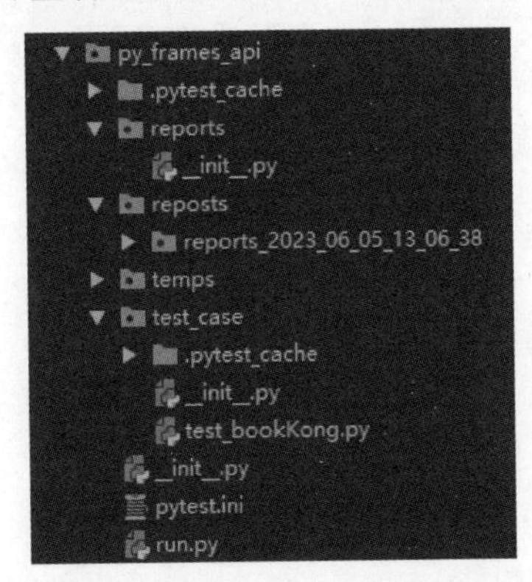

图 10-20 基于 pytest 的框架示意

10.4.2 Case 模块的实现

接口用例以孔夫子旧书网用户登录及首页图书搜索两个接口的验证为主体，代码如下：

```
//Chapter10/py_frames_api/test_case/test_bookKong.py

import requests
```

```
import urllib.parse
import allure

class TestBooks():
    @allure.feature("用户登录")
    @allure.story("登录成功")
    def test_login(self):
        url = 'https://login.kongfz.com/Pc/Login/account'

        # 将请求 Headers 以字典的方式存入变量 headers
        headers = {
            "Connection": "keep-alive",
            "Content-Length": "150",
            "sec-ch-ua": "\" Not A;Brand\";v=\"99\", \"Chromium\";v=\"100\", \"Google
Chrome\";v=\"100\"",
            "sec-ch-ua-mobile": "?0",
            "User-Agent": "Mozilla/5.0 (Windows NT 6.1; Win64; x64) AppleWebKit/537.36
(KHTML, like Gecko) Chrome/100.0.4896.75 Safari/537.36",
            "X-Tingyun-Id": "OHEPtRD8z8s;r=325222859",
            "Content-Type": "application/x-www-form-urlencoded; charset=UTF-8",
            "Accept": "application/json, text/javascript, */*; q=0.01",
            "X-Requested-With": "XMLHttpRequest",
            "Sec-Fetch-Site": "same-origin",
            "Sec-Fetch-Mode": "cors",
            "Sec-Fetch-Dest": "empty",
            "Host": "login.kongfz.com"
        }

        # 将 Body 以字典的方式存入变量 data
        data = {
            "loginName": "15811595380",        # 此处为用户名参数,读者需要自行替换
            "loginPass": "123456",
            "captchaCode": "",
            "autoLogin": "0",
            "newUsername": "",
            "returnUrl": "https://user.kongfz.com/index.html",
            "captchaId": ""
        }

        # 发送 POST 请求,将返回结果存入变量 response
        response = requests.post(url=url, headers=headers, data=data)

        # 使用 json()方法进行输出,断言
        assert response.json()['result']['userId'] == 3108284

    @allure.feature("图书搜索")
    @allure.story("搜索成功")
    def test_searchBooks(self):
        # 将搜索关键字存入变量
```

```
        word = '全栈 UI 自动化测试实战'

        #将搜索关键字转 URL 字符串后存入新的变量
        url_word = urllib.parse.quote(word)

        url = 'https://search.kongfz.com/product_result/?key = ' + url_word + '&status = 0&_
stpmt = eyJzZWFyY2hfdHlwZSI6ImFjdGl2ZSJ9'

        header = {
            'Host': 'search.kongfz.com',
            'Connection': 'keep - alive',
            'sec - ch - ua': "\"Google Chrome\";v = \"113\", \"Chromium\";v = \"113\", \"Not -
A.Brand\";v = \"24\"",
            'sec - ch - ua - mobile': '?0',
            'sec - ch - ua - platform': "\"Windows\"",
            'Upgrade - Insecure - Requests': '1',
            'User - Agent': 'Mozilla/5.0 (Windows NT 10.0; Win64; x64) AppleWebKit/537.36
(KHTML, like Gecko) Chrome/113.0.0.0 Safari/537.36',
            'Accept': 'text/html,application/xhtml + xml,application/xml;q = 0.9,image/avif,
image/webp,image/apng, * / * ;q = 0.8,application/signed - exchange;v = b3;q = 0.7',
            'Sec - Fetch - Site': 'same - site',
            'Sec - Fetch - Mode': 'navigate',
            'Sec - Fetch - User': '?1',
            'Sec - Fetch - Dest': 'document',
            'Referer': 'https://www.kongfz.com/',
            'Accept - Encoding': 'gzip, deflate, br',
            'Accept - Language': 'zh - CN,zh;q = 0.9'
        }
        #发送 GET 请求,将返回结果存入变量 response
        response = requests.get(url = url, headers = header)

        #输出 HTML 内容与搜索关键字进行比较,断言
        assert word in response.text
```

10.4.3 配置模块的实现

pytest 的主配置文件是 pytest.ini 文件,在文件中可以改变 pytest 的默认行为,有很多可配置的选项。常用的有 addopts(创建默认命令行选项)、testpaths(指示 pytest 访问路径)等,本节框架中 pytest 的主配置文件中的代码如下:

```
//Chapter10/py_frames_api/pytest.ini

[pytest]
#命令行参数
addopts = -s --alluredir = ./temps --clean - alluredir
#指定测试用例的路径
testpaths = ./testcases
```

```
#指定测试模块的默认规则
python_files = test_*.py
#指定测试类的默认规则
python_classes = Test*
#指定测试用例的默认规则
python_functions = test_*
```

10.4.4 结果输出模块的实现

在主配置文件中设置了临时结果输出 temps 目录，最终 HTML 结果存放在 reports 目录下。运行文件中也需要对结果输出进行设置，代码如下：

```
//Chapter10/py_frames_api/run.py

import pytest,time,os

if __name__ == '__main__':
    pytest.main()

    #获取当前时间标记
    times = time.strftime("%Y_%m_%d_%H_%M_%S",time.localtime())

    #在最终生成的报告目录中加入时间标记
    os.system("allure generate ./temps -o ./reposts/reports_" + times + " --clean")
```

运行 run.py 文件，在 temps 目录中生成 JSON 格式的临时结果文件，如图 10-21 所示。

```
temps
    6a0e7f84-781c-4427-a529-1591e11e0d13-result.json
    9f440e6d-508b-4f94-a4ba-6db554384921-result.json
    3862dc8a-ff3c-40f2-8218-f07b08d2838d-container.json
    c1cd45bc-4492-4ccc-887e-be144b6d922e-container.json
    c5fb6d93-6078-4c70-8302-ec41bd64cb65-container.json
```

图 10-21 JSON 格式的临时文件

打开命令提示符窗口，切换至 chapter 目录，输入 allure serve ./py_frames_api/temps/ 命令，按下 Enter 键，如图 10-22 所示。

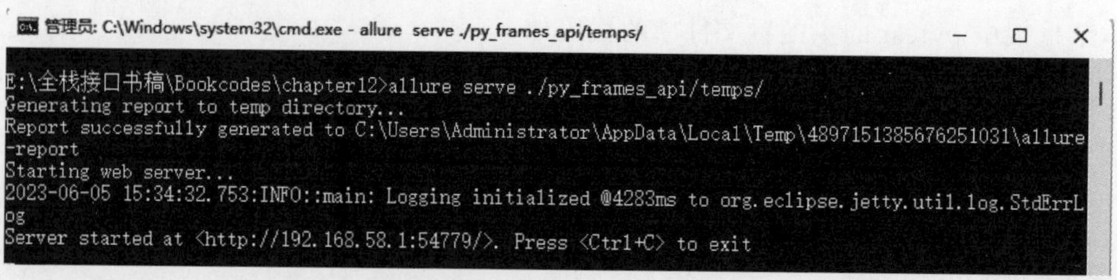

```
管理员: C:\Windows\system32\cmd.exe - allure serve ./py_frames_api/temps/
E:\全栈接口书稿\Bookcodes\chapter12>allure serve ./py_frames_api/temps/
Generating report to temp directory...
Report successfully generated to C:\Users\Administrator\AppData\Local\Temp\4897151385676251031\allure
-report
Starting web server...
2023-06-05 15:34:32.753:INFO::main: Logging initialized @4283ms to org.eclipse.jetty.util.log.StdErrL
og
Server started at <http://192.168.58.1:54779/>. Press <Ctrl+C> to exit
```

图 10-22 使用命令生成报告

默认浏览器会自动打开 HTML 报告。也可以在浏览器中输入图 10-22 中最后一行 IP 地址访问报告，报告展示如图 10-23 所示。

图 10-23 Allure 执行结果报告

第 11 章 CHAPTER 11

数据驱动测试应用

自动化测试框架的测试数据与测试脚本的分离管理是必需的。前面章节讲到测试框架时，更多地在强调对测试用例脚本的管理。本章重点讲解对测试数据的管理。根据数据源的不同，相应管理的实现也会有差异，但管理的总体思路是相仿的。

数据驱动的核心是数据，驱动是管理数据的一种方式，是测试框架设计中的一种数据管理设计模式。可以通过自定义方法来管理数据的读写，也可以通过现有的驱动管理工具来对数据源进行管理。

常见的基于接口测试的数据源有 Excel 文档、JSON 文档、YAML 文档 3 种。

目前测试框架中最常用的是以 Excel 文档为主的数据源，在项目框架中，数据源本身没有优劣之分，只要适合当前所维护的项目就可以了。数据驱动部分将对 3 种数据源的管理方法分别进行讲解。

11.1 数据驱动在接口测试中的重要性

接口测试的本质是请求，不同于 UI 自动化测试，UI 自动化测试是以步骤为基础的。接口测试请求中包含的主体为 URL 网址、Headers 信息、Params 信息、Body 信息 4 部分。同一个接口在验证不同数据时，可以写成多个接口用例，也可以参数化实现请求，优点是用例代码量可以进一步精简，即使是不同的接口请求，也可以简化成基于 GET、POST 接口请求参数化的形式，提高接口用例代码的维护效率。

在同一个接口验证不同数据的场景下，对文本文件进行读取操作可以完成接口参数化，也可以将执行结果写入文本文件。

Python 中文件读写方法 open()可以满足测试在执行过程中基本的数据源管理功能。本节以文本文件作为数据源，使用 open()来完成测试用例在执行过程中的数据驱动操作。

open()中关于数据读写的操作如下。

(1) read()：读出指定大小的内容，默认为读取所有内容。

(2) readline()：读出一行。

(3) readlines(): 读出所有内容,返回一个 list 对象。

(4) write(): 写入文件。

以上 4 种方法基本可以完成测试数据的读写操作。数据驱动需要解决两个问题,一是读取数据方法的实现,二是读取数据后参数的整理和循环使用。通过 open()来定义一组方法实现。

11.1.1 从文件中读取测试数据

本节以孔夫子旧书网首页关键字查询接口实现关键字数据参数化。首先创建一个数据文档 data.txt,写入几行待调用参数,如图 11-1 所示。

图 11-1 data.txt 参数文件内容

然后定义从文档中读取数据的方法,代码如下:

```
//Chapter11/text/read_data.py

#读取文档数据方法,传入文档路径
def read(path):

    with open(path, 'r', encoding = 'utf - 8') as fp:
            #定义空列表,用来存放数据
            testdata = []
            for i in fp.readlines():
                    #处理单个数据前后的空格或回车符
                    temp = i.strip()
                    #将处理后的参数置入列表中
                    testdata.append(temp)

    return testdata
```

最后完成关键字搜索接口测试用例的脚本,并在脚本中实现参数化,代码如下:

```
//Chapter11/text/read_demo.py

#coding = gbk
import urllib.parse
import requests
from chapter11.text.read_data import read

#定义测试用例方法
def test_searchBooks(word):

    #将搜索关键字转 URL 字符串后存入新的变量
    url_word = urllib.parse.quote(word)

    url = 'https://search.kongfz.com/product_result/?key = ' + url_word + '&status = 0&_
stpmt = eyJzZWFyY2hfdHlwZSI6ImFjdGl2ZSJ9'
```

```
    header = {
        'Host': 'search.kongfz.com',
        'Connection': 'keep-alive',
        'sec-ch-ua': "\"Google Chrome\";v=\"113\", \"Chromium\";v=\"113\", \"Not-A.
Brand\";v=\"24\"",
        'sec-ch-ua-mobile': '?0',
        'sec-ch-ua-platform': "\"Windows\"",
        'Upgrade-Insecure-Requests': '1',
        'User-Agent': 'Mozilla/5.0 (Windows NT 10.0; Win64; x64) AppleWebKit/537.36 (KHTML,
like Gecko) Chrome/113.0.0.0 Safari/537.36',
        'Accept': 'text/html,application/xhtml+xml,application/xml;q=0.9,image/avif,
image/webp,image/apng,*/*;q=0.8,application/signed-exchange;v=b3;q=0.7',
        'Sec-Fetch-Site': 'same-site',
        'Sec-Fetch-Mode': 'navigate',
        'Sec-Fetch-User': '?1',
        'Sec-Fetch-Dest': 'document',
        'Referer': 'https://www.kongfz.com/',
        'Accept-Encoding': 'gzip, deflate, br',
        'Accept-Language': 'zh-CN,zh;q=0.9'
    }
    #发送 GET 请求,将返回结果存入变量 response
    response = requests.get(url=url, headers=header)
    #此处为了方便展示,未使用 assert 断言
    if word in response.text:
        print("关键字:" + word + " 执行成功!")
    else:
        print("关键字:" + word + " 执行失败!")

#定义运行方法
def run_case():
    #循环调用方法,传入执行参数
    for i in read('./data.txt'):
        test_searchBooks(i)

#调用运行方法
run_case()
```

执行结果如图 11-2 所示。

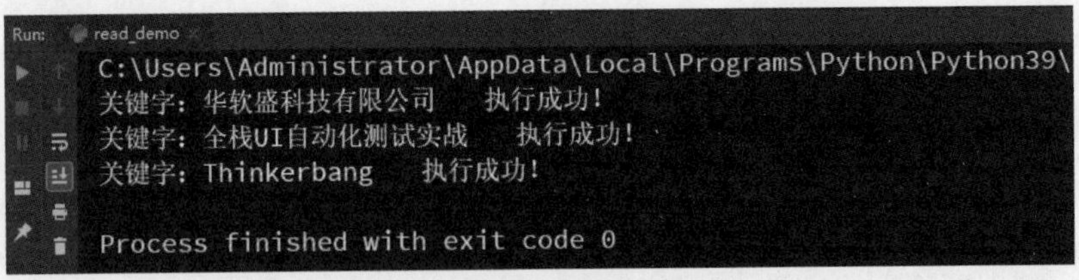

```
Run:  read_demo
C:\Users\Administrator\AppData\Local\Programs\Python\Python39\
关键字:华软盛科技有限公司    执行成功!
关键字:全栈UI自动化测试实战    执行成功!
关键字:Thinkerbang    执行成功!

Process finished with exit code 0
```

图 11-2　参数化用例的执行结果

需要说明一下,本示例主要用来说明数据驱动中的数据文件读取功能,未对用例脚本的循环进行隐式处理,直接在测试脚本中定义了一个 run_case()方法进行显式处理。如果读

者想自己动手写一个完整的数据驱动方法，则需要考虑参数个数引起的用例脚本多次执行问题，并且需要将实现过程置入 read_data.py 文件中。本节不做演示。

11.1.2 将测试结果写入数据文件

测试结果数据的输出不属于数据驱动的一部分。数据驱动基本上只涉及测试脚本在执行过程中参数数据的读取及执行过程。测试结果输出的过程与读取较为类似，因此本章所涉及的几种数据管理方法都加入了结果写入部分。

Python 中有一个 logging 方法，它是用来生成日志数据文件的，对于向文档中写入结果使用起来比较方便。在 logging 的基础上完成测试结果输出，代码如下：

```
//Chapter11/text/write_data.py


import logging
import time

now = time.strftime("%Y-%m-%d %H_%M_%S")

logging.basicConfig(
    #日志级别
    level = logging.INFO,
    #日志格式
    #时间、代码所在文件名、代码行号、日志级别名字、日志信息
    format = '%(asctime)s %(filename)s[line: %(lineno)d] %(levelname)s %(message)s',
    #打印日志的时间
    datefmt = '%a, %d %b %Y %H: %M: %S',
    #日志文件存放在当前目录下
    filename = './' + now + 'report.log',
    #打开日志文件的方式
    filemode = 'w'
)
```

对 read_demo.py 文件中的代码进行修改，加入输出结果功能，代码如下：

```
//Chapter11/text/write_demo.py

#coding = gbk
import urllib.parse
import requests
from chapter11.text.read_data import read
from chapter11.text.write_data import write_log
#定义测试用例方法
def test_searchBooks(word):

    #将搜索关键字转 URL 字符串后存入新的变量
    url_word = urllib.parse.quote(word)
```

```
    url = 'https://search.kongfz.com/product_result/?key=' + url_word + '&status=0&_stpmt=eyJzZWFyY2hfdHlwZSI6ImFjdGl2ZSJ9'

    header = {
        'Host': 'search.kongfz.com',
        'Connection': 'keep-alive',
        'sec-ch-ua': "\"Google Chrome\";v=\"113\", \"Chromium\";v=\"113\", \"Not-A.Brand\";v=\"24\"",
        'sec-ch-ua-mobile': '?0',
        'sec-ch-ua-platform': "\"Windows\"",
        'Upgrade-Insecure-Requests': '1',
        'User-Agent': 'Mozilla/5.0 (Windows NT 10.0; Win64; x64) AppleWebKit/537.36 (KHTML, like Gecko) Chrome/113.0.0.0 Safari/537.36',
        'Accept': 'text/html,application/xhtml+xml,application/xml;q=0.9,image/avif,image/webp,image/apng,*/*;q=0.8,application/signed-exchange;v=b3;q=0.7',
        'Sec-Fetch-Site': 'same-site',
        'Sec-Fetch-Mode': 'navigate',
        'Sec-Fetch-User': '?1',
        'Sec-Fetch-Dest': 'document',
        'Referer': 'https://www.kongfz.com/',
        'Accept-Encoding': 'gzip, deflate, br',
        'Accept-Language': 'zh-CN,zh;q=0.9'
    }
    #发送GET请求,将返回结果存入变量response
    response = requests.get(url=url, headers=header)
    #此处为了方便展示,未使用assert断言
    if word in response.text:
        return word
    else:
        return "执行失败!"

#定义运行方法
def run_case():
    #循环调用方法,传入执行参数
    for i in read('./data.txt'):
        temp = test_searchBooks(i)

        #将返回结果与参数写入log文件
        write_log(i, temp)

#调用运行方法
run_case()
```

执行结果如图11-3所示。

如果读者有兴趣,则可将断言的实现加入输出脚本中。这样可以根据断言结果输出用例执行的状态。

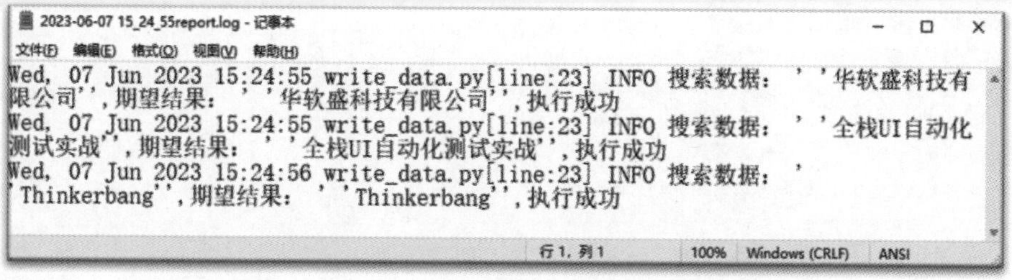

```
2023-06-07 15_24_55report.log - 记事本
文件(F) 编辑(E) 格式(O) 视图(V) 帮助(H)
Wed, 07 Jun 2023 15:24:55 write_data.py[line:23] INFO 搜索数据: ''华软盛科技有限公司'',期望结果: ''华软盛科技有限公司'',执行成功
Wed, 07 Jun 2023 15:24:55 write_data.py[line:23] INFO 搜索数据: ''全栈UI自动化测试实战'',期望结果: ''全栈UI自动化测试实战'',执行成功
Wed, 07 Jun 2023 15:24:56 write_data.py[line:23] INFO 搜索数据: ''Thinkerbang'',期望结果: ''Thinkerbang'',执行成功
行1,列1 100% Windows (CRLF) ANSI
```

图 11-3　report.log 文件中的内容

11.2　基于 ddt 数据驱动的实现

数据驱动的本质就是测试数据的参数化。参数的来源可以是多样的,数据驱动程序负责将参数以固定的方式传入运行方法的形参变量中,从而实现数据参数化的操作。本章所要实现的数据驱动就是以 ddt 库的方式对数据源进行参数化处理。

11.2.1　ddt 介绍及安装

ddt 库是 Python 的第三方库,全称为 Data-Driven/Decorated Tests,是基于 Python 测试框架实现数据驱动功能时常用的扩展包之一。

ddt 的安装很简单,仍然是通过 pip3 实现的。打开命令提示符窗口,输入 pip3 install ddt 命令后按 Enter 键进行安装,如图 11-4 所示。

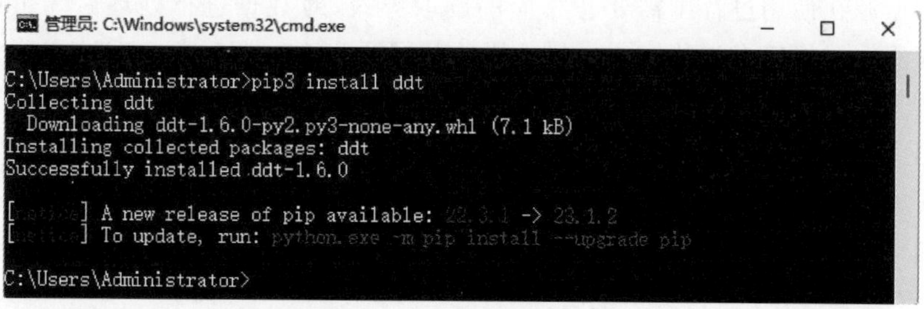

```
管理员: C:\Windows\system32\cmd.exe
C:\Users\Administrator>pip3 install ddt
Collecting ddt
  Downloading ddt-1.6.0-py2.py3-none-any.whl (7.1 kB)
Installing collected packages: ddt
Successfully installed ddt-1.6.0

[notice] A new release of pip available: 22.3.1 -> 23.1.2
[notice] To update, run: python.exe -m pip install --upgrade pip

C:\Users\Administrator>
```

图 11-4　ddt 的安装过程

11.2.2　ddt 读取测试数据

ddt 可以与 unittest 配合使用,代码如下:

```
//Chapter11/text/ddt_read_demo.py


import ddt
import unittest
```

```
@ddt.ddt
class TestDemo(unittest.TestCase):

    @ddt.data([3, 5, 8], [5, 9, 14])
    @ddt.unpack
    def test_add(self, one, two, result):
        temp = one + two
        self.assertEqual(temp, result)


if __name__ == '__main__':
    unittest.main()
```

从示例可以看出，ddt 在参数化使用时比较简单，主要有以下 3 点需要注意。

(1) @ddt.ddt：位于测试类头部，用来指明 ddt 的作用范围。

(2) @ddt.data()：数据驱动入口，可以直接添加数据或数据集对象。

(3) @ddt.unpack：可以使传入数据与形参对应。

需要说明@ddt.unpack，当使用此修饰时，数据源中的两组参数可以使用例方法执行两次。两组数据依次与用例方法形参一一对应。

11.2.3 ddt 对不同数据源的管理

ddt 可以驱动多种类型的数据，常见数据源有 TXT/CVS 文档、Excel 文档、YAML 文档、JSON 文档、数据库中的表数据。

以上数据源在使用过程中需要有相应的读取方式，对数据进行处理后才可以传入 ddt 中进行数据驱动。接口自动化脚本中最常用的数据源为 Excel 文档、JSON 文档、YAML 文档。很少会直接从数据库中获取数据。本章主要讲解在 ddt 与 unittest 的配合下这 3 种数据源的使用方法。

11.3 基于 Excel 方式的数据管理

Excel 作为数据驱动中的数据源文件被自动化测试普遍采用，主要源于 Excel 强大的电子表格管理功能。与手工测试一样，一些趋于数据管理的软件在自动化测试过程中也需要创建大量的测试数据，这项工作在 Excel 中来完成会减少很多额外的工作量。

11.3.1 Excel 管理数据的介绍及安装

目前在 Python 中常用的关于 Excel 文档数据的读写管理的工具主要有以下几种。

(1) XlsxWriter：可以满足 Excel 文件的读写等操作，功能强大。

(2) xlutils：包含 xlrd、xlwt、xlutils 三大模块，分别提供 Excel 文件的读写功能。

(3) OpenPyXL：可以满足 Excel 文件的读写等操作，拥有文档数据修改功能。

以上 3 种工具均可在自动化测试过程中对数据进行读写操作。本节选用 xlutils 实现 Excel 文件读写操作。xlutils 是 xlrd、xlwt 两种模块的升级版，支持 xlsx 格式文件的读写操作。

打开命令提示符窗口，输入 pip install xlutils 命令后按 Enter 键进行安装，如图 11-5 所示。

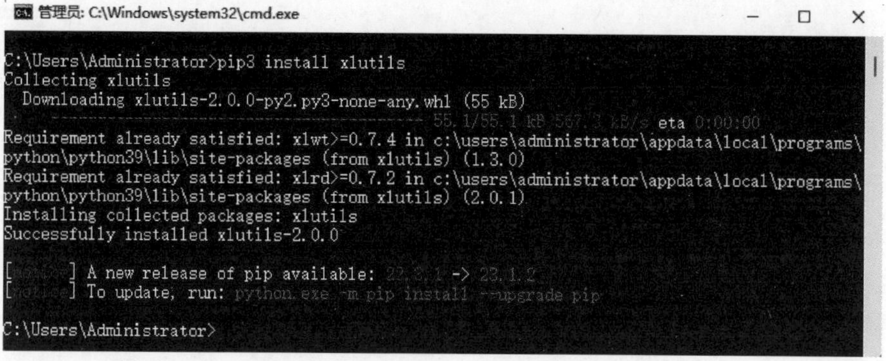

```
管理员: C:\Windows\system32\cmd.exe

C:\Users\Administrator>pip3 install xlutils
Collecting xlutils
  Downloading xlutils-2.0.0-py2.py3-none-any.whl (55 kB)
     ---------------------------------------- 55.1/55.1 kB 567.3 kB/s eta 0:00:00
Requirement already satisfied: xlwt>=0.7.4 in c:\users\administrator\appdata\local\programs\
python\python39\lib\site-packages (from xlutils) (1.3.0)
Requirement already satisfied: xlrd>=0.7.2 in c:\users\administrator\appdata\local\programs\
python\python39\lib\site-packages (from xlutils) (2.0.1)
Installing collected packages: xlutils
Successfully installed xlutils-2.0.0

[notice] A new release of pip available: 22.3.1 -> 23.1.2
[notice] To update, run: python.exe -m pip install --upgrade pip

C:\Users\Administrator>
```

图 11-5 xlutils 安装过程

11.3.2 Excel 表数据的读取

下面以孔夫子旧书网关键字搜索为例，对 Excel 表数据的读取进行演示。

首先创建一个 data.xls 文件，将工作簿名称命名为 search，测试数据如图 11-6 所示。

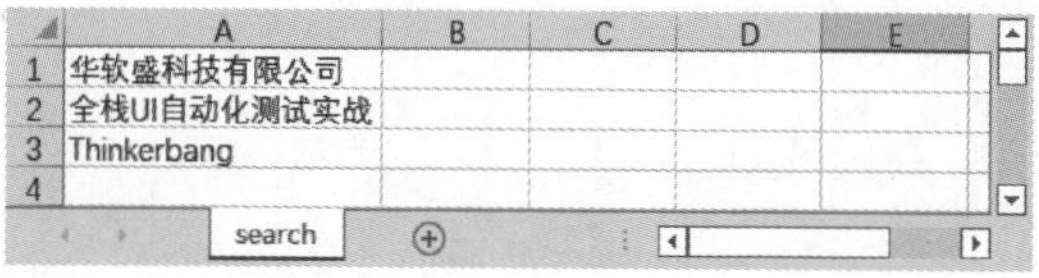

	A	B	C	D	E
1	华软盛科技有限公司				
2	全栈UI自动化测试实战				
3	Thinkerbang				
4					

search

图 11-6 data.xls 测试数据

接下来使用 xlrd 读取文档中的数据，并通过 ddt 进行数据驱动，代码如下：

```
//Chapter11/excel/read_xls_dta.py

import requests
import unittest
import xlrd
import ddt
import urllib.parse

#获取数据源
#打开 Excel 文件
myWorkbook = xlrd.open_workbook('./data.xls')

#获取 Excel 工作表
mySheet = myWorkbook.sheet_by_name('search')
```

```
#获取行数
data_rows = mySheet.nrows

#声明空数据列表
test_data = []

#读取单元格数据
for i in range(data_rows):
    #创建一个空列表,将取出的数据置入列表
    testlist = []
    temp = mySheet.cell_value(i, 0)
    testlist.append(temp)

    #将 testlist 列表置入最终数据源 test_data 中
    #由于 ddt 中的 data 数据读取是以列表为单位进行的,所以此处测试数据进行一次列表嵌套
    test_data.append(testlist)


@ddt.ddt
class TestBaiDu(unittest.TestCase):
    #通过 ddt 引入数据
    @ddt.data( * test_data)
    @ddt.unpack
    def test_searchBooks(self,word):

        #将搜索关键字转 URL 字符串后存入新的变量
        url_word = urllib.parse.quote(word)

        url = 'https://search.kongfz.com/product_result/?key = ' + url_word + '&status = 0&_
stpmt = eyJzZWFyY2hfdHlwZSI6ImFjdGl2ZSJ9'

        header = {
            'Host': 'search.kongfz.com',
            'Connection': 'keep - alive',
            'sec - ch - ua': "\"Google Chrome\";v = \"113\", \"Chromium\";v = \"113\", \"Not -
A.Brand\";v = \"24\"",
            'sec - ch - ua - mobile': '?0',
            'sec - ch - ua - platform': "\"Windows\"",
            'Upgrade - Insecure - Requests': '1',
            'User - Agent': 'Mozilla/5.0 (Windows NT 10.0; Win64; x64) AppleWebKit/537.36
(KHTML, like Gecko) Chrome/113.0.0.0 Safari/537.36',
            'Accept': 'text/html,application/xhtml + xml,application/xml;q = 0.9,image/avif,
image/webp,image/apng, * / * ;q = 0.8,application/signed - exchange;v = b3;q = 0.7',
            'Sec - Fetch - Site': 'same - site',
            'Sec - Fetch - Mode': 'navigate',
            'Sec - Fetch - User': '?1',
            'Sec - Fetch - Dest': 'document',
            'Referer': 'https://www.kongfz.com/',
            'Accept - Encoding': 'gzip, deflate, br',
```

```
            'Accept-Language': 'zh-CN,zh;q=0.9'
        }
        #发送 GET 请求,将返回结果存入变量 response
        response = requests.get(url=url, headers=header)

        #输出 HTML 内容与搜索关键字进行比较,断言
        assert word in response.text


if __name__ == '__main__':
    unittest.main()
```

11.3.3 Excel 表数据的写入

在接口自动化测试过程中,除了可以通过读取 Excel 中的数据支持接口用例的执行,也可以将执行结果写入 Excel 文件(文档)。与 11.1.2 节所讲解的文档的写入类似,可以把测试执行结果以日志的方式写入 Excel 文档。这种使用方法的优势在于 Excel 日志记录会比纯文本日志更易于阅读和统计筛选。

在代码 read_xls_data.py 用例执行结果的基础上使用 xlwt 包实现日志写入功能,代码如下:

```
//Chapter11/excel/write_xls_data.py


#coding=gbk

from time import strftime
import unittest
import xlrd
import xlwt
import ddt
import requests
import urllib.parse

#获取数据源
#打开 Excel 文件
myWorkbook = xlrd.open_workbook('./data.xls')

#获取 Excel 工作表
mySheet = myWorkbook.sheet_by_name('search')

#获取行数
data_rows = mySheet.nrows

#声明空数据列表
test_data = []
```

```
#读取单元格数据
for i in range(data_rows):
    #创建一个空列表,将取出的数据置入列表
    testlist = []
    temp = mySheet.cell_value(i, 0)
    testlist.append(temp)

    #将 testlist 列表置入最终数据源 test_data 中
    test_data.append(testlist)

#创建 Excel 文档对象
wbfile = xlwt.Workbook()
#创建工作簿
newSheet = wbfile.add_sheet('report_log')

#设定文字样式
labStyle = xlwt.easyxf('font: name Times New Roman, color - index black, bold on')
conStyle = xlwt.easyxf('font: name Times New Roman, color - index green, bold on')

#写入表头
newSheet.write(0, 0, '预期结果', labStyle)
newSheet.write(0, 1, '实际结果', labStyle)
newSheet.write(0, 2, '执行时间', labStyle)

#声明位移变量
global count
count: int = 0

@ddt.ddt
class TestBaiDu(unittest.TestCase):

    @classmethod
    def tearDownClass(self):
        filenow = strftime("%Y-%m-%d %H_%M_%S")
        #保存文件
        wbfile.save('./' + filenow + 'report.xls')


    #通过 ddt 引入数据
    @ddt.data( * test_data)
    @ddt.unpack
    def test_searchBooks(self,word):

        global count
        now = strftime("%Y-%m-%d %H_%M_%S")

        #写入行向下位移
        count += 1
```

```
        #将搜索关键字转 URL 字符串后存入新的变量
        url_word = urllib.parse.quote(word)

        url = 'https://search.kongfz.com/product_result/?key = ' + url_word + '&status = 0&_
stpmt = eyJzZWFyY2hfdHlwZSI6ImFjdGl2ZSJ9'

        header = {
            'Host': 'search.kongfz.com',
            'Connection': 'keep - alive',
            'sec - ch - ua': "\"Google Chrome\";v = \"113\", \"Chromium\";v = \"113\", \"Not -
A.Brand\";v = \"24\"",
            'sec - ch - ua - mobile': '?0',
            'sec - ch - ua - platform': "\"Windows\"",
            'Upgrade - Insecure - Requests': '1',
            'User - Agent': 'Mozilla/5.0 (Windows NT 10.0; Win64; x64) AppleWebKit/537.36
(KHTML, like Gecko) Chrome/113.0.0.0 Safari/537.36',
            'Accept': 'text/html,application/xhtml + xml,application/xml;q = 0.9,image/avif,
image/webp,image/apng,*/*;q = 0.8,application/signed - exchange;v = b3;q = 0.7',
            'Sec - Fetch - Site': 'same - site',
            'Sec - Fetch - Mode': 'navigate',
            'Sec - Fetch - User': '?1',
            'Sec - Fetch - Dest': 'document',
            'Referer': 'https://www.kongfz.com/',
            'Accept - Encoding': 'gzip, deflate, br',
            'Accept - Language': 'zh - CN,zh;q = 0.9'
        }
        #发送 GET 请求,将返回结果存入变量 response
        response = requests.get(url = url, headers = header)

        #输出 HTML 内容与搜索关键字进行比较,断言
        if word in response.text:
            report = "执行成功"
        else:
            report = "执行失败"

        #将结果数据写入文件
        newSheet.write(count, 0, word, conStyle)
        newSheet.write(count, 1, report, conStyle)
        newSheet.write(count, 2, now, conStyle)



if __name__ == '__main__':
    unittest.main()
```

执行测试脚本后,生成的 Excel 日志文件如图 11-7 所示。

	A	B	C
1	预期结果	实际结果	执行时间
2	华软捷科技有限公司	执行成功	2023-06-09 17_53_35
3	全栈UI自动化测试实战	执行成功	2023-06-09 17_53_35
4	Thinkerbang	执行成功	2023-06-09 17_53_35
5			

图 11-7　测试结果写入 Excel 日志

11.3.4 模块化 Excel 数据操作

在 write_xls_data.py 文件中实现了基于 Excel 数据表的数据驱动测试和日志写入操作。从代码可以看出实现读取和写入的思路。这么写的缺点是代码通用性差，由于测试辅助功能与用例脚本写在一起，所以无法复用。在测试框架中通常会把这些通用的辅助功能提取出来放在扩展类中以便其他测试脚本进行调用。下面将 Excel 文件数据的获取和日志文件的写入提取出来，代码如下：

```
//Chapter11/excel/utils_xls.py


#coding = utf - 8

from time import strftime
import xlrd
import xlwt
import unicodedata

class ExcelTools():
    def __init__(self, path, sheetname):
        self.path = path
        self.sheetname = sheetname

    def getExcelData(self):
        #获取数据源
        #打开 Excel 文件
        myWorkbook = xlrd.open_workbook(self.path)

        #获取 Excel 工作表
        mySheet = myWorkbook.sheet_by_name(self.sheetname)

        #获取行数
        data_rows = mySheet.nrows

        #声明空数据列表
        test_data = []

        #读取单元格数据
        for i in range(data_rows):
            #创建一个空列表,将取出的数据置入列表
            testlist = []
            temp = mySheet.cell_value(i, 0)
            testlist.append(temp)

            #将 testlist 列表置入最终数据源 test_data 中
            test_data.append(testlist)
```

```
        return test_data

    def writeExcelLog(self, data):
        #创建 Excel 文档对象
        wbfile = xlwt.Workbook()
        #创建工作簿
        newSheet = wbfile.add_sheet('report_log')

        #设定文字样式
        labStyle = xlwt.easyxf('font: name Times New Roman, color-index black, bold on')
        conStyle = xlwt.easyxf('font: name Times New Roman, color-index green, bold on')

        #写入表头
        newSheet.write(0, 0, '预期结果', labStyle)
        newSheet.write(0, 1, '实际结果', labStyle)
        newSheet.write(0, 2, '执行时间', labStyle)


        #将结果数据写入文件
        for i in range(len(data)):
            newSheet.write(i + 1, 0, data[i][0], conStyle)
            newSheet.write(i + 1, 1, data[i][1], conStyle)
            newSheet.write(i + 1, 2, data[i][2], conStyle)

        filenow = strftime("%Y-%m-%d %H_%M_%S")
        #保存文件
        wbfile.save('./' + filenow + 'report.xls')
```

用例脚本调用 utils_xls.py 文件中相应的方法，代码如下：

```
//Chapter11/excel/run_test.py

#coding=utf-8

from time import strftime
from chapter11.excel.utils_xls import ExcelTools
import unittest
import ddt
import urllib.parse
import requests

#声明对象
xlsData = ExcelTools('./data.xls', 'search')
#获取测试数据
condata = xlsData.getExcelData()
#声明日志数组
data_log = []

@ddt.ddt
class TestKongFZ(unittest.TestCase):
```

```
    @classmethod
    def tearDownClass(cls):
        xlsData.writeExcelLog(data_log)

    @ddt.data( * condata)
    @ddt.unpack
    def test_search(self, text):

        now = strftime(" %Y - %m - %d %H_%M_%S")

        #将搜索关键字转 URL 字符串后存入新的变量
        url_word = urllib.parse.quote(text)

        url = 'https://search.kongfz.com/product_result/?key = ' + url_word + '&status = 0&_
stpmt = eyJzZWFyY2hfdHlwZSI6ImFjdGl2ZSJ9'

        header = {
            'Host': 'search.kongfz.com',
            'Connection': 'keep - alive',
            'sec - ch - ua': "\"Google Chrome\";v = \"113\", \"Chromium\";v = \"113\", \"Not -
A.Brand\";v = \"24\"",
            'sec - ch - ua - mobile': '?0',
            'sec - ch - ua - platform': "\"Windows\"",
            'Upgrade - Insecure - Requests': '1',
            'User - Agent': 'Mozilla/5.0 (Windows NT 10.0; Win64; x64) AppleWebKit/537.36
(KHTML, like Gecko) Chrome/113.0.0.0 Safari/537.36',
            'Accept': 'text/html,application/xhtml + xml,application/xml;q = 0.9,image/avif,
image/webp,image/apng, * / * ;q = 0.8,application/signed - exchange;v = b3;q = 0.7',
            'Sec - Fetch - Site': 'same - site',
            'Sec - Fetch - Mode': 'navigate',
            'Sec - Fetch - User': '?1',
            'Sec - Fetch - Dest': 'document',
            'Referer': 'https://www.kongfz.com/',
            'Accept - Encoding': 'gzip, deflate, br',
            'Accept - Language': 'zh - CN,zh;q = 0.9'
        }
        #发送 GET 请求,将返回的结果存入变量 response
        response = requests.get(url = url, headers = header)
        #输出 HTML 内容与搜索关键字进行比较,断言
        if text in response.text:
            report = "执行成功"
        else:
            report = "执行失败"
        #将日志数据写入临时列表
        temp = [text, report, now]
        #将临时列表数据写入日志列表
        data_log.append(temp)

if __name__ == '__main__':
    unittest.main()
```

运行代码,执行结果与图 11-7 中的结果一致。

11.4 基于 JSON 方式的数据管理

JSON 是一种轻量级的数据交换格式，是 JavaScript 的子集，与 Python 中的字典管理数据格式类似。JSON 可以用来存储和交换文本信息，比 XML 更易解析和读写，数据传输过程中占用带宽小，网络传输速度快。在接口测试过程中，当前端和后端进行数据传输时，使用 JSON 格式进行数据交互是一种常见的方式。

11.4.1 JSON 管理数据介绍

JSON 格式数据与 Python 字典类型在语法上的唯一差异在于 JSON 数据名称必须以双引号来包括。使用 JSON 模块前需要进行导入操作。

JSON 数据的读取和写入在 Python 下均需要两步完成。写入前需先转换数据格式，再进行写入文件操作；读取时需先读取文件中所包含的 JSON 数据，再将格式转换为 Python 类型数据。常用读写方法见表 11-1。

表 11-1 JSON 模块常用读写方法

方 法	方法描述
json.dumps()	将 Python 对象转换成 JSON 字符串
json.loads()	将 JSON 字符串转换为 Python 字典对象
json.dump()	将 Python 内置类型序列转换为 JSON 对象后写入文件
json.load()	读取文件中的 JSON 形式的字符串元素后转换为 Python 字典对象

1. dumps()与 loads()的使用

dumps()与 loads()两种方法的作用均是数据类型转换。实现代码如下：

```
//Chapter11/json/dumps_loads_demo.py

#coding = utf - 8

import json

#原始 Python 字典对象
data = {'name': 'Thinkerbang', 'address': '北京'}
print(type(data1))

#将 Python 字典对象编码成 JSON 字符串
data_str = json.dumps(data)
print(type(data_str))

#将 JSON 字符串转换为 Python 字典对象
data_dict = json.loads(data_str)
print(type(data_dict))
```

执行结果如图 11-8 所示。

```
Run:  dump_loads_demo ×
C:\Users\Administrator\AppData\Local\Programs\Python\Python39\
<class 'dict'>
<class 'str'>
<class 'dict'>

Process finished with exit code 0
```

图 11-8　dumps()与 loads()数据类型转换

2. dump()与 load()的使用

dump()与 load()两种方法的作用是写入数据和读取文件。实现代码如下：

```python
//Chapter11/json/dump_load_demo.py


# coding = utf - 8

import json

# 原始 Python 字典对象
data_in = {
    'name': 'Thinkerbang',
    'address': '北京'
}

# 原始数据类型
print(type(data_in))

# 将字典数据写入 JSON 文件
with open('json_test.json','w + ') as file:
    json.dump(data_in,file)

# 将 JSON 文件中的内容取出
with open('json_test.json','r + ') as file:
    data_out = json.load(file)

# 从文件中读取数据类型
print(type(data_out))
```

执行结果如图 11-9 所示。

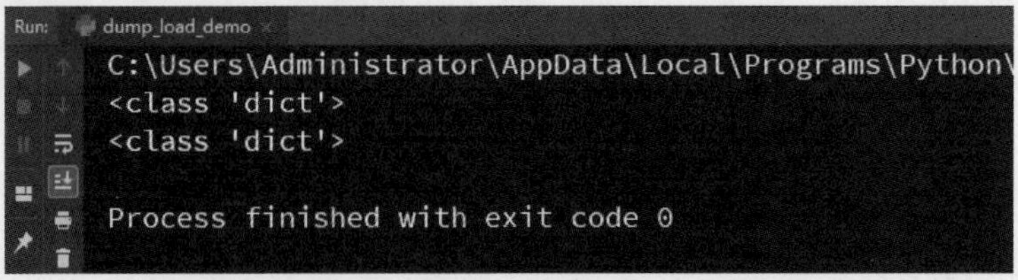

```
Run:  dump_load_demo ×
C:\Users\Administrator\AppData\Local\Programs\Python\
<class 'dict'>
<class 'dict'>

Process finished with exit code 0
```

图 11-9　dump()与 load()数据写入及读取文件

可以看到 load()方法从 JSON 中读取时会自动将数据转换为 Python 字典类型。dump()写入 JSON 文件内容,如图 11-10 所示。

```
json_test.json
1    {"name": "Thinkerbang", "address": "\u5317\u4eac"}
```

图 11-10　写入数据的 JSON 文件

11.4.2　JSON 数据的读取

以孔夫子旧书网首页查询为例,首先准备 JSON 数据文件,代码如下:

```
//Chapter11/json_data/data.json

{
  "url":"https://search.kongfz.com/product_result/?key=UI&status=0&_stpmt=eyJzZWFyY2hfdHlwZSI6ImFjdGl2ZSJ9",
  "headers":{
    "Host": "search.kongfz.com",
    "Connection": "keep-alive",
    "sec-ch-ua": "\"Google Chrome\";v=\"113\", \"Chromium\";v=\"113\", \"Not-A.Brand\";v=\"24\"",
    "sec-ch-ua-mobile": "?0",
    "sec-ch-ua-platform": "\"Windows\"",
    "Upgrade-Insecure-Requests": "1",
    "User-Agent": "Mozilla/5.0 (Windows NT 10.0; Win64; x64) AppleWebKit/537.36 (KHTML, like Gecko) Chrome/113.0.0.0 Safari/537.36",
    "Accept": "text/html,application/xhtml+xml,application/xml;q=0.9,image/avif,image/webp,image/apng,*/*;q=0.8,application/signed-exchange;v=b3;q=0.7",
    "Sec-Fetch-Site": "same-site",
    "Sec-Fetch-Mode": "navigate",
    "Sec-Fetch-User": "?1",
    "Sec-Fetch-Dest": "document",
    "Referer": "https://www.kongfz.com/",
    "Accept-Encoding": "gzip, deflate, br",
    "Accept-Language": "zh-CN,zh;q=0.9"
  }
}
```

查询接口请求的 URL 和信息头数据从 JSON 文件中读取,文件读取及接口请求的代码如下:

```
//Chapter11/json_data/read_json_requests.py


import json
```

```
import requests

#将 JSON 文件中的内容取出
with open('data.json','r+') as file:
    data_out = json.load(file)

response = requests.get(url = data_out["url"],headers = data_out["headers"])

print(response.text)
```

在 PyCharm 中执行时会报 UnicodeEncodeError：'gbk' codec can't encode character '\xa9' in position 83011：illegal multibyte sequence 错误，这是文件编码问题。可以在 PyCharm 菜单 File→Settings→Editor→Code Style→File Encodings 下将 Global Encoding 和 Project Encoding 编码方式修改为 UTF-8 并保存，这样接口请求代码便可正常执行。

11.4.3 JSON 数据的写入

当接口请求的返回值为 JSON 数据时，将数据写入 JSON 文件中，可以方便后续关联接口请求进行调用。本节以用户登录接口请求返回数据写入为例进行演示，示例代码如下：

```
//Chapter11/json_data/write_json_requests.py


#coding = utf - 8

import requests
import json

url = 'https://login.kongfz.com/Pc/Login/account'

#将请求 Headers 以字典的方式存入变量 headers
headers = {
    "Connection":"keep - alive",
    "Content - Length":"150",
    "sec - ch - ua":"\" Not A;Brand\";v = \"99\", \"Chromium\";v = \"100\", \"Google Chrome\";
v = \"100\"",
    "sec - ch - ua - mobile":"?0",
    "User - Agent":"Mozilla/5.0 (Windows NT 6.1; Win64; x64) AppleWebKit/537.36 (KHTML, like
Gecko) Chrome/100.0.4896.75 Safari/537.36",
    "X - Tingyun - Id":"OHEPtRD8z8s;r = 325222859",
    "Content - Type":"application/x - www - form - urlencoded; charset = UTF - 8",
    "Accept":"application/json, text/javascript, * / * ; q = 0.01",
    "X - Requested - With":"XMLHttpRequest",
    "Sec - Fetch - Site":"same - origin",
    "Sec - Fetch - Mode":"cors",
    "Sec - Fetch - Dest":"empty",
    "Host":"login.kongfz.com"
}
```

```
#将 Body 以字典的方式存入变量 data
data = {
    "loginName":"Thinkerbang",      #此处为用户名参数,读者需要自行替换
    "loginPass":"123456",
    "captchaCode":"",
    "autoLogin":"0",
    "newUsername":"",
    "returnUrl":"https://user.kongfz.com/index.html",
    "captchaId":""
    }

#发送 POST 请求,将返回结果存入变量 response
response = requests.post(url = url,headers = headers,data = data)

#由于返回值类型是 JSON 字符串,因此使用 json()方法进行输出
print(response.json())

#将字典数据写入 JSON 文件
with open('json_write.json','w+') as file:
    json.dump(response.json(),file)
```

查看写入数据 JSON 文件,代码如下:

```
//Chapter11/json_data/json_write.json

//注:示例 write_json_requests.py 文件中接口请求中的用户名和密码不存在,因此返回值中
//status 的值显示为 false

{"status": false, "errCode": 1001, "errInfo": "\u7528\u6237\u4e0d\u5b58\u5728(用户不存在)", "extInfo": {"showCaptcha": false, "captchaType": 1}, "requestInfo": {"loginName": "Thinkerbang", "captchaCode": "", "autoLogin": "0", "newUsername": "", "returnUrl": "https://user.kongfz.com/index.html", "captchaId": ""}}
```

11.4.4 模块化 JSON 数据操作

在接口测试框架中,基于 JSON 数据的读写操作可抽出成工具脚本使用。首先创建一个文件,将 JSON 读写分别抽出成可调用方法,代码如下:

```
//Chapter11/json_data/utils/utils_json.py


import json

def read_json(jsonfile):
    #将 JSON 文件中的内容取出
    with open(jsonfile,'r+') as file:
        data_out = json.load(file)

    return data_out
```

```
def write_json(jsondata,jsonfile):
    #将请求返回的数据写入 JSON 文件
    with open(jsonfile, 'w+') as file:
        json.dump(jsondata, file)
```

准备一个 JSON 数据文件，将请求所需的数据置入文件，代码如下：

```
//Chapter11/json_data/utils/data.py


{
  "url": "https://login.kongfz.com/Pc/Login/account",

  "headers" :{
      "Connection":"keep-alive",
      "Content-Length":"150",
      "sec-ch-ua":"\" Not A;Brand\";v=\"99\", \"Chromium\";v=\"100\", \"Google Chrome
\";v=\"100\"",
      "sec-ch-ua-mobile":"?0",
      "User-Agent":"Mozilla/5.0 (Windows NT 6.1; Win64; x64) AppleWebKit/537.36 (KHTML,
like Gecko) Chrome/100.0.4896.75 Safari/537.36",
      "X-Tingyun-Id":"OHEPtRD8z8s;r=325222859",
      "Content-Type":"application/x-www-form-urlencoded; charset=UTF-8",
      "Accept":"application/json, text/javascript, */*; q=0.01",
      "X-Requested-With":"XMLHttpRequest",
      "Sec-Fetch-Site":"same-origin",
      "Sec-Fetch-Mode":"cors",
      "Sec-Fetch-Dest":"empty",
      "Host":"login.kongfz.com"
  },


  "data" :{
      "loginName":"Thinkerbang",
      "loginPass":"123456",
      "captchaCode":"",
      "autoLogin":"0",
      "newUsername":"",
      "returnUrl":"https://user.kongfz.com/index.html",
      "captchaId":""
      }
}
```

最后创建接口执行脚本文件，通过调用的方式获取接口请求数据，并执行接口请求，代码如下：

```
//Chapter11/json_data/utils/requests_json.py


import requests
```

```
from chapter11.json_data.utils.utils_json import *

#读取接口测试数据
data = read_json("./data.json")

#执行接口请求
#注意,此处执行的接口请求与业务无关,在后续章节的测试框架中可设置批量执行
response = requests.post(url = data["url"],headers = data["headers"],data = data["data"])

#将返回结果写入结果文件
write_json(response.json(),"./write_data.json")
```

第 12 章

CHAPTER 12

Requests 使用进阶

本章是在第 5 章 Requests 初级使用的基础上实现的进阶使用方法。在使用 Requests 工具做接口测试时会涉及很多软件在实际使用过程中出现的问题,例如参数传输加密,以及接口请求间的关联问题等。本章通过实际案例对接口测试项目中使用 Requests 工具遇到的通用问题结合 unittest 框架进行实例演示。

12.1 接口请求中的实用方法

做接口测试验证时,GET 请求与 POST 请求通过传递参数从服务器获取响应结果,最后对响应结果进行断言处理。在此过程中会遇到一些实际问题,例如请求超时、文件上传/下载验证、返回结果是 HTML 页面,本节通过实例对这几种问题进行讲解。

12.1.1 Cookies 传递的处理

Cookies 值的传递在 5.4.1 节已经提到过,案例中是通过 return 返回 Cookies 对象来解决的。在引入 unittest 框架来管理接口用例后,普通的变量参数赋值无法解决此问题。引入 Requests 工具的 RequestsCookieJar()对象可以解决 Cookies 对象传递问题。声明一个 RequestsCookieJar()对象,赋值时使用 update()方法来完成,示例代码如下:

```
//chapter12/Cookies_tranf.py

#coding = utf - 8

import unittest
import requests

class CookiesTran(unittest.TestCase):

    @classmethod
    def setUpClass(self):

        #声明 RequestsCookieJar()对象,作为一个容器来存储 Cookies 值
```

```
        self.cook = requests.cookies.RequestsCookieJar()


    def test_01login(self):
        url = 'https://login.kongfz.com/Pc/Login/account'
        header = {
            'User-Agent': 'Mozilla/5.0 (Windows NT 6.1; Win64; x64; rv:70.0) Gecko/20100101
Firefox/70.0',
            'Content-Type': 'application/x-www-form-urlencoded; charset=UTF-8',
            'X-Requested-With': 'XMLHttpRequest',
            'X-Tingyun-Id': 'OHEPtRD8z8s;r=500843061',
            'Origin': 'https://login.kongfz.com',
            'Referer': 'https://login.kongfz.com/'

        }
        body = {
            'loginName': 'Thinkerbang',        #此处为用户名参数,读者需要自行替换
            'loginPass': '123456',
            'captchaCode': '',
            'autoLogin': '0',
            'newUsername': '',
            'returnUrl': '',
            'captchaId': ''
        }
        r = requests.post(url=url, headers=header, data=body)

        #登录后,将新的 Cookies 更新至 cook 中,方便后续接口引用
        self.cook.update(r.cookies)

        print(r.json())

    def test_02QueryCenter(self):
        url_info = 'https://user.kongfz.com/User/perPro/update/'

        #将请求 Headers 以字典的方式存入变量 header_info
        header_info = {
            "Host": "user.kongfz.com",
            "Connection": "keep-alive",
            "Content-Length": "86",
            "sec-ch-ua": "\"Not_A Brand\";v=\"99\", \"Google Chrome\";v=\"109\",
\"Chromium\";v=\"109\"",
            "Accept": "text/plain, */*; q=0.01",
            "Content-Type": "application/x-www-form-urlencoded",
            "X-Requested-With": "XMLHttpRequest",
            "sec-ch-ua-mobile": "?0",
            "User-Agent": "Mozilla/5.0 (Windows NT 10.0; Win64; x64) AppleWebKit/537.36
(KHTML, like Gecko) Chrome/109.0.0.0 Safari/537.36",
            "sec-ch-ua-platform": "\"Windows\"",
            "Origin": "https://user.kongfz.com",
```

```
            "Sec-Fetch-Site": "same-origin",
            "Sec-Fetch-Mode": "cors",
            "Sec-Fetch-Dest": "empty",
            "Referer": "https://user.kongfz.com/person/person_info.html",
            "Accept-Encoding": "gzip, deflate, br",
            "Accept-Language": "zh-CN,zh;q=0.9"
        }

        #将 Body 以字典的方式存入变量 data_info
        data_info = {
            'pic': '8284%2F3108284.jpg',
            'sex': 'man',
            'qqNum': '359407130',
            'birthday': '',
            'area': '',
            'sign': 'Thinkerbang2',        #修改个人信息中的"个性签名"内容
            'intro': ''
        }
        #发送 POST 请求,将返回结果存入变量 response_info,Cookies 信息通过形参 cook 传入
        response_info = requests.post(url=url_info, data=data_info, headers=header_
info, Cookies=self.cook)

        #返回值类型是 JSON 字符串,也可以使用 text 属性进行文本输出
        print(response_info.text)

if __name__ == '__main__':
    unittest.main()
```

12.1.2 请求超时及安全证书处理

1. 请求超时

请求超时是接口测试中常见的问题,从接口内部来讲通常是由于传输数据过大、接口实现逻辑等问题引起的。从外部环境来讲通常是由网络环境引起的,即传输带宽问题,这种情况常出现在接口高并发请求场景下。在实际测试环境下,网络环境是一个恒定值,解决请求超时问题可从增加等待时间、优化接口、请求重试等几方面来解决。单接口请求时,可以使用 timeout 参数设置超时范围。接口请求超时参数除了可以正向延长设置以满足请求响应完整性,也可以反向设置来控制单接口响应时间,例如控制单接口请求必须在 200ms 以内,否则标记为请求失败,示例代码如下:

```
//chapter12/test_timeout.py


import requests
import unittest

class TestTimeOut(unittest.TestCase):
```

```
    def test_out(self):
        url = 'http://www.baidu.com'
        header = {
            'User - Agent':'Mozilla/5.0 (Windows NT 10.0; Win64; x64) AppleWebKit/537.36
(KHTML, like Gecko) Chrome/109.0.0.0 Safari/537.36'
        }
        #发送请求,将最长超时时间设置为1s,毫秒以小数表示
        response = requests.get(url = url,headers = header,timeout = 1)

        #查看实际接口请求总响应时长
        print(response.elapsed.total_seconds())

if __name__ == '__main__':
    unittest.main()
```

2. 安全证书处理

以SSL证书为例,大多数接口在请求时对安全证书是没有强制要求的,可以携带证书信息,也可以不携带。通用处理方式是关闭证书验证(安装pyopenssl模块也可以实现证书验证)。少数对访问安全要求高的内部网站会要求接口请求时携带证书,可以在接口中携带SSL证书CRT文件。

CRT文件是SSL证书的基本文件格式,也称为X.509证书。它包含服务器的公钥、证书颁发机构(CA)的数字签名和证书序列号。当客户端与服务器端建立SSL连接时,服务器将使用其私钥解密数字签名,以证明服务器的身份。这样,客户端就可以验证服务器端是否可信,示例代码如下:

```
//chapter12/test_SecurityCert.py


import requests
import unittest

class Sec_SSL(unittest.TestCase):
    def test_ignore(self):
        #忽略证书示例
        url = 'https://www.baidu.com'
        header = {
            'User - Agent': 'Mozilla/5.0 (Windows NT 10.0; Win64; x64) AppleWebKit/537.36
(KHTML, like Gecko) Chrome/109.0.0.0 Safari/537.36'
        }
        #发送请求,将verify参数设置为False,即不验证证书
        #当在代码运行环境中安装了pyopenssl模块时,verify参数可不设置
        response = requests.get(url = url, headers = header, verify = False)

        #查看服务器返回协议状态码
        print(response.status_code)
```

```
    def test_crt(self):
        #设置证书示例
        url = 'https://www.baidu.com'
        header = {
            'User-Agent': 'Mozilla/5.0 (Windows NT 10.0; Win64; x64) AppleWebKit/537.36
(KHTML, like Gecko) Chrome/109.0.0.0 Safari/537.36'
        }

        #获取安全证书,在 cert 参数中设置安全证书所在位置
        #此示例仅做参数演示,无法运行
        response = requests.get(url=url, headers=header, cert=("/path/cert.crt","/
path/key"))

        #查看服务器返回协议状态码
        print(response.status_code)

if __name__ == '__main__':
    unittest.main()
```

12.1.3 文件上传实例

使用接口上传文件在 5.3.5 节已经介绍过。使用接口上传文件分为 3 种情况：单文件上传、多文件上传、带参数混合文件上传。无论是哪一种接口，核心点是将需要传输的文件信息及参数置入 POST 请求方法中。具体的上传方式及参数设置以实际接口为准，示例代码如下：

```
//chapter12/test_upfile.py


import requests
import unittest

class UploadFiles(unittest.TestCase):
    def test_upfile(self):
        #单文件上传
        #示例中使用接口为本地部署,目的在于演示传输方法
        url = 'http://127.0.0.1/upload.php'
        file_path = './file/text.txt'
        with open(file_path, 'rb') as f:
            files = {'file': f}
            headers = {'content-type': 'multipart/form-data'}
            response = requests.post(url=url, files=files, headers=headers)

        print(response.text)

    def test_upfiles(self):
        #多文件上传
```

```
        url = 'http://127.0.0.1/uploads.php'

        #将多个上传文件信息存入列表,以参数方式完成批量上传
        file_paths = ['./file/text1.txt', './file/text2.txt', './file/text3.txt']

        files = {}
        for i, file_path in enumerate(file_paths):
            with open(file_path, 'rb') as f:
                files['file{i}'] = f

        headers = {'content-type': 'multipart/form-data'}
        response = requests.post(url=url, files=files, headers=headers)

        print(response.text)

    def test_upfile_params(self):
        #文件、参数混合上传
        url = 'http://127.0.0.1/uploads.php'
        file_path = './file/text.txt'
        data = {'name': 'Thinekerbang', 'Tel': '01057374994'}

        with open(file_path, 'rb') as f:
            files = {'file': f}
            headers = {'content-type': 'multipart/form-data'}
            response = requests.post(url=url, files=files, data=data, headers=
headers)

        print(response.text)

if __name__ == '__main__':
    unittest.main()
```

12.1.4 文件下载实例

文件下载接口在实际测试过程中有3种情况：小文件下载、大文件下载、断点续传。小文件下载接口可以使用GET请求完成，一次性将文件加载至内存，再转存即可。大文件下载可以采用分块读取的方式，每次读取指定大小的数据，分批写入文件，示例代码如下：

```
//chapter12/test_downfile.py


import requests
import unittest

class DownloadFile(unittest.TestCase):

    #因网络资源更新较快,本示例不指向网络中实际存在的资源,读者可以自行替换
    def test_downfewFile(self):
```

```
            #下载小文件示例
            #将文件数据写入变量
            downfile = requests.get("http://127.0.0.1/.../test.mp3")

            with open("./file/test.mp3", "wb") as f:
                f.write(downfile.content)

        def test_downbigFile(self):
            #下载大文件示例
            downfile = requests.get("http://127.0.0.1/.../test.mp4", stream = True)

            with open("./file/test.mp4", "wb") as f:
                #每次加载 1024 字节,持续写入变量
                for chunk in downfile.iter_content(chunk_size = 1024):
                    f.write(chunk)

if __name__ == '__main__':
    unittest.main()
```

12.1.5 HTML 返回结果参数提取实例

部分接口响应数据是以 HTML 形式呈现的,此时获取响应结果中的数据需要以标签的方式实现。requests-html 模块可以很好地满足这个需求。

首先打开命令提示符窗口安装 requests-html,输入 pip3 install requests-html 命令,按 Enter 键进行安装,如图 12-1 所示。

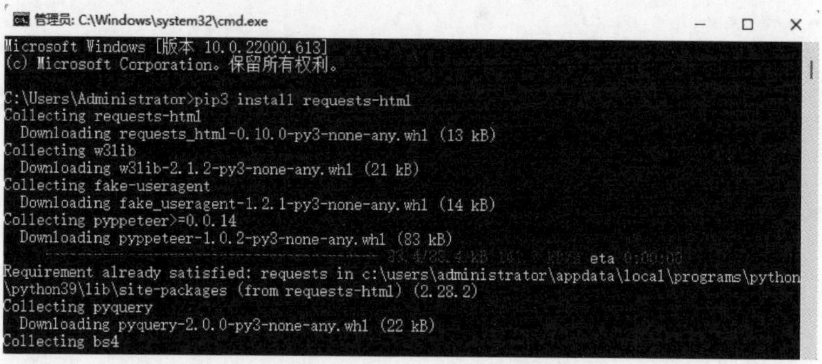

```
管理员: C:\Windows\system32\cmd.exe
Microsoft Windows [版本 10.0.22000.613]
(c) Microsoft Corporation。保留所有权利。

C:\Users\Administrator>pip3 install requests-html
Collecting requests-html
  Downloading requests_html-0.10.0-py3-none-any.whl (13 kB)
Collecting w3lib
  Downloading w3lib-2.1.2-py3-none-any.whl (21 kB)
Collecting fake-useragent
  Downloading fake_useragent-1.2.1-py3-none-any.whl (14 kB)
Collecting pyppeteer>=0.0.14
  Downloading pyppeteer-1.0.2-py3-none-any.whl (83 kB)
Requirement already satisfied: requests in c:\users\administrator\appdata\local\programs\python
\python39\lib\site-packages (from requests-html) (2.28.2)
Collecting pyquery
  Downloading pyquery-2.0.0-py3-none-any.whl (22 kB)
Collecting bs4
```

图 12-1 requests-html 的安装

访问搜狗首页,在搜索框中输入 Thinkerbang,按 Enter 键对关键字进行搜索,提取返回的 HTML 页面中 Title 标签中的内容,代码如下:

```
//chapter12/test_response_html.py


#coding = utf - 8

import unittest
```

```
#导入 requests_html 模块的 HTMLSession
#HTMLSession 继承自 requests 模块
from requests_html import HTMLSession

class ExtractHtml(unittest.TestCase):

    def test_res_html(self):
        headers = {
            "User - Agent": "Mozilla/5.0 (Windows NT 6.1; Win64; x64) AppleWebKit / 537.36
(KHTML, like Gecko) Chrome / 100.0.4896.75 Safari / 537.36"
        }
        #将 URL 存入变量
        url = "https://www.sogou.com/web?query = Thinkerbang"

        #声明 HTMLSession()对象
        r = HTMLSession()

        response = r.get(url = url, headers = headers)

        #使用边界搜索的方式获取目标数据
        #默认以 list 形式返回搜索结果,使用下标取值
        text = response.html.search("<title>{}</title>")[0]

        print('返回页面标题:',text)

if __name__ == '__main__':
    unittest.main()
```

12.2 基于 Token 和 Sessions 处理

12.2.1 请求中 Token 参数的处理

Token 是服务器端生成的一串字符串，以此作为后续关联接口请求的一个令牌。用户登录接口完成后，服务器生成一个 Token 随着响应数据返回，后续关联接口请求时携带 Token 值应对来自服务器端的用户登录状态验证。

使用 Token 认证的优势主要有 3 点。首先是 Token 认证机制的无状态，Token 认证机制在服务器端不需要存储 Session 信息，其自身已包含登录用户的信息，只需在客户端存储状态信息，其次是 Token 认证机制的安全性，由于 Token 信息在传递过程中未用到 Cookies 信息头，所以不会出现跨站点请求伪造(CSRF)攻击。最后就是 Token 认证信息的可重用性，重复使用相同的 Token 认证信息来验证用户登录状态，在跨平台和跨域时可以很容易地实现应用程序间的权限共享。

对于需要用户登录并访问网站动态信息的中小型网站，Session-Cookies 机制可以满足使用需求。对于企业级站点、应用程序或附近的站点，以及需要处理大量的请求的大型网站，Token 则是首选，示例代码如下：

```
//chapter12/token_tranf.py


import requests
import unittest
import re

class TokenTranf(unittest.TestCase):
    #本示例仅进行 Token 传递演示,读者可根据接口及返回的 Token 数据进行调试

    def setUpClass(self):
        self.token = None

    def test_login(self):

        url = "http://127.0.0.1/.../login.php"
        body = {
            "username": 'Thinkerbang',
            "password": '123456'
        }
        response = requests.post(url = url, data = body).text
        print(response)

        token = re.findall('"token":"(.+?)"', response)
        #正则查找生成 list,取下标为 0 的首值
        token = token[0]

        #将获取的 Token 赋值给 self.token,方便后续接口调用
        self.token = token
        print(token)

    def test_Query(self):
        url = 'http://127.0.0.1/.../query.php'

        #拼接 Token,Headers 中 authorization 传递
        token = "Bearer" + " " + self.token
        headers = {
            "authorization": token
        }
        response = requests.get(url = url, headers = headers)
        print(response.json())

if __name__ == '__main__':
    unittest.main()
```

12.2.2 请求中 Sessions 的处理

Requests 模块除了 8 种常用的接口请求方法外,还有一个特殊的 Session 类。Session 是一个会话类,Requests 直接调用的所有请求方法,其底层都是调用 Session 类的对象。使

用 Requests 模块直接调用接口方法和使用 Session 类的区别是，使用 Requests 调用请求方法发送请求，每次都会创建一个新的 Session（会话对象），每个会话中的 Cookies 信息并不同步，在 12.1.1 节示例中需要借助 RequestsCookieJar()进行用例间的 Cookies 信息传递。使用 Session 对象来发送接口请求，每次发送请求使用的都是同一个会话对象，能够确保之前的会话信息同步。在有登录需求的用例集中，不需要考虑 Cookies 信息传递的问题，示例代码如下：

```
//chapter12/sessions_tranf.py


#coding = utf - 8

import unittest
import requests

class SessionsTran(unittest.TestCase):

    @classmethod
    def setUpClass(self):

        #声明 Session()对象,作为类中所有的用例执行的基础对象
        self.session = requests.Session()


    def test_01login(self):
        url = 'https://login.kongfz.com/Pc/Login/account'
        header = {
            'User - Agent': 'Mozilla/5.0 (Windows NT 6.1; Win64; x64; rv:70.0) Gecko/20100101
Firefox/70.0',
            'Content - Type': 'application/x - www - form - urlencoded; charset = UTF - 8',
            'X - Requested - With': 'XMLHttpRequest',
            'X - Tingyun - Id': 'OHEPtRD8z8s;r = 500843061',
            'Origin': 'https://login.kongfz.com',
            'Referer': 'https://login.kongfz.com/'

        }
        body = {
            'loginName': 'Thinkerbang', #此处为用户名参数,读者需要自行替换
            'loginPass': '123456',
            'captchaCode': '',
            'autoLogin': '0',
            'newUsername': '',
            'returnUrl': '',
            'captchaId': ''
        }
        r = self.session.post(url = url, headers = header, data = body)
```

```
        print(r.json())

    def test_02QueryCenter(self):
        url_info = 'https://user.kongfz.com/User/perPro/update/'

        #将请求 Headers 以字典的方式存入变量 header_info
        header_info = {
            "Host": "user.kongfz.com",
            "Connection": "keep-alive",
            "Content-Length": "86",
            "sec-ch-ua": "\"Not_A Brand\";v=\"99\", \"Google Chrome\";v=\"109\",
\"Chromium\";v=\"109\"",
            "Accept": "text/plain, */*; q=0.01",
            "Content-Type": "application/x-www-form-urlencoded",
            "X-Requested-With": "XMLHttpRequest",
            "sec-ch-ua-mobile": "?0",
            "User-Agent": "Mozilla/5.0 (Windows NT 10.0; Win64; x64) AppleWebKit/537.36
(KHTML, like Gecko) Chrome/109.0.0.0 Safari/537.36",
            "sec-ch-ua-platform": "\"Windows\"",
            "Origin": "https://user.kongfz.com",
            "Sec-Fetch-Site": "same-origin",
            "Sec-Fetch-Mode": "cors",
            "Sec-Fetch-Dest": "empty",
            "Referer": "https://user.kongfz.com/person/person_info.html",
            "Accept-Encoding": "gzip, deflate, br",
            "Accept-Language": "zh-CN,zh;q=0.9"
        }

        #将 Body 以字典的方式存入变量 data_info
        data_info = {
            'pic': '8284%2F3108284.jpg',
            'sex': 'man',
            'qqNum': '359407130',
            'birthday': '',
            'area': '',
            'sign': 'Thinkerbang2',       #修改个人信息中的"个性签名"内容
            'intro': ''
        }
        #发送 POST 请求,将返回结果存入变量 response_info,Cookies 信息通过形参 cook 传入
        response_info = self.session.post(url=url_info, data=data_info, headers=header_info)

        #返回值类型是 JSON 字符串,也可以使用 text 属性进行文本输出
        print(response_info.text)

if __name__ == '__main__':
    unittest.main()
```

12.3 接口传输加密解密

随着接口测试在软件测试过程中比重的增加，接口传输过程中所携带敏感数据的安全性引起了更多的关注。接口测试的目的是确保接口的正确性、稳定性和安全性，以保障系统的正常运行。从安全性角度看接口传输，可以从传输过程的加密解密完成数据传输不安全因素的预防。

数据加密技术是一种将明文转换为密文的技术，确保数据在传输过程中的安全性。加密技术的实现需要用到算法和密钥。在接口测试中，数据加密技术可以保证接口中敏感数据在传输过程中的安全性。接口请求之前，对数据进行加密后再传输。服务器收到数据后进行解密再处理请求，尽可能地保证数据在接口请求与响应过程中的机密性。

12.3.1 参数传递前的加密处理

工作中当接口测试传输数据涉及加密时，通常需要先从开发人员处获取加密方法。开发项目中与加密有关的方法很少会使用工具库提供的通用加密方法，开发人员会在通用加密方法的基础上进行自定义加密算法。根据所提供方法实现传输数据的加密后再进行接口请求。

Python 提供了很多实用的加密方法，例如 hashlib、base64 等加密库。以 hashlib 库为例，提供了多种哈希算法，包括 MD5、SHA1、SHA256 等，可以使用 hashlib 库提供的方法进行 MD5 数据加密，示例代码如下：

```
//Chapter/encryption_tranf.py

# - * - coding: utf - 8 - * -

from hashlib import md5

str = '华软盛科技有限公司'

#声明 MD5 对象
MD5 = md5()

#将字符串加密后更新到 MD5 对象中
MD5.update(str.encode('utf - 8'))

print('MD5 加密前:', str)

print('MD5 加密后:', MD5.hexdigest())
```

执行结果如图 12-2 所示。

接口请求数据加密最常见的是登录接口中的用户名和密码。有 3 种加密场景：密码加密、用户名和密码分别加密、用户名和密码组合加密。

```
Run: encryption_tranf
"C:\Program Files\Python39\python.exe" F:/全栈接口书稿/Bookcodes/chapter14/enc
MD5加密前： 华软盛科技有限公司
MD5加密后： b07856201914e186340da47e4b5c0048

Process finished with exit code 0
```

图 12-2 MD5 加密数据

早些时候，基于 HTTP 的接口请求数据通常是明文的，至今仍有一些平台登录接口在使用明文数据传输。这种情况可以使用 GET 或 POST 方式直接传输请求参数，如图 12-3 所示。

```
POST https://login.kongfz.com/Pc/Login/account HTTP/1.1
Host: login.kongfz.com
Connection: keep-alive
Content-Length: 129
sec-ch-ua: "Not_A Brand";v="8", "Chromium";v="120", "Google Chrome";v="120"
Accept: application/json, text/javascript, */*; q=0.01
Content-Type: application/x-www-form-urlencoded; charset=UTF-8
X-Requested-With: XMLHttpRequest
sec-ch-ua-mobile: ?0
User-Agent: Mozilla/5.0 (Windows NT 10.0; Win64; x64) AppleWebKit/537.36 (KHTML, like Gecko) Chrome/120.0.0.0 Safari/537.36
sec-ch-ua-platform: "Windows"
Origin: https://login.kongfz.com
Sec-Fetch-Site: same-origin
Sec-Fetch-Mode: cors
Sec-Fetch-Dest: empty
Referer: https://login.kongfz.com/Pc/Login/iframe?returnUrl=https://www.kongfz.com/
Accept-Encoding: gzip, deflate, br
Accept-Language: zh-CN,zh;q=0.9
Cookie: kfz_uuid=729d992f-fde0-43b7-aa5b-c212d05df474; shoppingCartSessionId=4cfa5cf87097a721dc5f98f30bab5588; acw_tc=276077e4170192

loginName=15811595380&loginPass=123456&captchaCode=&returnUrl=https%3A%2F%2Fwww.kongfz.com%2F&newUsername=&autoLogin=0&captchaId=
```

图 12-3 孔夫子旧书网登录接口

随着网络的发展，网络传输数据的安全性开始引起重视。很多平台接口在数据传输时开始对关键数据进行加密处理。账号和密码的加密很直观地体现了这一特点。以技术人员最常用的平台博客园为例，对登录接口用户请求数据进行了深度加密，如图 12-4 所示。

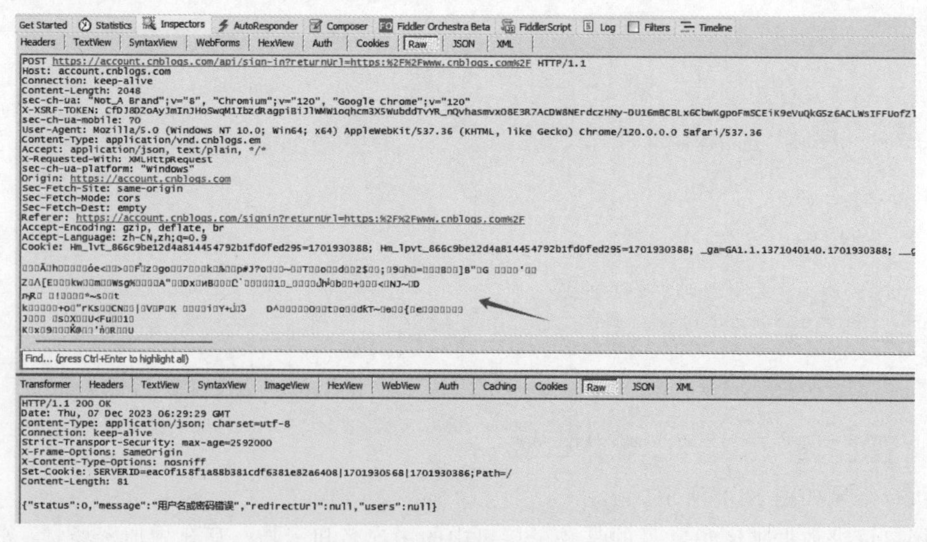

图 12-4 博客园登录接口

接口数据的加密处理过程本身与 Requests 工具包没有直接关联，花一部分篇幅对这一问题进行梳理，在于工作中接口测试在仿真环境下首先要应对的就是接口的调试。关键数据加密进行了加密处理，当在 API 文档中未能找到有效的解决方案时，需要从开发人员处获取加密过程或者加密方法，然后抽取成特定的工具方法以备调用。无论是在接口自动化测试还是性能测试的脚本调试阶段，这一过程都是必不可少的。下面使用一段代码对数据加密进行说明，示例代码如下：

```
//Chapter12/ encryption_login.py

# - * - coding: utf - 8 - * -

from hashlib import md5


url = 'http://127.0.0.1/post/login'


headers = {
    "Content - Type":"application/json; charset = UTF - 8",
    "Accept":"application/json, text/javascript, * / * ; q = 0.01",
}

'''--------- 明文用户名和密码 ---------'''
#接口参数直观,明文传输

data = {
    "username":"Thinkerbang",
    "password":"123456"
        }

print("明文显示:",data)

'''------ 第 1 种加密:加密密码 ------'''
#密码使用 MD5 方式加密

def encrypt_text(str):

    #声明 MD5 对象
    MD5 = md5()

    #将字符串加密后更新到 MD5 对象中
    MD5.update(str.encode('utf - 8'))

    return MD5.hexdigest()

temp = encrypt_text(data['password'])

data['password'] = temp
```

```
print("第 1 种加密显示:", data)

'''------第 2 种加密:分别加密用户名和密码------'''
#用户名和密码分别使用 MD5 方式加密

temp_name = encrypt_text(data['username'])
temp_pw = encrypt_text(data['password'])

data['username'] = temp_name
data['password'] = temp_pw

print("第 2 种加密显示:", data)

'''------第 3 种加密:用户名和密码组合加密------'''
#用户名和密码串拼接后加密

text = data['username'] + data['password']

temp = encrypt_text(text)

data = {'tmp':temp}

print("第 3 种加密显示:", data)
```

执行结果如图 12-5 所示。

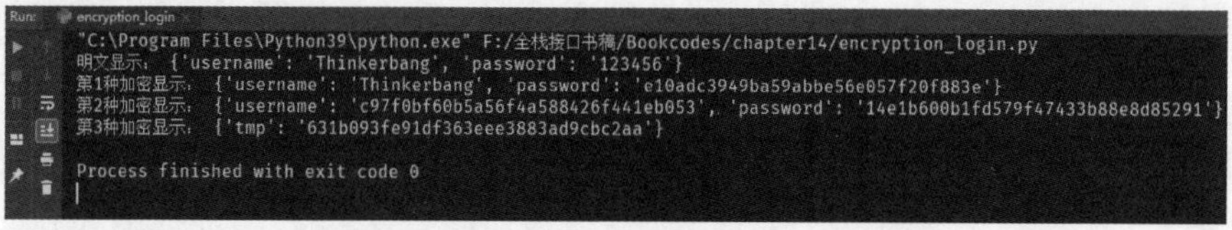
Run: encryption_login
"C:\Program Files\Python39\python.exe" F:/全栈接口书稿/Bookcodes/chapter14/encryption_login.py
明文显示： {'username': 'Thinkerbang', 'password': '123456'}
第1种加密显示： {'username': 'Thinkerbang', 'password': 'e10adc3949ba59abbe56e057f20f883e'}
第2种加密显示： {'username': 'c97f0bf60b5a56f4a588426f441eb053', 'password': '14e1b600b1fd579f47433b88e8d85291'}
第3种加密显示： {'tmp': '631b093fe91df363eee3883ad9cbc2aa'}
Process finished with exit code 0

图 12-5　数据加密

12.3.2　获得响应结果后的解密处理

数据解密是对接口请求返回结果而言的。通常情况下接口请求响应数据需要直观地展现出来,很少会进行加密解密处理。特定场景下,一个业务流程的请求由多个请求按照特定的顺序完成,第 1 个请求返回的数据作为第 2 个请求的参数使用。为了确保数据在业务流程完成过程中不被篡改,响应数据也会进行加密处理。遇到此种情况,同样也需要从开发人员处获取解密方法进行工具化处理。响应数据加密示例如图 12-6 所示。

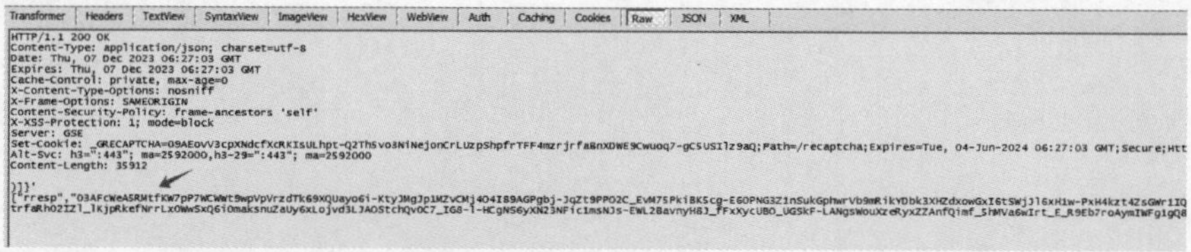
Transformer
Headers
TextView
SyntaxView
ImageView
HexView
WebView
Auth
Caching
Cookies
Raw
JSON
XML
HTTP/1.1 200 OK
Content-Type: application/json; charset=utf-8
Date: Thu, 07 Dec 2023 06:27:03 GMT
Expires: Thu, 07 Dec 2023 06:27:03 GMT
Cache-Control: private, max-age=0
X-Content-Type-Options: nosniff
X-Frame-Options: SAMEORIGIN
Content-Security-Policy: frame-ancestors 'self'
X-XSS-Protection: 1; mode=block
Server: GSE
Content-Length: 35912

图 12-6　响应数据加密示例

第 13 章 基于 Web 的接口测试框架案例

CHAPTER 13

本章将关于 Requests 与 unittest 的内容进行整合,形成一套较为完整的以 unittest 框架为基础的接口自动化测试框架应用案例。

Requests 下的方法多数是围绕接口请求自身的实现进行呈现的,对接口测试流程及测试管理没有涉及。unittest 单元测试框架是以自动化用例管理为核心的实现方案。由于 unittest 框架最初被设计出来是为单元测试服务的,因此在与 Requests 结合后的接口自动化测试过程中,其自带功能实现略显单薄。本章将在 unittest 的基础上进行框架层面的整合及功能扩展。

13.1 框架设计思路

本章演示框架以代码展示为主。由于每个模块功能的实现都有很强的关联性,因此每节开始时会说明模块实现思路。部分 unittest 框架之外的功能会单独演示实现过程。

本示例框架共分为 5 个组成模块,分别为运行管理模块、case 用例管理模块、data 数据存储模块、report 结果返回模块、utils 功能扩展模块。框架的具体层级和代码文件的关系如图 13-1 所示。

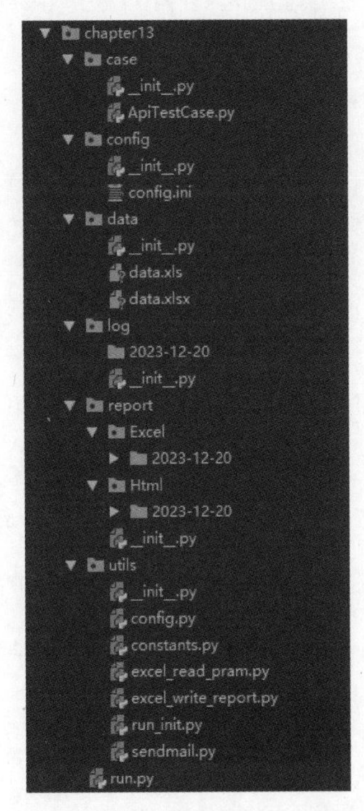

图 13-1 框架的具体层级和代码文件的关系

13.2 case 模块的实现

本节以 4 个接口请求的参数化实现为例,结合 ddt 对数据文件中的接口用例进行读取、执行、断言,然后将执行结果写入新生成的 Excel 结果文件中,代码如下:

```
//chapter13/case/ApiTestCase.py

from chapter13.utils.excel_read_pram import ParseExcel
from chapter13.utils.excel_write_report import ReportExcel
import requests
import unittest
import ddt

#导入 data_manage 模块 test_data.xlsx 文件中的测试数据
excelPath = 'F:\全栈接口书稿\Bookcodes\chapter13\data\data.xlsx'
sheetName = '测试数据'
excel = ParseExcel(excelPath, sheetName)


@ddt.ddt
class APIcase(unittest.TestCase):

    @classmethod
    def setUpClass(self):

        #生成空白数据,用来存放执行结果数据
        self.resultData = []


    @classmethod
    def tearDownClass(self):

        #调入写入方法,将执行结果数据写入 Excel 文件
        test = ReportExcel(self.resultData)
        test.initDataFromSheet()

    @ddt.data( * excel.getDataFromSheet_mul())
    def test_request(self,data):
        url = data[1]
        headers = eval(data[2])
        body = data[3]

        #判断接口类型
        if data[0] == 'GET':
            context = requests.get(url = url, headers = headers)
        elif data[0] == 'POST':
            context = requests.post(url = url, headers = headers,data = body)
        else:
            print('请求类型错误!')

        #处理请求数据
        temp = list(data)

        #将断言结果追加进数据集
```

```
        if data[4] in context.text:
            temp.append('True')
        else:
            temp.append('False')

        self.resultData.append(temp)

        self.assertIn(data[4],context.text)


if __name__ == '__main__':
    unittest.main()
```

13.3 数据文件的处理

框架中数据文件主要有两种，config 配置文件信息与 data 模块下的接口测试数据。框架中仍有部分数据散放在各个工具代码中未进行集中处理，读者可根据实际需要进一步优化处理。

13.3.1 config 数据

config 数据文件中主要存放了 3 条存储路径：日志文件存放位置、测试数据存放位置、Excel 结果文件存放位置。数据如下：

```
//chapter13/config/config.ini

[system]
#日志存放位置
log_path = ./log/

#测试数据存放位置
data_path = F:/全栈接口书稿/Bookcodes/chapter13/data/

#Excel 结果存放位置
excel_report_path = F:/全栈接口书稿/Bookcodes/chapter13/report/excel/
```

13.3.2 data 数据

接口测试数据的高相似度，让基于数据驱动框架的接口测试实现成为可能，对 data 数据文件的依赖让接口测试框架的维护性增强。整体降低了接口测试对测试人员的要求。数据示例如图 13-2 所示。

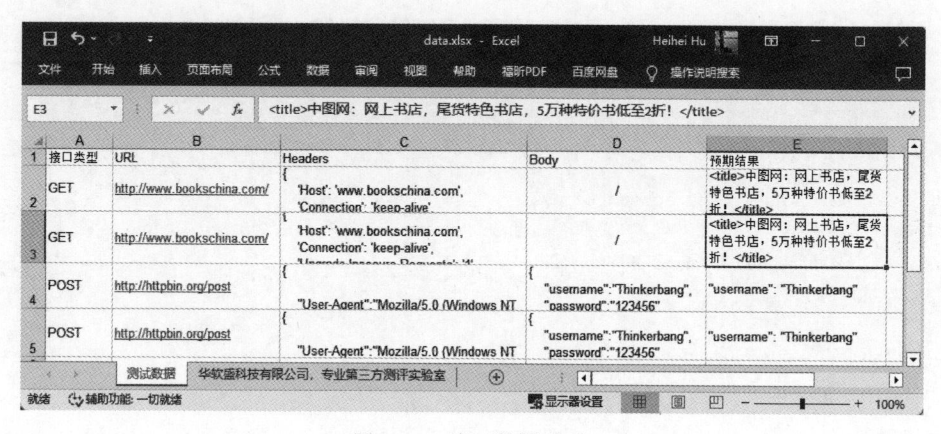

图 13-2 接口数据展示

13.4 utils 模块的实现

utils 模块主要用来存放一些框架在运行的过程中所用到的辅助功能脚本，算是一个工具集。本章接口框架主要实现了配置数据的读取、测试数据及结果文件的读写，以及运行前初始化等功能。

13.4.1 获取配置文件信息

config.py 脚本文件用于实现读取 config.ini 配置信息功能，代码如下：

```
//chapter13/utils/config.py

import configparser


class Config:

    def __init__(self):
            self.file = 'F:/全栈接口书稿/Bookcodes/chapter13/config/config.ini'
#配置文件目录

    #获取配置
    def get_config(self, section, name):
            conf = configparser.ConfigParser()
            conf.read(self.file, encoding = "utf - 8")
            name = conf.get(section, name)
            return name

#读取测试
qq = Config()
```

```
text = qq.get_config('system', 'log_path')
print(text)
```

13.4.2 获取 Excel 文件测试数据

通过读取 data 模块下的 data.xlsx 文件获取接口数据，再配合 ddt 工具将接口数据置入测试用例文件中，代码如下：

```
//chapter13/utils/excel_read_pram.py

from openpyxl import load_workbook

class ParseExcel():
    def __init__(self,path,sheetname):
        self.wb = load_workbook(path)
        self.sheet = self.wb[sheetname]
    def getDataFromSheet(self):
        dataList = []
        for line in self.sheet:
            temp = []
            temp.append(line[0].value)
            temp.append(line[1].value)
            temp.append(line[2].value)
            temp.append(line[3].value)
            temp.append(line[4].value)
            dataList.append(temp)
        return dataList

    def getDataFromSheet_mul(self):
        dataList = self.getDataFromSheet()
        newData = []
        for i in range(1,len(dataList)):
            newData.append(dataList[i])
        return newData

if __name__ == '__main__':
    path = './../data/data.xlsx'
    sheetname = '测试数据'
    ob = ParseExcel(path,sheetname)
    print(ob.getDataFromSheet_mul())
```

13.4.3 将测试结果写入 Excel 文件

接口测试执行完成后，将断言结果写入 report 模块下的 Excel 文件中，代码如下：

```
//chapter13/utils/excel_write-report.py

from xlwt import *
```

```
from chapter13.utils import constants
from chapter13.utils import config
import datetime
import os

class ReportExcel():

    def __init__(self,data):
        self.data = data

    def initDataFromSheet(self):

        #初始化模块
        conf = config.Config()
        constants._init()

        now_time = datetime.datetime.now()

        #设置当次测试日志输出的文件夹与文件
        log_path = conf.get_config('system', 'log_path')
        log_folder = log_path + now_time.strftime('%Y-%m-%d')
        log_file = now_time.strftime('%H_%M_%S')

        constants.set_value('log_folder', log_folder)
        constants.set_value('log_file', log_file)
        #设置当次测试 Excel 报告输出的文件
        excel_report_path = conf.get_config('system', 'excel_report_path')
        excel_report_folder = excel_report_path + now_time.strftime('%Y-%m-%d')
        excel_report_file = now_time.strftime('%H_%M_%S')
        constants.set_value('excel_report_folder', excel_report_folder)
        constants.set_value('excel_report_file', excel_report_file)

        #创建导出 Excel 报告的文件夹
        if not os.path.exists(excel_report_folder):
            os.makedirs(excel_report_folder)

        #创建导出 Excel 报告
        excel_file = Workbook(encoding='utf-8')
        excel_sheet = excel_file.add_sheet('测试报告')
        for i in range(0, 6):
            excel_sheet.col(i).width = 256 * 40

        excel_sheet.write(0, 0, label='接口类型')
        excel_sheet.write(0, 1, label='URL')
        excel_sheet.write(0, 2, label='Headers')
        excel_sheet.write(0, 3, label='Body')
        excel_sheet.write(0, 4, label='预期结果')
        excel_sheet.write(0, 5, label='实际结果')
```

```
        for i in range(0, len(self.data)):
            for j in range(0, 6):
                excel_sheet.write(i + 1, j, label = self.data[i][j])

        excel_file.save(excel_report_folder + '/' + excel_report_file + '.xls')


if __name__ == '__main__':
    data = [
        ['1','2','3','4','5','6'],
        ['11', '22', '33', '44', '55', '66']
    ]
    test = ReportExcel(data)
    test.initDataFromSheet()
```

13.4.4 测试用例执行前的初始化

接口测试执行前，创建需要存放测试结果的目录，代码如下：

```
//chapter13/utils/run_init.py

import os

def init_folder(date):
    #创建 html 目录位置
    html_folder_path = './../chapter13/report/Html/'

    #将创建子目录加时间标记
    folder_path = html_folder_path + date

    #判断当前日期目录是否存在，如果不存在，则创建
    if not os.path.exists(folder_path):
        os.makedirs(folder_path)

    #创建 log 目录位置
    log_folder_path = './../chapter13/log/'
    folder_path = log_folder_path + date

    #判断当前日期目录是否存在，如果不存在，则创建
    if not os.path.exists(folder_path):
        os.makedirs(folder_path)
```

13.4.5 发送测试结果邮件

测试执行完成后，将生成的测试结果文件以附件的形式发送至指定邮箱，代码如下：

```
//chapter13/utils/sendmail.py

def sendMailAttach(date,report_time):
```

```
    smtpserver = 'smtp.sina.cn'
    user = '18614924844@sina.cn'
    passwd = '1234567890'
    sender = '18614924844@sina.cn'
    receiver = '359407130@qq.com'
    msg = MIMEMultipart()
    att = MIMEText(open('F:/全栈接口书稿/Bookcodes/chapter13/report/Html/' + date + '/' +
report_time + 'report.html','rb').read(),'base64','utf8')
    att['Content - Type'] = 'application/octet - stream'
    att['Content - Dispostion'] = 'attachment;filename = ''result' + report_time + '.html'
    msg.attach(att)
    msg['From'] = sender
    msg['To'] = receiver
    msg['subject'] = Header('结果:' + str(datetime.date.today()),'utf8')
    body = 'Python test Att'
    msg.attach(MIMEText(body,'plain'))

    smtp = smtplib.SMTP()
    smtp.connect(smtpserver)
    smtp.login(user,passwd)
    smtp.sendmail(msg['From'],msg['To'],msg.as_string())
    smtp.quit()
```

13.5 运行模块的实现

用例在执行时会依次完成初始化测试套件、执行全部测试用例、生成结果报告、发送测试邮件等操作,代码如下:

```
//chapter13/run.py

# coding = utf - 8

from chapter13.utils.run_init import index_init,init_folder
from chapter13.utils.sendmail import sendMailAttach
import datetime
import unittest
import HTMLTestRunner


class Index():
    def __init__(self):
        self.testSuite = None

    #入口函数,定义要执行的用例
    def index(self):
        #运行前设置
        index_init()
```

```
        #运行测试用例
        self.testSuite = unittest.TestLoader().discover(start_dir = './case/',pattern =
'ApiTestCase.py')


if __name__ == "__main__":

    #初始化测试套件
    ind = Index()
    ind.index()

    date_time = datetime.datetime.now()
    date = date_time.strftime('%Y-%m-%d')
    report_time = date_time.strftime('%H%M%S')

    #初始化输出目录
    init_folder(date)

    #生成测试报告
    fp = open('./../chapter13/report/Html/' + date + '/' + report_time + 'report.html', 'wb')
    runner = HTMLTestRunner.htmlTestRunner(
        stream = fp,
        title = 'API_test_html',
        description = '框架使用 ddt 配合 HTMLTestRunner 生成 API 测试,统计测试结果.')

    #运行测试套件
    runner.run(ind.testSuite)

    #关闭报告文件
    fp.close()

    #发送带附件的电子邮件
    send = sendMailAttach(date,report_time)
```

13.6 结果文件的展示

13.6.1 HTML 运行结果报告展示

每次测试框架运行时接口用例的执行结果会在 HTML 报告中展示,如图 13-3 所示。

13.6.2 Excel 运行结果报告展示

框架接口用例的维护是在 Excel 文件中进行的,作为接口数据的来源,执行结果断言后在新生成的 Excel 文件中展示,展示结果如图 13-4 所示。

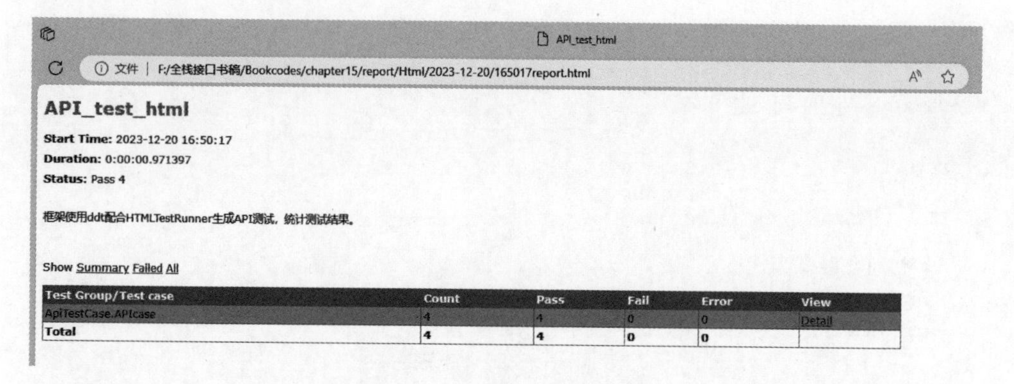

图 13-3　HTML 结果展示

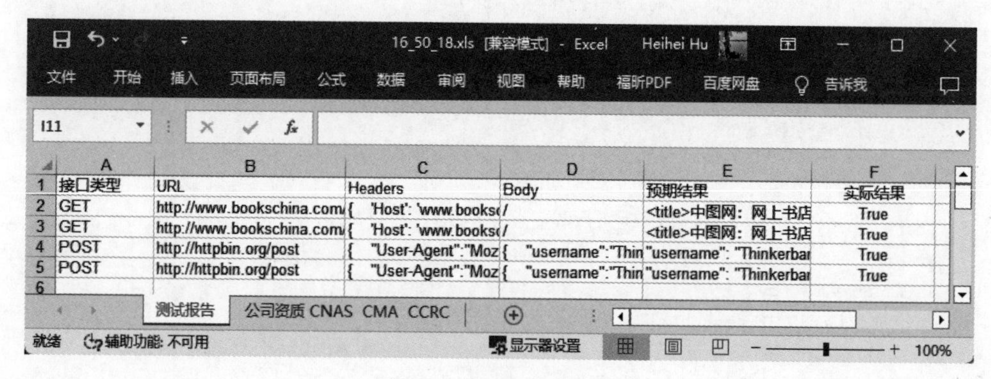

图 13-4　Excel 结果展示

第14章 CHAPTER 14 基于Jenkins持续集成的实现

持续集成是自动化测试框架中必不可少的一个环节。特别是在接口自动化测试框架中，产品上线后需要频繁地进行变更和维护，使接口用例的更新和运行成为日常。如何更好地管理接口框架下的用例脚本的更新与执行将会成为自动化测试工作的重点。本章重点阐述持续集成的概念及Jenkins在Windows环境下安装、部署及实现的过程。

14.1 什么是持续集成

持续集成(Continuous Integration，CI)是指在开发阶段对项目进行持续性自动化编译、测试，以达到控制代码质量的目的。每次发版的一般步骤为设计、开发、测试、发布，如图14-1所示。

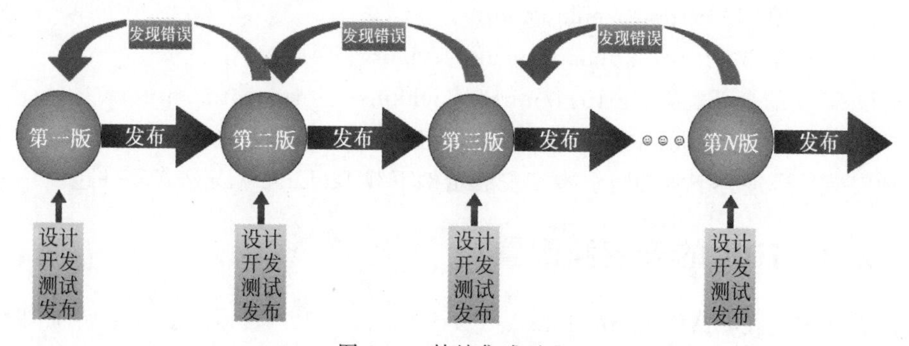

图14-1 持续集成过程

这样做的优点在于可以快速地定位错误，发现错误后可借助统一的代码库及时撤回至发布前的稳定版本，减少不必要的成本投入。

事实上，在实际软件自动化测试持续构建过程中，测试环节很难与开发人员如图14-1所示的那样紧密贴合。在很多研发团队中自动化测试在持续集成环境中通常是在反复地做回归测试，使用自动化脚本的运行代替重复的手工测试过程，如图14-2所示。

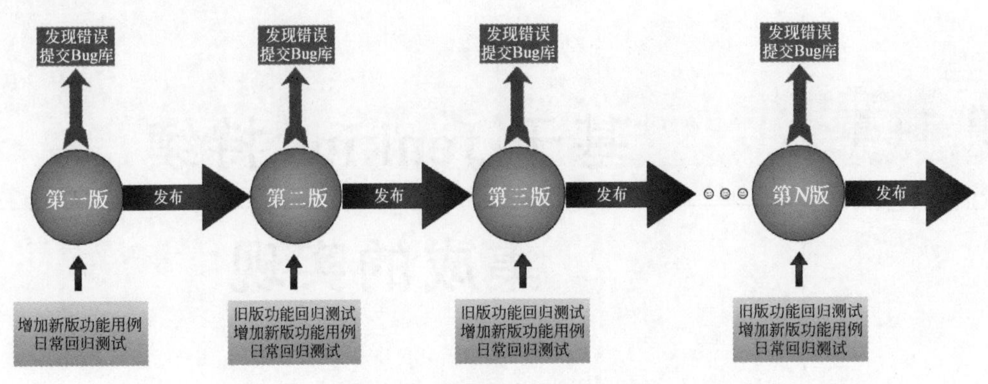

图 14-2 测试的持续集成过程

14.2 Jenkins 的安装配置

Jenkins 是一个开源软件项目，是基于 Java 开发的一种持续集成工具，用于监控持续重复的工作。Jenkins 只是一个平台，真正运作的都是插件。本次环境的搭建是在 Windows 操作系统下进行的。JDK 选用 jdk-8u121-windows-x64 版，Apache 选用 apache-tomcat-9.0.8 版，Jenkins 选用 jenkins2.263.1 版。

14.2.1 软件的下载

Jenkins 本身是一款开源软件，可直接到官网进行下载，具体链接如下。

(1) Jenkins 官网：https://jenkins.io/。

(2) Jenkins 下载：http://updates.jenkins-ci.org/。

(3) Jenkins 的全部镜像：http://mirrors.jenkins-ci.org/status.html。

打开 Jenkins 官网首页，单击 Download 按钮进入下载页面，如图 14-3 所示。根据需要的版本和安装平台进行下载即可。本章安装示例下载 Jenkins.war 格式软件包。

14.2.2 JDK 的安装和配置

选择默认安装在 C:\Program Files\Java\jdk1.8.0_121 目录下。安装界面如图 14-4 所示。

安装完成后，配置环境变量。右击“计算机”在菜单项中选择“属性”→“高级系统设置”→“环境变量”→“系统变量”，新建一个系统变量 JAVA_HOME，变量名和对应的变量值如下。

变量名：JAVA_HOME。

变量值：C:\Program Files\Java\jdk1.8.0_121。

在环境变量 Path 中添加的内容如下。

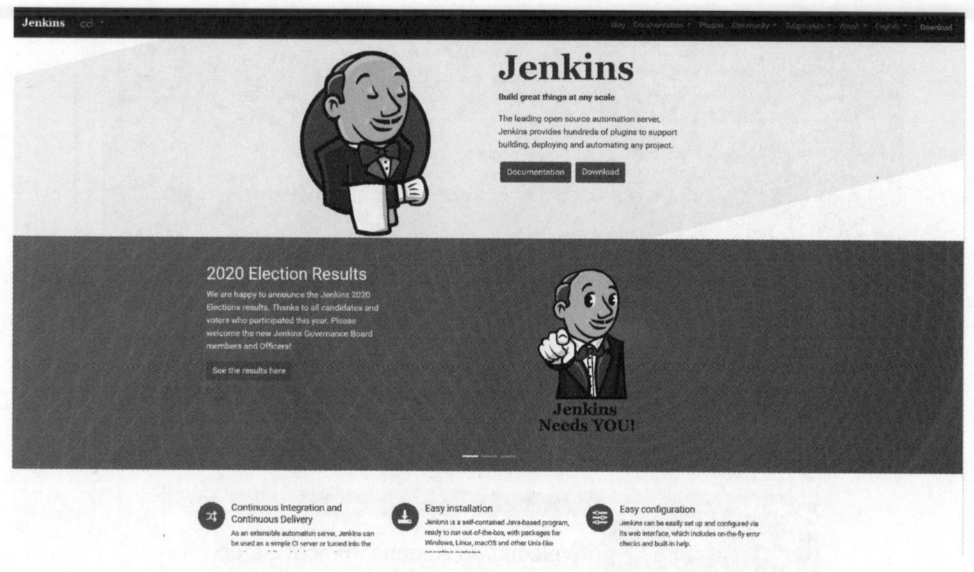

图 14-3　Jenkins 官网

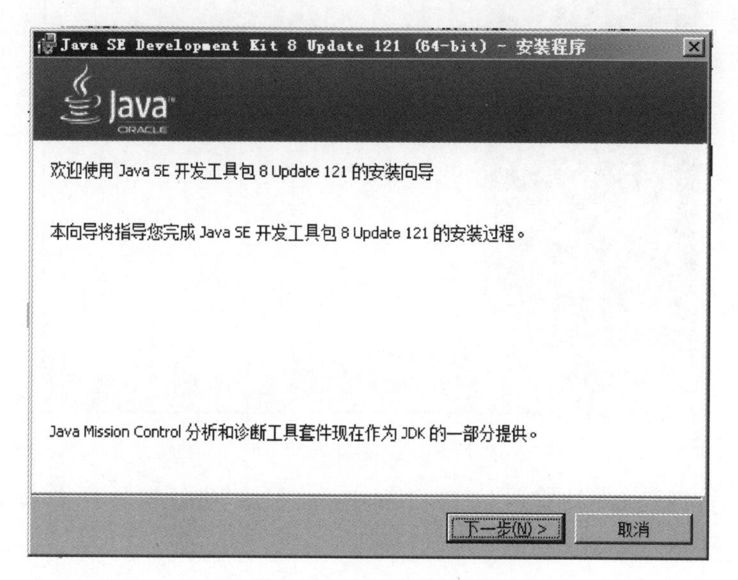

图 14-4　Java 安装界面

变量名：Path。

变量值：%JAVA_HOME%\bin;

新建一个系统变量 CLASSPATH，变量名和对应变量值如下。

变量名：CLASSPATH。

变量值：.;%JAVA_HOME%\lib\dt.jar;%JAVA_HOME%\lib\tools.jar;

配置完成后，在 Windows 命令提示符下验证 Java 是否安装成功，验证方式如图 14-5 所示。

```
C:\Windows\system32\cmd.exe
Microsoft Windows [版本 6.1.7601]
版权所有 (c) 2009 Microsoft Corporation。保留所有权利。

C:\Users\hp>java -version
java version "11.0.5" 2019-10-15 LTS
Java(TM) SE Runtime Environment 18.9 (build 11.0.5+10-LTS)
Java HotSpot(TM) 64-Bit Server VM 18.9 (build 11.0.5+10-LTS, mixed mode)

C:\Users\hp>q
```

图 14-5 Java 安装后的验证

14.2.3 Tomcat 的安装和配置

将 Tomcat 安装至默认目录下，安装界面如图 14-6 所示。

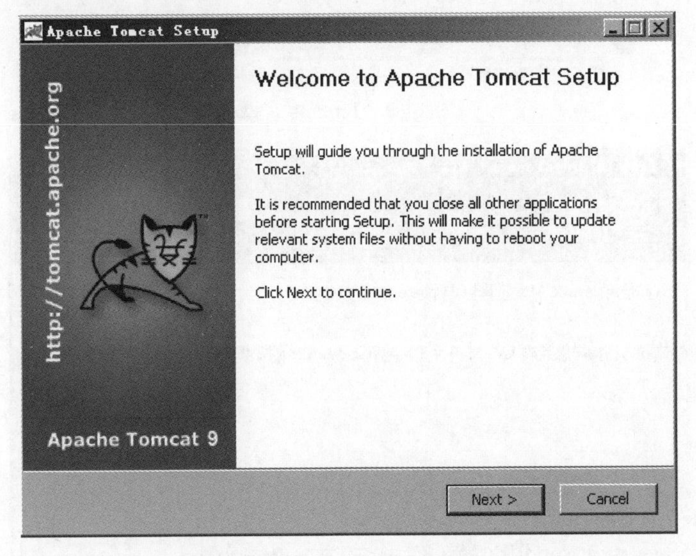

图 14-6 Tomcat 安装界面

安装完成后，打开浏览器输入 http://localhost:8080，进行安装验证，如果可以看到如图 14-7 所示的内容，则表示 Tomcat 安装成功。

14.2.4 Jenkins 的安装和配置

将 jenkins.war 放在 Tomcat 的 webapps 目录下。在该目录下会自动生成一个 jenkins 文件夹，如图 14-8 所示。

打开浏览器，在网址栏输入 http://localhost:8080/jenkins，进入 Jenkins 配置界面，如图 14-9 所示。

根据页面提示信息进入 C:\Windows\system32\config\systemprofile\.jenkins\secrets\目录下，打开 initialAdminPassword 文件，如图 14-10 所示。

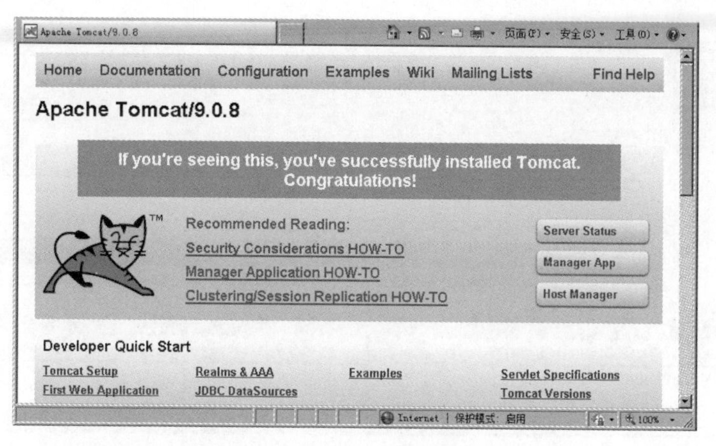

图 14-7　Tomcat 测试界面

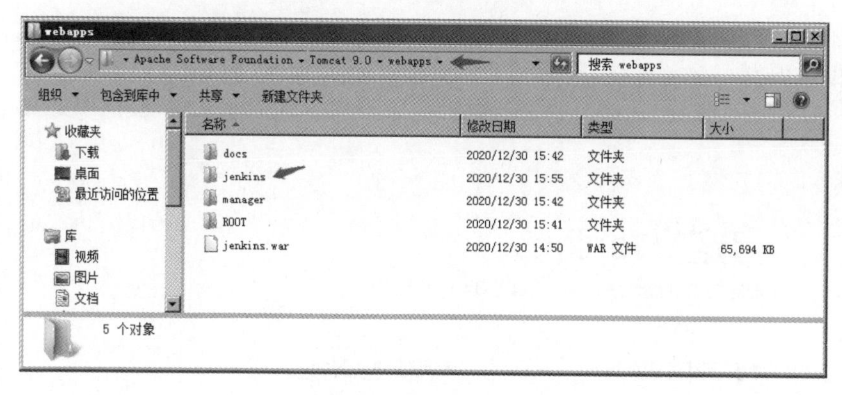

图 14-8　Jenkins 安装

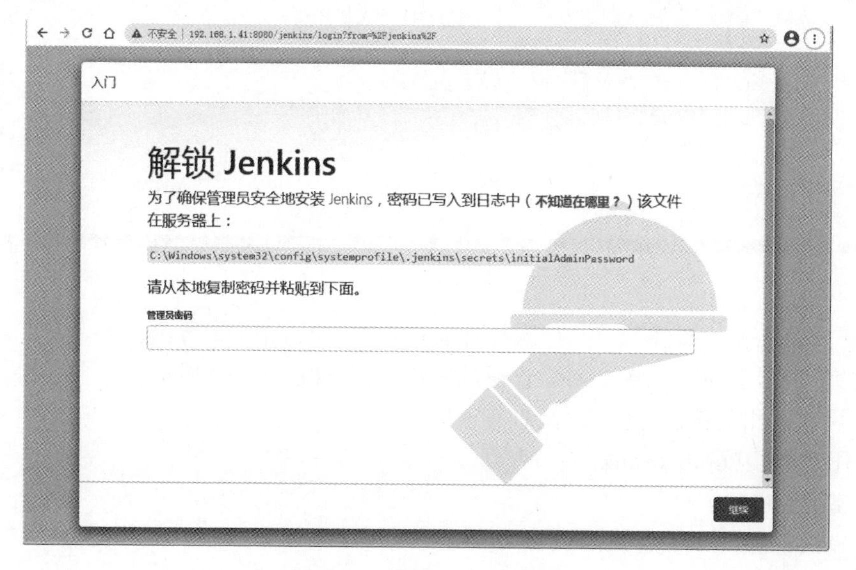

图 14-9　解锁 Jenkins 界面

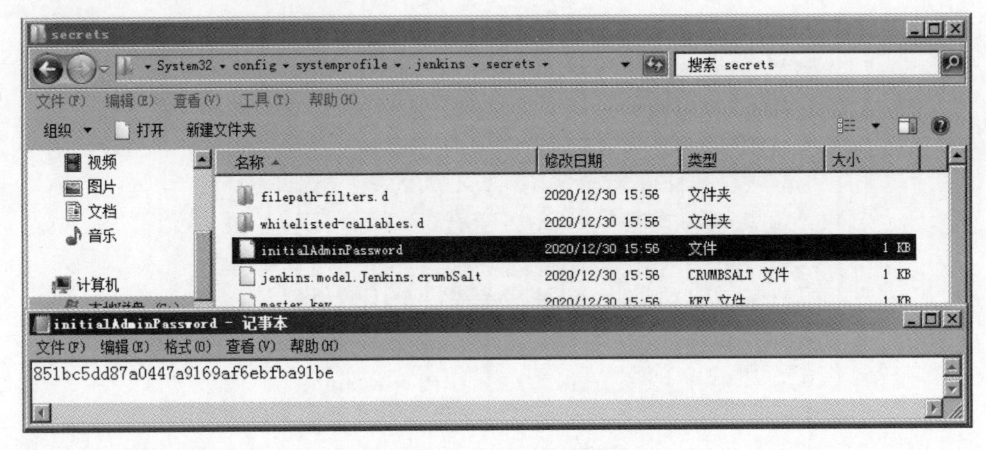

图 14-10 Jenkins 解锁密码

将 initialAdminPassword 文档中的密码复制到如图 14-9 所示的浏览器页面的密码框中,单击“继续”按钮,解锁成功。Jenkins 安装界面如图 14-11 所示。

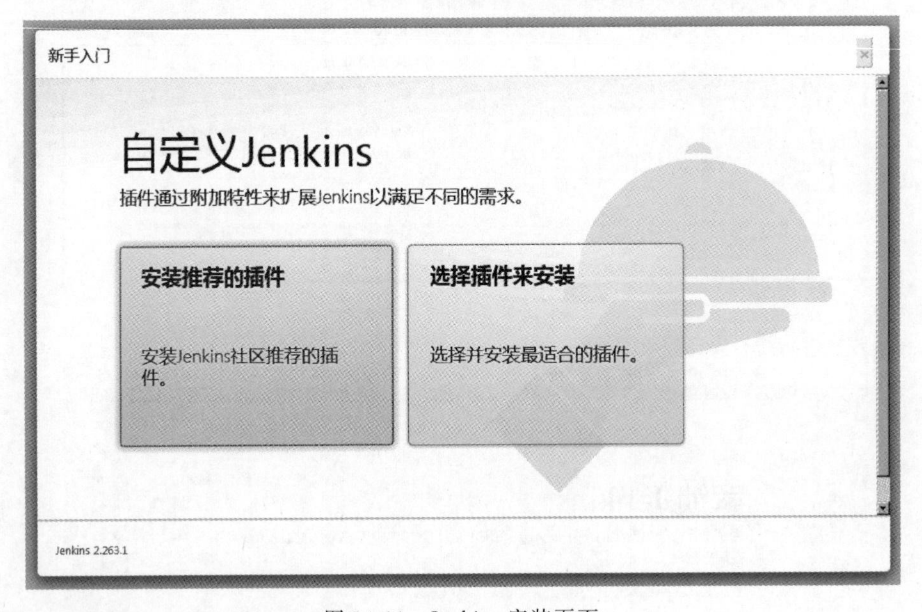

图 14-11 Jenkins 安装页面

单击“安装推荐的插件”选项,进入插件安装页面,如图 14-12 所示。

安装完成后,页面会跳转至创建管理员用户界面,如图 14-13 所示。

输入用户名相关信息,此处设置的信息如下。

(1) 用户名:Thinkerbang。

(2) 密码:1234。

(3) 确认密码:1234。

(4) 全名:Thinkerbang。

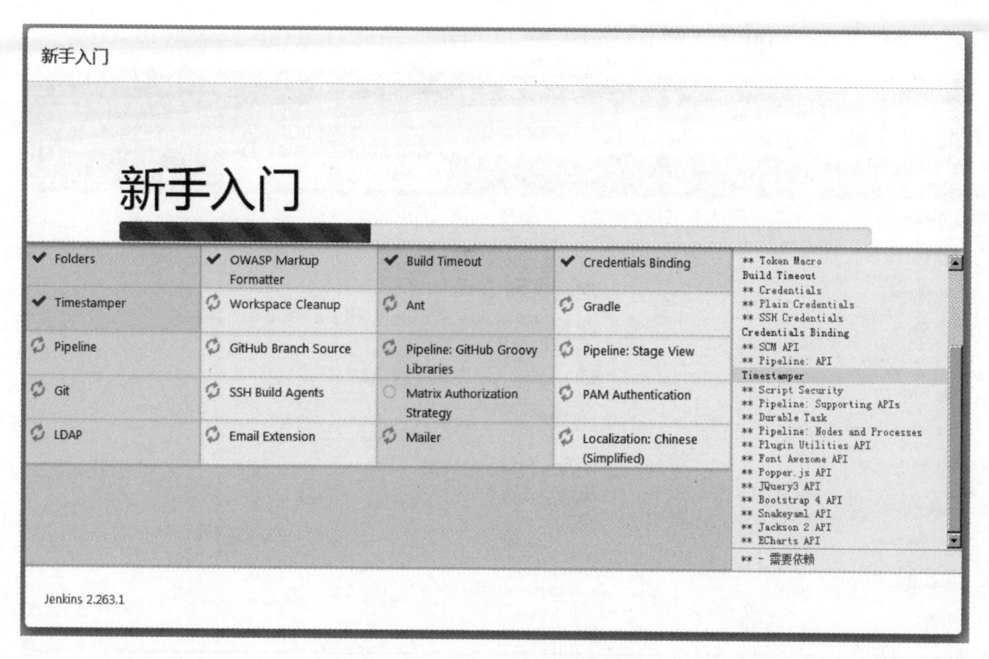

图 14-12 Jenkins 插件安装界面

新手入门

创建第一个管理员用户

用户名:

密码:

确认密码:

全名:

电子邮件地址:

Jenkins 2.263.1 使用admin账户继续 保存并完成

图 14-13 创建管理员用户界面

(5) 电子邮件地址：359407130@qq.com。

输入完成后，单击“保存并完成”按钮。此时会跳转至实例配置页面，页面所示 URL 即为 Jenkins 访问地址 http://192.148.1.41:8080/jenkins/。单击“开始使用 Jenkins”按钮，页面会自动跳转到 Jenkins 主界面，如图 14-14 所示。至此，Jenkins 安装成功。

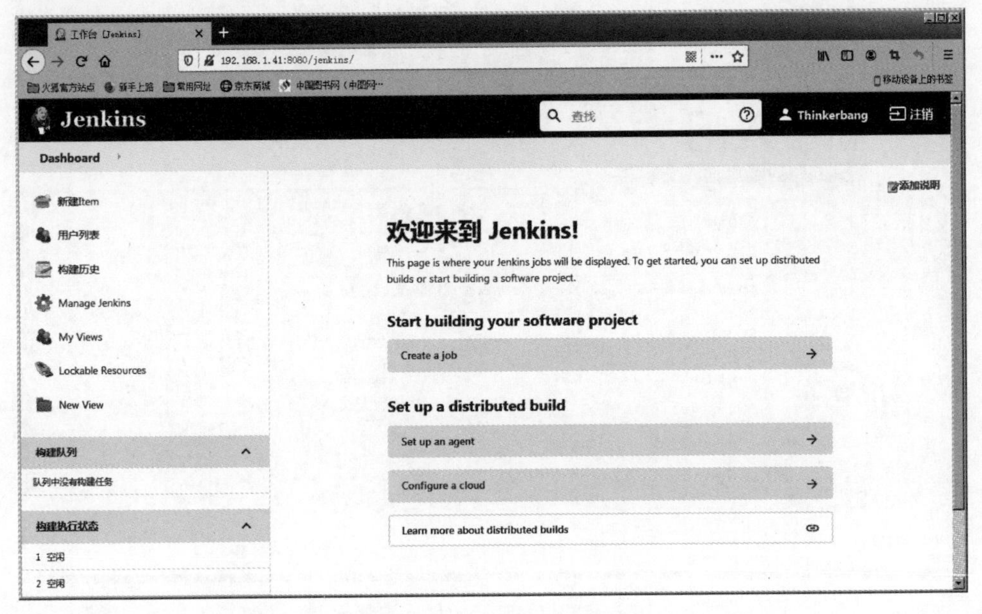

图 14-14 Jenkins 主界面

14.3 构建定时任务

在 Jenkins 下构建任务的主要目的就是定时执行。不同的项目需要执行的频率会有特定的要求。下面通过构建定时任务的基本流程讲解 Jenkins 的参数及使用方法。

14.3.1 构建 Project 的基本流程

1. 创建任务

选择"新建 Item"项，输入的任务名称为 test01，任务类型选择 Freestyle project，如图 14-15 所示。单击"确定"按钮，进入定时任务构建。

2. 源码管理

源码管理部分主要是用来维护定时构建任务过程中测试脚本更新的。在定时构建任务运行的过程中，测试脚本随时可能会有更新，这时可以通过 Git 或 SVN 的方式让构建任务获取代码的实时更新内容，后续任务可以运行更新后的脚本。此处保持默认即可，如图 14-16 所示。

3. 构建触发器

触发器是构建定时任务的重点，构建触发器部分共有以下 5 种方式。

(1) 触发远程构建（例如，使用脚本）。

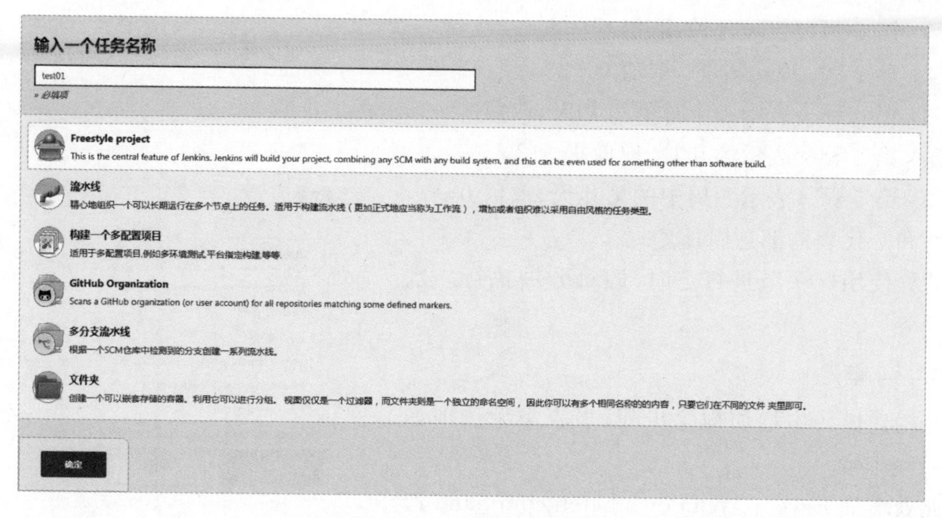

图 14-15　创建任务页面

图 14-16　源码管理界面

（2）Build after other projects are built。

（3）Build periodically。

（4）GitHub hook trigger for GITScm polling。

（5）Poll SCM。

最常用的是第 3 种触发方式，即 Build periodically（定期构建）。勾选 Build periodically 项，如图 14-17 所示。

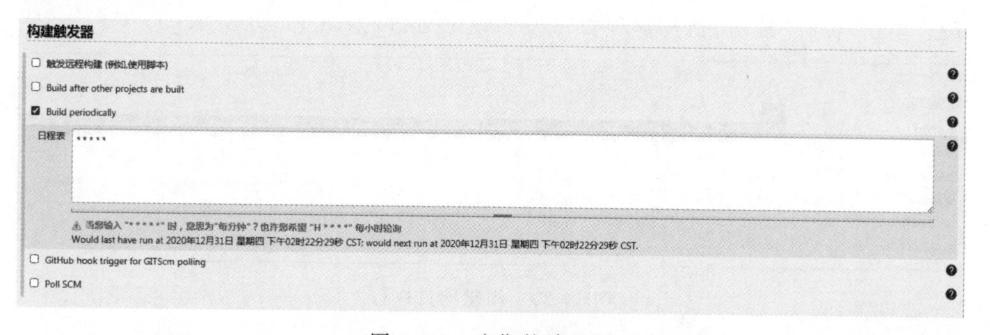

图 14-17　定期构建选项

在如图 14-17 所示的日程表中有 5 颗星，以空格间隔。此处定时任务的格式与 Linux 命令 cron 的语法规则相似，依次为分钟、小时、日、月、星期，通过 Tab 或空格分隔。

(1) 第 1 颗 * 表示分钟,取值 0~59。

(2) 第 2 颗 * 表示小时,取值 0~23。

(3) 第 3 颗 * 表示一个月的第几天,取值 1~31。

(4) 第 4 颗 * 表示第几月,取值 1~12。

(5) 第 5 颗 * 表示一周中的第几天,取值 0~7,其中 0 和 7 代表的都是周日。

此处使用 5 颗星进行定时,即每分钟执行一次定时任务。

4. 构建

在构建模块中增加构建步骤,步骤类型选项如图 14-18 所示。

图 14-18　构建类型选项

此处增加 Execute Windows batch command 选项,在命令输入框中输入 dir 命令,即执行 Windows 命令目录查询构建步骤,如图 14-19 所示。

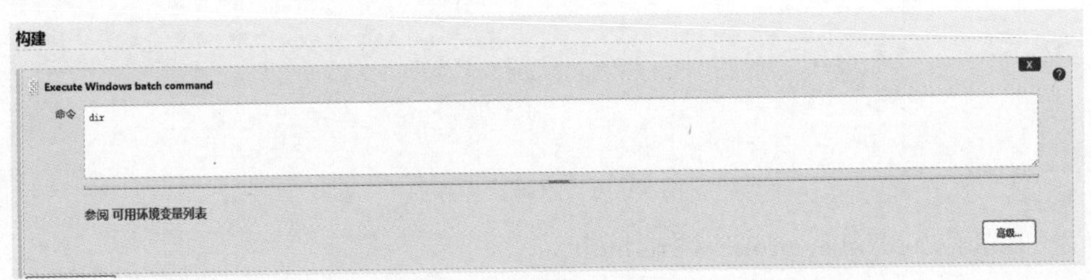

图 14-19　命令行构建

5. 构建后操作

构建结束后可以选择执行其他操作,常见的构建后的操作是构建完成后发送电子邮件,也可以触发另一关联项目的构建操作。

最后单击"保存"按钮,新构建项目将按照设定运行,如图 14-20 所示。

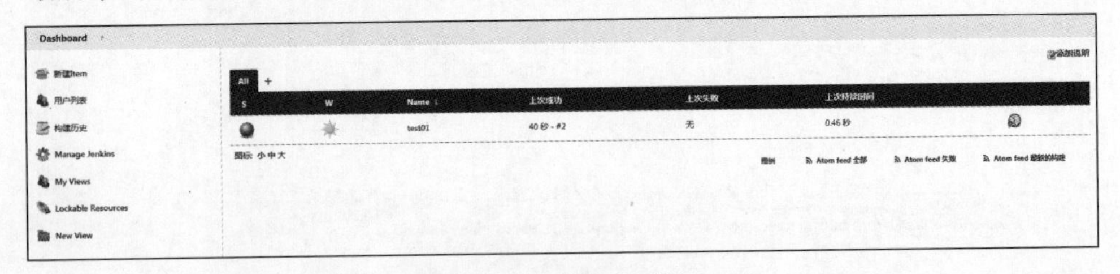

图 14-20　构建项目执行

14.3.2　构建基于 Python 接口脚本的项目

基于 Python 脚本的运行方式,可以在 Jenkins 构建步骤中选择 Execute Windows

batch command 选项，通过命令行方式运行 Python 脚本。命令运行的位置是 Jenkins 服务所在的系统，如图 14-21 所示。

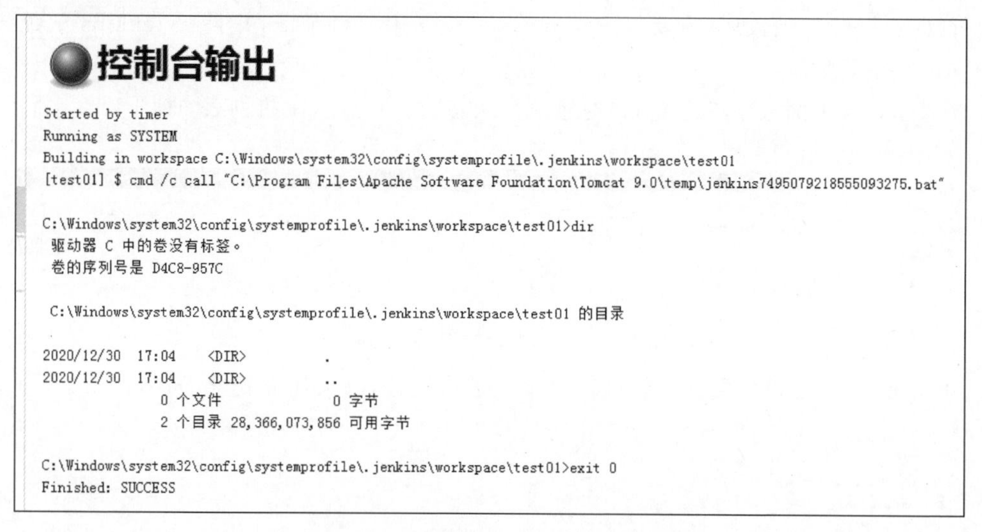

图 14-21　控制台输出 dir 运行结果

此时将 Python 脚本放在 C 盘根目录下，在构建命令框中输入执行命令，代码如下：

```
//Chapter14/demo.py

#导入第三方包 requests
import requests

#访问百度首页
url = 'http://www.baidu.com/'

#发送 GET 请求，将返回结果存入变量 response
response = requests.get(url)

#输出结果，内容中包含中文，需要 UTF-8 转码
print(response.content.decode('UTF-8'))
```

将构建命令填入输入框中，如图 14-22 所示。

构建
Execute Windows batch command
命令
cd /
python demo.py
参阅 可用环境变量列表
高级...

图 14-22　构建命令

本次构建的 Python 脚本执行在 Jenkins 服务器上，执行平台也需要安装配置基于 Python 的 Requests 运行环境。此处需要注意，由于 Python 的默认安装路径在用户目录下，所以 Jenkins 无法读取，需要将 Python 安装在非用户目录下，并且在 Jenkins 中配置本地 Python 环境变量。

在 Jenkins 主面板中单击左侧“构建执行状态”选项，进入主机列表，如图 14-23 所示。

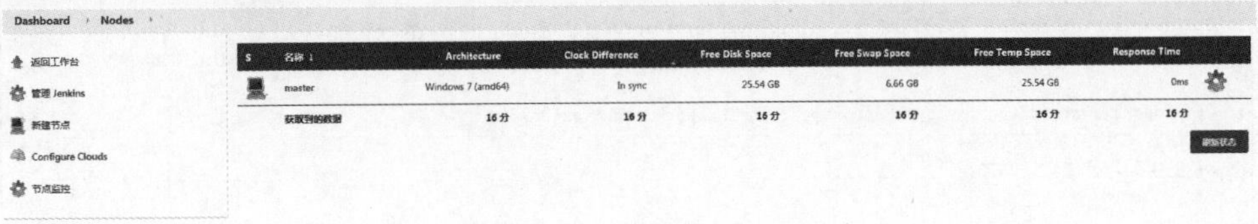

图 14-23　主机列表

单击 master 主机后面的齿轮按钮对本机进行设置，添加环境变量，如图 14-24 所示。

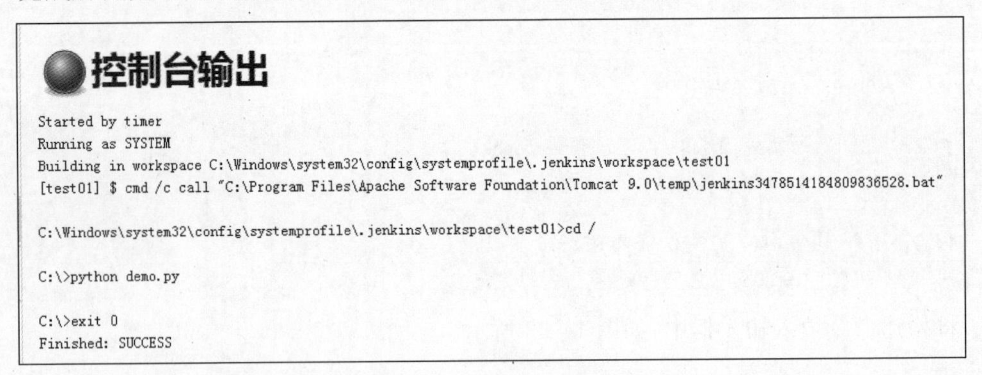

图 14-24　添加环境变量

完成后再次对项目进行构建，运行成功，如图 14-25 所示。

控制台输出

```
Started by timer
Running as SYSTEM
Building in workspace C:\Windows\system32\config\systemprofile\.jenkins\workspace\test01
[test01] $ cmd /c call "C:\Program Files\Apache Software Foundation\Tomcat 9.0\temp\jenkins3478514184809836528.bat"

C:\Windows\system32\config\systemprofile\.jenkins\workspace\test01>cd /

C:\>python demo.py

C:\>exit 0
Finished: SUCCESS
```

图 14-25　构建成功输出

图书推荐

书　　名	作　　者
HarmonyOS 移动应用开发（ArkTS 版）	刘安战、余雨萍、陈争艳 等
深度探索 Vue.js——原理剖析与实战应用	张云鹏
前端三剑客——HTML5＋CSS3＋JavaScript 从入门到实战	贾志杰
剑指大前端全栈工程师	贾志杰、史广、赵东彦
Flink 原理深入与编程实战——Scala＋Java（微课视频版）	辛立伟
Spark 原理深入与编程实战（微课视频版）	辛立伟、张帆、张会娟
PySpark 原理深入与编程实战（微课视频版）	辛立伟、辛雨桐
HarmonyOS 应用开发实战（JavaScript 版）	徐礼文
HarmonyOS 原子化服务卡片原理与实战	李洋
鸿蒙操作系统开发入门经典	徐礼文
鸿蒙应用程序开发	董昱
鸿蒙操作系统应用开发实践	陈美汝、郑森文、武延军、吴敬征
HarmonyOS 移动应用开发	刘安战、余雨萍、李勇军 等
HarmonyOS App 开发从 0 到 1	张诏添、李凯杰
JavaScript 修炼之路	张云鹏、戚爱斌
JavaScript 基础语法详解	张旭乾
华为方舟编译器之美——基于开源代码的架构分析与实现	史宁宁
Android Runtime 源码解析	史宁宁
恶意代码逆向分析基础详解	刘晓阳
网络攻防中的匿名链路设计与实现	杨昌家
深度探索 Go 语言——对象模型与 runtime 的原理、特性及应用	封幼林
深入理解 Go 语言	刘丹冰
Vue＋Spring Boot 前后端分离开发实战	贾志杰
Spring Boot 3.0 开发实战	李西明、陈立为
Vue.js 光速入门到企业开发实战	庄庆乐、任小龙、陈世云
Flutter 组件精讲与实战	赵龙
Flutter 组件详解与实战	[加]王浩然（Bradley Wang）
Dart 语言实战——基于 Flutter 框架的程序开发（第 2 版）	亢少军
Dart 语言实战——基于 Angular 框架的 Web 开发	刘仕文
IntelliJ IDEA 软件开发与应用	乔国辉
Python 量化交易实战——使用 vn.py 构建交易系统	欧阳鹏程
Python 从入门到全栈开发	钱超
Python 全栈开发——基础入门	夏正东
Python 全栈开发——高阶编程	夏正东
Python 全栈开发——数据分析	夏正东
Python 编程与科学计算（微课视频版）	李志远、黄化人、姚明菊 等
Python 游戏编程项目开发实战	李志远
编程改变生活——用 Python 提升你的能力（基础篇·微课视频版）	邢世通
编程改变生活——用 Python 提升你的能力（进阶篇·微课视频版）	邢世通
编程改变生活——用 PySide6/PyQt6 创建 GUI 程序（基础篇·微课视频版）	邢世通
编程改变生活——用 PySide6/PyQt6 创建 GUI 程序（进阶篇·微课视频版）	邢世通

续表

书　　名	作　　者
Diffusion AI 绘图模型构造与训练实战	李福林
图像识别——深度学习模型理论与实战	于浩文
数字 IC 设计入门(微课视频版)	白栎旸
动手学推荐系统——基于 PyTorch 的算法实现(微课视频版)	於方仁
人工智能算法——原理、技巧及应用	韩龙、张娜、汝洪芳
Python 数据分析实战——从 Excel 轻松入门 Pandas	曾贤志
Python 概率统计	李爽
Python 数据分析从 0 到 1	邓立文、俞心宇、牛瑶
从数据科学看懂数字化转型——数据如何改变世界	刘通
鲲鹏架构入门与实战	张磊
鲲鹏开发套件应用快速入门	张磊
华为 HCIA 路由与交换技术实战	江礼教
华为 HCIP 路由与交换技术实战	江礼教
openEuler 操作系统管理入门	陈争艳、刘安战、贾玉祥 等
5G 核心网原理与实践	易飞、何宇、刘子琦
FFmpeg 入门详解——音视频原理及应用	梅会东
FFmpeg 入门详解——SDK 二次开发与直播美颜原理及应用	梅会东
FFmpeg 入门详解——流媒体直播原理及应用	梅会东
FFmpeg 入门详解——命令行与音视频特效原理及应用	梅会东
FFmpeg 入门详解——音视频流媒体播放器原理及应用	梅会东
精讲 MySQL 复杂查询	张方兴
Python Web 数据分析可视化——基于 Django 框架的开发实战	韩伟、赵盼
Python 玩转数学问题——轻松学习 NumPy、SciPy 和 Matplotlib	张骞
Pandas 通关实战	黄福星
深入浅出 Power Query M 语言	黄福星
深入浅出 DAX——Excel Power Pivot 和 Power BI 高效数据分析	黄福星
从 Excel 到 Python 数据分析：Pandas、xlwings、openpyxl、Matplotlib 的交互与应用	黄福星
云原生开发实践	高尚衡
云计算管理配置与实战	杨昌家
虚拟化 KVM 极速入门	陈涛
虚拟化 KVM 进阶实践	陈涛
HarmonyOS 从入门到精通 40 例	戈帅
OpenHarmony 轻量系统从入门到精通 50 例	戈帅
AR Foundation 增强现实开发实战(ARKit 版)	汪祥春
AR Foundation 增强现实开发实战(ARCore 版)	汪祥春
ARKit 原生开发入门精粹——RealityKit＋Swift＋SwiftUI	汪祥春
HoloLens 2 开发入门精要——基于 Unity 和 MRTK	汪祥春
Octave 程序设计	于红博
Octave GUI 开发实战	于红博
Octave AR 应用实战	于红博
全栈 UI 自动化测试实战	胡胜强、单镜石、李睿